해양과학총서 10

선박의 이해

해양과학총서 10

선박의 이해

발 행 인 | 김웅서
발 행 처 | 한국해양과학기술원
출판기획 | 한국해양과학기술원
책임편집 | 김부기
출판진행 | 조정현, 한은희
편집디자인 | 조심일
인쇄 | 팝콘프린팅
표지 일러스트 | 손정호
내지 일러스트 | 최명미

초판 발행 | 2002. 12. 31
2판 발행 | 2022. 05. 31

출판등록 | 1990. 09. 07 안산시 제9호
ISBN 978-89-444-1022-2 (세트) (04450)
ISBN 978-89-444-9103-0 값 18,000원

한국해양과학기술원 www.kiost.ac.kr
주 소 | 49111 부산광역시 영도구 해양로 385
Tel. 051)664-3000
주문·보급 | 계백북스
Tel. 02)734-2267, 734-9914 Fax. 02)736-9917 E-mail : dreamdo90@hanmail.net

선박의 이해

김부기 엮음

KIOST
한국해양과학기술원

목 차

6 책머리에

8 초판 책머리에

1장 선박의 이해

선박을 사용함에 따라 인류의 삶이 어떻게 변화하였는지, 또 그러한 변화를 만들어낸 선박의 특성은 무엇인지를 이해하는 것은 선박 운송을 통한 국제무역이 경제에서 차지하는 비중이 큰 우리에게는 매우 중요한 일이다.

12 선박의 역할 이승준

22 선박의 발달 이승준

4장 선박의 이론

선박은 파도, 조류, 바람이 존재하는 해상을 항해할 때 설계 속력을 확보하고 계획된 설계 수명 동안 손상 없이 안전하게 운항할 수 있어야 한다. 따라서 선박의 저항, 추진, 추진기, 안정성, 내항성, 조종 성능, 구조강도 및 피로 수명 등을 예측할 필요가 있다.

132 선박의 저항과 추진 김광수

162 선박의 추진기 문일성

174 선박의 안정성 · 내항성 홍석원

188 선박의 조종 성능 김연규

206 선체의 구조 노인식

2장 과학으로 본 선박

선박이 부력 때문에 물에 뜬다는 원리는 기원전 3세기 아르키메데스가 발견하였다. 그러나 부력의 정체를 알기 위해서는 뉴턴이 밝힌 중력의 개념이 필요하였다. 18세기 말의 산업혁명은 인류에게 기관을 선사하였다.

34 부력과 중력 이승준
40 변형과 파괴 이승준
48 펌프와 프로펠러 이승준
54 타의 진화 이승준
58 배와 파도, 바람 이승준
64 배 만드는 사람들 이승준

3장 선박의 분류

선박은 대량의 화물을 운송할 수 있는 가장 경제적인 운송수단이다. 국가 간 무역을 가능하게 하는 컨테이너선, 원유운반선, LNG운반선 등 초대형 화물선부터 일반 산적화물선, 여객선, 어선, 함정 등 여러 종류의 선박들이 운항 중이다.

72 선박과 화물 이진태
86 선박의 종류 이진태
114 선박의 설계 이진태
120 선박의 건조 신종계

5장 미래의 선박

가까운 미래에 선박은 디지털 융합 기술을 장착한 자율운항시스템과 수소 · 암모니아 등 친환경 연료와 전기를 사용하는 추진시스템을 갖추게 될 것이다. 조선, 해운, 항만, 정보통신 등 다양한 산업 기술 및 인프라가 융합된 자율운항선박으로 조선 · 해운 시장이 꾸준히 성장할 수 있을 것으로 예상된다.
또한 온실가스 규제에 대응하는 친환경선박 기술 개발은 기후환경 개선에 기여하는 동시에 조선산업의 패러다임을 바꿀 것이다. 이는 우리나라 국가 기간산업이며 경제의 한 축을 담당하고 있는 조선산업의 미래 경쟁력을 결정하는 매우 중요한 요소이다.

228 자율운항선박 김진
238 친환경선박 강희진

부 록

256 찾아보기

우리 조선산업의 미래를 위하여

인간이 만드는 물건 중 크기 면에서 선박이 단연 최고다. 이러한 거대한 규모의 선박을 건조하는 조선산업은 현재 우리나라가 세계 최고 수준을 자랑한다. 조선산업이 비약적으로 발전을 시작한 것은 1970년대에 들어서이다. 그 이전에 전근대적일 뿐만 아니라, 불모지 상태였던 우리나라 조선산업이 50여년이 지난 오늘날 세계 최대급의 초대형 조선소들의 건설과 가동으로 경쟁력 있는 규모를 갖추었고 세계 최고의 품질의 선박들을 척척 만들어 수출하고 있다. 이렇게 짧은 시간에 세계시장을 석권하고 선도해 나가는 사례는 세계적으로도 찾아보기 어렵다. 조선공학을 전공하고 산업현장에 오랫동안 몸 담아온 한 사람으로서 자부심을 느끼지 않을 수 없다.

그런데 수년 전부터 성장 속도가 느려지면서 조선산업의 미래를 걱정하는 목소리가 높아지고 있다. 중국 등 후발주자들이 무섭게 따라오고 저가 수주로 조선업계의 채산성이 악화되고 있으며, 극심한 해운 불황으로 그동안 우리나라를 대표하는 주력산업인 조선산업의 불황이 지속되어 왔다. 다행히 최근 세계 조선 및 해운 시황이 불황에서 벗어나고 있고 고부가가치 선박 수주가 증가되고 있다는 희망적인 소식이 전해진다. 선박제품 면에서도 탈탄소화와 디지털화의 새로운 키워드가 조선산업의 미래 성장에 새로운 희망을 주고있고 이로 인해 우리의 조선산업이 재도약기를 맞을 전망이다. 미래 경쟁력면에서 초격차를 계속 유지하여 조선산업의 세계적인 선도를 지속적으로 이어나가기 위해서는 대한민국 조선산업의 새로운 희망인 수소나 암모니아와 같은 무탄소 연료를 사용하는 친환경선박, 자율운항 선박과 스마트 야드 분야 등의 기술 연구개발에 중장기적으로 많은 투자와 노력으로 철저한 준비를 해 나가야 할 것이다.

이 책에서는 선박에 대한 전반적인 이해를 돕기 위해 1장에서는 선박의 역할과 발달을 중심으로 선박의 역사, 2장에서는 부력과 중력, 변형과 파괴, 배와 파도, 펌프와 프로펠러, 타의 진화, 배 만드는 사람들을 바탕으로 과학으로 본 선박을 고찰하였다. 3장에서는 선박의 특성, 종류, 설계, 건조 방식 중심으로 선박의 분류를 서술하였고 4장에서 저항추진, 추진기, 안정성, 내항성, 조종성, 구조를 중심으로 선박 기본 설계에 필요한 선박의 기본적이면서도 필수적인 이론을 요약하여 정리하였다. 마지막으로 5장에서는 최근 관심과 수요가 본격화되고 있는 미래 선박인 자율운항선박 및 친환경선박의 개념과 현황을 최대한 담으려고 노력하였다.

앞으로 세계 1등 조선 강국을 이어가기 위한 전략으로 그 무엇보다도 조선산업의 주역으로 성장할 미래 인재 양성에도 많은 관심을 가져야 할 것이다. 우리나라 조선산업의 성장을 견인할 미래 인재들이 조선공학에 입문하면서 배우는데 이 책이 조금이라도 도움이 될 수 있다면 이 책을 발간하는데 투자한 집필진들의 시간과 노력이 충분히 보상이 될 걸로 생각된다. 또한 이 책에서는 전문적인 학술적인 용어는 최소화 하려 하였고 조선공학에 대한 전문적 지식이 없어도 읽고 소화하기 쉽게 저술하려고 노력하였다. 여기서 다룬 내용들이 조선공학에 대해 관심을 갖고 진로를 준비하고 있는 학생들, 선박에 대한 기초적인 지식을 알고 싶은 일반인들, 또는 다른 분야의 기술 전문가들이 선박에 대한 기본 지식을 얻고자 할 때 이 책을 통하여 가볍게 살펴볼 수 있는 자료가 되길 바란다.

이 책을 발간하기 위한 작업이 2021년 봄부터 시작되었다. 이 작업 참여에 흔쾌히 수락해 주시고 참여해 주신 10분의 집필진에게 깊은 존경과 감사를 드립니다. 특히, 책의 기획부터 검토에 이르기까지 많은 도움을 주신 한국해양과학기술원의 김웅서 원장님을 비롯하여 출판관계자 분들께도 깊은 감사를 드린다. 그분들의 노고가 없었더라면 이 책이 나올 수 없었을 것임을 말씀드리며 다시 한번 진심으로 깊은 감사를 전한다.

2022년 5월

편저자 김부기

인류문명의 역사는 바다와 밀접한 관계를 가지고 발달해 왔다.

수백만 년 전 인류가 지구상에 출현한 이후 기원전 약 5000년 경에 인류의 문명이 시작되었다. 인류문명의 발상지인 이집트, 메소포타미아, 인더스, 황하 문명 등은 모두 물의 이용이 수월한 큰 강의 유역에 자리잡았다. 인간은 강과 바다를 접해 뗏목이나 통나무배를 만들어 삿대, 노, 돛을 이용해 이동하고 수렵하는 등에 활용함으로써 인류문명 발달의 한 줄기를 이루게 되었는데 이것이 바로 배의 역사와 궤를 같이 하는 것이다.

이처럼 인류문명의 역사는 배의 역사라 불릴 만큼 바다와 밀접한 관계를 가지고 발달하여 왔다. 인류와 바다가 밀접한 관계를 맺도록 한 매체는 바로 배라 할 수 있다.

또한, 지구가 둥글다는 것을 실증한 사람들이 미지의 바다를 항해할 수 있었던 것도 배와 항해술이 아니었다면 불가능했을 것이다. 고대 지중해를 지배한 민족도, 중세 세계를 지배한 국가도 모두 배를 이용하여 바다를 경영한 사람들에 의한 것이다.

이와 같이 선박과 해운의 발달에 따라 경제와 국력이 성장하였고 지금은 세계 무역량의 약 99%를 선박에 의해 운송하는 등 선박과 관련된 기술과 능력이 한나라 경쟁력을 결정하는 핵심체라 할 수 있다.

한편 우리나라도 일찍이 해상활동에 눈을 떴다. 통일신라시대에 장보고張保皐가 완도에 청해진清海鎭을 설치하고 동북아의 해양무역을 석권하였고, 이순신 장군이 임진왜란 때 왜군을 크게 무찔러 국가의 안위를 보전하였다. 이 모두 우리 조상이 우수한 조선기술造船技術을 가지고 있었기 때문에 가능했던 것이다. 이를 계승한 현재의 우리도 조선입국造船立國을 이룩하여 우리가 만든 선박이 5대양을 누비는 조선 1위국이 되어 있다.

그러나 바다 · 해양경영 · 해양부국으로 이어지는 일련의 체계에서 핵심 축軸인 선박은 그 특수성으로 인해 일반인이 접할 수 있는 기회가 그리 많지 않았다.

이 책은 선박에 대한 이해를 돕기 위해 1장에 선박과 인간생활의 밀접함을, 2장에 선박의 기원 · 서양의 배 · 우리의 배의 역사를, 3장에 현대 선박에 대한 소개와 건조 방법을, 4장에 선박의 신비함을 깨우쳐 주는 선박의 이론을, 5장에 선박의 미래에 대해 기술하였다.

끝으로 일찍이 『한국해양사』에서 「누가 한국을 구원할 것이냐, 바다에 서는 나라로 고쳐 만들기 그것이다. 이 정신을 고취하며, 이 사업을 실천함이야말로 가장 근본적이며 영원한 건국과업임을 우리는 확인하는 바이다」라고 설파한 육당六堂 최남선(崔南善, 1890~1957) 선생의 말씀을 되새겨 본다.

2002. 12. 31

편저자 장석, 반석호

선박을 사용함에 따라 인류의 삶이 어떻게 변화하였는지, 또 그러한 변화를 만들어낸 선박의 특성은 무엇인지를 이해하는 것은 선박 운송을 통한 국제무역이 경제에서 차지하는 비중이 큰 우리에게는 매우 중요한 일이다. 선박이 인류의 삶에 끼친 영향과 선박의 역할을 알아보고, 선박의 특성과 관련하여 선박이 어떠한 방식으로 변화 · 발달해왔는가를 알아본다.

선박의 이해

Characteristics of Ship

선박의 역할 12 인류의 문명 발전은 강과 바다를 이용하여 물류 혁신을 가능하게 만든 선박과 유기적인 관계가 있다.

선박의 발달 22 선박과 관련된 지식은 화물이나 사람을 효과적으로 이송할 때 더 큰 선박으로, 더 빠르면서도 에너지를 과도하게 사용하지 않도록 발전했다.

선박의 역할

인류의 문명 발전은 강과 바다를 이용하여 물류 혁신을 가능하게 만든 선박과 유기적인 관계가 있다.

이승준 충남대학교 명예교수

선박을 우리는 보통 배라고 부른다. 배를 사용함에 따라 인류의 삶이 어떻게 변화하였는지, 배로 인해 사람들의 활동 영역이 얼마나 넓어졌는지, 또 그러한 변화를 만들어 낸 배의 특성은 무엇인지를 이해하는 것은 배를 이용한 무역이 경제에서 차지하는 비중이 큰 것을 생각해볼 때 매우 중요한 일이다. 잘 알려졌으면 하는 사실 중의 하나가 국가별 1인당 수출액이다. 《CIA World Factbook》 (2020. 1. 1) 자료에 따르면, 1인당 수출액으로 볼 때 우리나라는 중국의 6.3배, 미국의 2.4배, 일본의 2.0배이며, 또한 이들 나라에 비해 경제의 무역 의존도가 훨씬 높은 나라이다.

고고학적 발견으로 잘 알려진 바와 같이 인류는 석기시대부터 배를 사용했다. 배의 모양, 배를 만드는 데 쓴 재료, 배를 움직이는 방법 등은 시대에 따라 변화해왔지만, 사람과 물자를 실어 나르는 배의 역할은 크게 달라진 바가 없다.

배에 대해 알기 위해서는 배가 인류의 삶에 끼친 영향과 배의 역할을 알아보고, 배의 특성과 관련하여 배가 어떠한 방식으로 변화, 발달했는가에 대한 이해가 필요하다. 대부분의 배는 물 위에 떠서 다니는 수상선이며, 특별한 언급이 없는 한 이 책에서 배는 수상선을 뜻한다.

배는 물에 떠서 움직이며, 사람과 물건을 실어 나른다. 인류의 4대 문명은 모두 강을 끼고 발전하였다. 강은 물론 식수와 농업용수로 사용되었지만, 더욱 중요한 것은 배의 활용 여부에 따라 물류를 위한 통로가 될 수 있었다는 점이다. 다시 말해 배를 가졌던 사람들은 강을 고속도로로 쓸 수 있었다. '기원전 3000년에 고속도로를 가진 나라가 있었다'라고 하면 누구나 고개를 갸우뚱할 것이다. 하지만 배로 강을 오르내릴 수 있었다면 강이 바로 고속도로와 같았을 것이므로, 이 말을 마냥 틀렸다고만은 할 수 없다. 강을 활용하기 힘든 곳에서 물류 혁신이란 바퀴와 도로를 발명하고 이를 도입함에 따라 이루어졌다. 이는 엄청난 비용을 미리 투자해야 하는 일이었으므로, 인류 문명의 초기에는 상상하기 힘든 일이었다. 따라서 석기시대와 청동기시대의 문명이 강을 중심으로 발전한 것은 이와 같은 관점에서 보면 필연적인 것이었다. 뒤집어서 보면, 배의 역할이 문명의 발달에서 차지하는 위치가 보통 생각하는 것보다 훨씬 중요한 것임을 알 수 있다.

배를 뜻하는 영어 단어는 'ship'인데, 이 단어의 어원은 나무를 자르거나 그 속을 파낸다는 것과 관련이 있다(《Dictionary of Word Origins》, John Ayto, Arcade Pub. Inc., 1991). 통나무배 dugout를 생각하면 쉽게 이해할 수 있는데, 문명의 초기에 만들어졌던 배는 통나무의 가운데를 파내고 그곳에 사람을 태우고 물건을 실었다. 석기시대에도 나무가 물에 떠내려가는 광경은 쉽게 보였을 것이며, 강의 흐름이 완만한 곳에서는 그런 나무를 타고 강을 따라 움직일 수 있었을 것이다. 이처럼 간단한 관찰로부터 얻어진 초기 배의 진화로 문명이 발달하였고, 배를 이용하여 교역을 할 수 있었으며, 문명 또는 나라 사이의 충돌과 전쟁이 발생하기도 하였다.

● 문명의 발달

이집트의 나일강은 배의 발전과 관련하여 매우 특별한 조건을 갖추고 있었다. 남에서 북으로 흐르는 나일강은 지중해에서 약 1,100km 상류의 아스완에 이르기까지 폭포가 없으며, 강바닥의 경사가 완만해 강의 흐름이 느린 편이다. 나무처럼 물에 뜨는 가벼운 물체를 이용한다면 강을 따라 하류로 1,000km 이상의 공짜 여행이 가능한 셈이다. 한편, 지중해에서 남쪽, 즉 나일강 상류 쪽으로는 항상 북풍이 불고 있었으므로, 이를 이용하여 강을 거슬러 올라가는 데는 돛 帆, Sail이 일찍부터 자연스럽게 사용되었다. 삿대와 노 櫓, Oar는 배의 방향을 바꾸고 배를 멈추기 위해 도입되었으며, 상류로 공짜 여행을 하기 위한 돛이 사용되면서 이집트는 기원전 3000년에 이미 나일강을 공짜 고속도로로 사용할 수 있었다. 이집트는 나일강을 중심으로 좌우 양쪽으로 몇 km를 벗어나면 사막이므로, 기본적으로 물류는 남북 방향, 즉 나일강을 따라 이루어질 수밖에 없었다.

이집트 문명이 나일강을 기반으로 하는 배의 문명이었음을 보여주는 고고학적 자료는 대단히 풍부하다. 그중에서도 가장 유명한 것은 아마도 '쿠푸의 배 Khufu ship'일 것이다. 쿠푸는 기원전 26세기의 파라오이며, 그의 피라미드는 카이로 외곽 기자 Giza지역에 있는 거대한 피라미드 중의 하나이다. 그의 피라미드 옆 구덩이에서 1954년 1,224조각으로 이루어진 나뭇더미와 끈이 발견되었는데, 장기간의 연구 끝에 이는 한 척의 배를 만들 수 있는 재료임이 밝혀졌다. 1982년 쿠푸의 피라미드 옆에 세워진 박물관은 조립된 형태의 이 배를 전시하고 있다. 배의 길이와 폭은 각각 44m, 6m이며, 이 배를 통하여 기원전 3000년경의 동지중해에서 일어났던 배와 관련된 많은 일이 알려지게 되었다.

쿠푸의 배
(태양의 배 박물관)

© Olaf Tausch

오늘날의 레바논을 포함하는 지중해의 동쪽 끝 해안 지역을 레반트 Levant라고 부른다. 쿠푸의 배 재료는 레반트에서 수입된 삼나무 Cedar였으므로, 이집트에는 나일강뿐만 아니라 동지중해를 항해할 수 있는 배가 있었어야만 했다. 동지중해의 청동기시대는 대략 기원전 34세기부터 기원전 13세기까지로 알려져 있다. 그런데 석기시대에도 이미 동지중해를 배로 항해하였다는 것을 알려주는 고고학적 자료가 있다. 바로 그리스 본토 곳곳에서 발견되는, 신석기시대에 사용된 것으로 볼 수 있는 흑요석 Obsidian이다. 흑요석은 신석기시대의 활촉, 날카로운 도구 등의 재료로 쓰였는데, 에게해 Aegean Sea의 섬인 밀로스 Milos에서 채취된 것으로 보이는 것들이 동지중해 전역에 걸쳐 꽤 널리 분포하여 발견된다. 이는 그 크기를 불문하고 지중해를 항해할 수 있는 배 없이는 불가능했던 일이다.

석기시대부터 인류는 생활에 필요한 중요한 물자를 배를 사용하여 강과 바다를 건너 실어 날랐으며, 이와 같은 현상은 청동기시대에 이르러 더욱 두드러진다. 청동 Bronze은 구리 Copper와 주석 Tin을 10 대 1로 섞어 얻는 합금인데, 구리와 주석의 생산지는 비교적 한정되어 있었다. 그러므로 생산지에서 소비지까지 이들을 대량으로 수송할 수 있는 배가 없었다면 아마도 청동기시대의 확산은 훨씬 느리게 진행되었을 것이다.

다이빙 기술의 진전에 따라 수중고고학 Underwater Archeology이 발전하면서 20세기 말에는 청동기시대의 배와 관련한 정보를 파악하는데 괄목할 만한 성과를 얻었다(《Seagoing Ships & Seamanship in the Bronze Age Levant》, Shelley Wachsmann, Texas A&M

University Press, 2008). 오늘날의 터키, 즉 아나톨리아 Anatolia 남부 해안의 울루부룬 Uluburun 에서 발굴된 기원전 14세기 무렵의 난파선에 실린 화물은 그때까지의 해상무역에 대한 고정관념을 상당 부분 수정하게 하였다. 가장 눈길을 끄는 것은 화물의 상당 부분을 차지하는 구리와 주석의 잉곳 ingot, 즉 동괴와 주석괴였다. 10톤(348조각)의 동괴와 1톤(120조각)의 주석괴는 11톤의 청동을 만들 수 있는 소재로, 국가 간 무역 규모로 보아야 하는 화물량이다. 구리는 아나톨리아에서, 주석은 아프가니스탄을 포함하는 여러 곳에서 채취된 것으로 알려졌는데, 청동기시대 말기인 3300년 전에 이 정도 규모의 화물이 동지중해에서 배를 이용하여 거래되고 있었음을 알려준다.

고대 이집트가 남긴 유적인 기자의 거대한 피라미드는 지금도 이를 찾는 사람을 압도하고 있다. 피라미드를 구성하는 석재 중에는 1,000km 이상 떨어진 아스완 지역에서만 생산되는 화강암이 꽤 있는데, 나일강을 따라 오르내리는 배가 없었다면 이들을 실어 날라 피라미드를 완성하지 못하였을 것이다. 이런 관점의 연장선에서 오늘날 우리에게 전해진 고대 이집트 문명의 유적 대부분은 나일강을 고속도로로 쓸 수 있게 했던 배에 의존하여 만들어졌다고 해도 과언이 아닐 것이다.

중국의 황하 黃河는 우리에게 지리적으로 가장 가까운 4대 문명 발상지이다. 황하는 폭포와 급류가 많고 수량이 일정치 않아서 강을 따라 움직이는 배의 발달이 나일강보다는 상대적으로 늦었던 것으로 보이며, 중국의 청동기시대는 대략 기원전 17세기부터 기원전 8세기까지라고 볼 수 있다. 중국의 경우에는 고고학적인 발견보다는 한자의 변화를 통해 배와 관련된 문화의 발전을 유추해볼 수 있다(《漢語林》, 鎌田正, 米山寅太郎, 大修館書店, 1994 [일본어]; 〈조선(造船) 고대사〉, 이승준, 《대한조선학회지》 55권 4호, 2018). 초기의 한자는 은 殷, 기원전 13~11세기의 갑골문, 서주 西周, 기원전 11~8세기의 금문 金文 그리고 진 秦, 기원전 3세기의 전문 篆文 등으로 변화해왔다. 배를 뜻하는 부수인 주 舟가 이들 문자에서 각각 어떤 모습으로 변화해왔는지를 알 수 있다.

갑골문 금문 전문

한자 부수 舟의 변화

여기서 배를 뜻하는 주 舟의 갑골문과 금문은 강을 가로질러 건너는 나룻배의 모습임을 확인할 수 있으며, 전문에서는 달을 뜻하는 월 月과 비슷한 모양이 되어 차후 주 舟 대신

월 月도 배를 뜻하는 부수로 쓰이게 되었다. 요컨대 중국 황하 문명의 초기에 배는 강을 건너는 데 주로 쓰이던 도구였다. 또 주 舟의 원래 모습에 대해 《주역》에서는 '올라타는 나무로 안이 빈 것 乘木虛'이라고 설명하고 있어, 앞에서 기술한 'ship'의 어원과도 일치한다.

배를 강을 건너는 도구로 본 것은 불교에서도 비슷한 예를 찾아볼 수 있는데, 불교는 인더스강을 중심으로 발전한 힌두 문명의 영향을 많이 받았다. 불교에서는 해탈에 도달하는 것을 피안 彼岸에 이른다고 한다. 여기서 피안은 문자 그대로 강 건너 저쪽 언덕이며, 또 강을 건너 피안에 도달하는 지혜(반야 般若)를 용선 龍船이라 하여 배에 비유한다. 다시 말하면 초기 힌두 문명에서도 배는 강을 건너는 도구로 인식되고 있었다. 배가 없거나 몹시 귀하던 시대에 강의 저쪽 언덕은 빤히 바라보이기는 하지만 도달하기 어려웠다. 이렇듯 누구나 겪었을 법한 상황에 대한 경험이 피안과 용선 같은 종교적인 용어를 만들어낸 것으로 보인다.

오늘날 우리가 많이 사용하는 단어인 선박 船舶의 선 船은 주 舟와 연 沿이 합하여 만들어진 글자이다. 강을 건너는 데 주로 쓰이던 배가 강을 따라서 움직이며 사람과 물건을 나르기 시작하자 주 舟와 구분하기 위해 만들어졌다. 선 船은 기원전 3세기에 쓰인 《여씨춘추 呂氏春秋》에서 사용되고 있어, 늦어도 이때까지는 강을 따라 움직이는 배들이 광범위하게 사용되었을 것이다.

한편, 박 舶은 주 舟와 박 泊이 합하여 만들어진 글자로, 배 중에서도 그 위에서 먹고 잘 수 있는 배, 즉 바다를 항해하는 큰 배를 뜻하였다. 내륙 수로인 강을 벗어나 바다를 다니는 배가 사용되자 이들을 강에서 쓰이던 배와 구분하기 위해 만들어졌다. 7세기에 쓰인 《남사 南史》에는 박물 舶物, 즉 외국에서 바다를 건너 배로 들여온 물품이라는 용어가 사용되는데, 이 책은 5~6세기 중국 남부의 역사에 관한 것이므로, 늦어도 5세기에는 배를 사용하여 바다 건너 지역과의 무역을 매우 활발하게 하고 있었을 것이다. 따라서 선박은 강과 바다를 다니는 배들을 총칭하는 단어로 볼 수 있다.

이상으로 인류의 초기 문명 발전과 강과 바다를 이용하여 물류의 혁신을 가능하게 만든 배 사이의 유기적인 관계를 간단히 살펴보았다. 특히 이집트는 배를 도입함으로써 강과 바다를 일찍부터 공짜 고속도로로 사용하였으며, 그 발전에서 다른 문명에 비해 상대적으로 엄청난 이점을 누렸음을 알 수 있다.

● 교역

사람은 물자를 생산하기도 하지만 소비하기도 한다. 만약 어떤 물자가 생산되는 곳과 소비되는 곳이 서로 다르다면 당연히 그 물자를 필요한 곳으로 날라 이득을 보려고 하는 집단이 생길 것이다. 이집트인이 나일강을 고속도로로 사용하기 위해서는 배가 필요했지만, 배를 만들기 위한 목재는 나일강 부근에서 자라지 않았다. 따라서 그들은 레반트의 삼나무를 수입해야만 하였으며, 이와 같은 관계 속에서 교역 Trade 또는 무역이 이루어지기 시작하였고, 다루어지는 물자의 범위가 점차 확대되었다.

앞 절에서 언급한 청동의 재료인 동괴와 주석괴는 청동기시대의 국가로서는 무엇보다도 국방을 위한 무기 제조를 위해 꼭 필요한 것이었으며, 이외에도 나라의 체제를 유지하기 위해서도 사용되던 귀금속은 항상 교역품의 윗자리를 차지하였다. 이집트는 기원전 26세기의 쿠푸 왕 때도 홍해 Red Sea를 통해 남동쪽에 있는 푼트 Punt라고 불리던 지역과 교역을 하였다. 푼트의 정확한 위치에 대해서는 여러 설이 있지만, 소말리아라는 설이 가장 유력한 것으로 보인다. 특히 기원전 15세기의 파라오였던 핫솁수트 Hatshepsut, BC 1508~BC 1458여왕은 다섯 척으로 된 함대를 만들고 본인이 직접 배에 올라 푼트를 방문한 적도 있다는 기록이 남았다.

나일강 부근의 도시로부터 지중해로 가기 위해서는 나일강을 따라 하류로 내려가면 되었다. 그러나 홍해에 배를 띄우기 위해서는 당시에 운하가 있었던 것도 아니므로 다른 방법이 필요하였다. '쿠푸의 배'가 발견되었을 때 나무와 끈이 같이 발견되었다고 하였는데, 역사학자들은 이에 주목하여 고대 이집트의 조선 방법에 관해 연구하였다. 당시 청동으로 만든 못을 쓸 수도 있었지만, 쿠푸의 배는 목재의 결착을 위해 끈을 사용하여 목재를 묶는 방법을 썼다. 끈을 사용하여 목재를 결착하는 경우 단점도 많이 있지만 장점도 많다. 그중 하나는 분해, 조립이 가능하다는 점이다. 밝혀진 바에 따르면 이집트인은 홍해에 함대를 띄우기 위해 먼저 레반트에서 수입해온 목재를 사용하여 나일강 부근에서 배를 만든 다음, 이들을 분해한 뒤 가장 가까운 육로를 통해 홍해 해안의 항구까지 운반하였다. 그리고 이곳에서 다시 배를 조립하여 푼트로 항해를 시작하였다고 한다.

기원전 15세기 레반트에는 페니키아 Phoenicia인들이 도시국가를 건설해 자리 잡고 있었는데, 대표적인 도시로 비블로스 Byblos, 시돈 Sidon, 티레 Tyre를 들 수 있다. 페니키아는 이집트에 조선용 목재로 삼나무를 수출하고 이집트로부터는 파피루스를 수입하였는데, 파피루스는 종이가 사용되기 전에 종이 대신 쓰였던 기록용 물품이었다. 이집트에서 수입된 파피루스는 주로 그리스로 수출되었다. 그리스인은 파피루스로 만들어진 서책을 파피루스를 주로 수입해오던 항구도시 비블로스의 이름을 따서 비블리온 Biblion이라고 불렀다. 나중에 기독교가 전파되자 가장 대표적인 책이라고 생각되던 것을 바이블 Bible이라고 불렀으며, 이와 같은 과정을 거쳐 성경이 바이블로 불리게 되었다.

페니키아인들의 역할은 지중해 전역을 아우르는 교역을 활성화하였다는 것을 넘어, 더 본질적으로는 그리스에 문자를 전한 것이었다. 그리스 문자는 로마에 전해졌고, 차후 유럽의 문자는 대부분 로마자의 영향을 받아 만들어졌으므로, 페니키아인의 문자는 오늘날 서양 문자 생활의 모태가 되었다고 할 수 있다. 교역을 통해 문자가 전해지고, 문자에 의해 문화와 문명이 발전한 예라고 할 수 있을 것이다. 그들은 기원전 1000년경에 레반트를 본거지로 하여 시칠리아, 사르디니아, 이베리아반도, 북아프리카 연안 등의 지중해 여러 곳에 많은 식민도시를 건설하여 교역의 거점으로 활용하였다. 이 도시 중 북아프리카의 카르타고 Carthago는 기원전 858년 레반트의 본거지가 아시리아 Assyria에 복속되자 페니키아의 중심지가 되었으며, 이베리아반도 서남 해안의 항구도시인 카디스 Cadiz는 지금도 스페인 해군의 중심 모항이다.

페니키아는 오늘날 갤리 Galley라고 불리는 배의 원형을 확립하였으며, 상선과 군선을 그 용도에 따라 배의 형상을 다르게 만들기 시작하였다(《배의 역사》, 김재근, 서울대학교 공과대학 조선공학과 동창회, 1980). 갤리는 17세기까지도 많이 사용되었으므로 2500년 이상 지중해를 누볐다. 갤리는 노와 돛으로 추진력 推進力, Thrust을 얻었으며, 노는 2단으로 배치되었고 돛은 배의 가운데에 하나가 설치되었다. 선미 船尾, Stern부의 양쪽에는 조타용 노 Steering oar를 두었는데, 항구에 정박할 때 불편했기 때문에 나중에는 오른쪽에만 두게 되었다. 이를 조타판 Steering board이라고 불렀는데, 이 단어에서 나온 starboard가 '우현'을 뜻하게 되었다. 상선은 화물 적재를 위한 공간을 확보하기 위해 비교적 사각형에 가까운 모양의 단면을 가졌으며, 길이/폭 비(Length/Beam ratio)는 4 정도였다. 군선은 신속한 기동을 위하여 삼각형에 가까운 단면 형상이었으며, *L/B*가 8 이상인 매우 날렵한 배였다. 또한 군선은 전투를 위해 해병 Marine이라고 불린 군인들을 태웠으며, 배 앞쪽 부분에 충각 Ram을 설치하였고, 충각은 단단한 참나무에 청동을 덧대어 만들었다.

페니키아의 최대 고객은 그리스였다. 그리스는 문자, 배와 관련된 교역, 기술, 제도 등을 수입하여 기원전 6세기까지는 지중해 전역에 페니키아에 버금가는 식민도시를 건설하였다. 마르세유, 나폴리, 시라쿠사와 아나톨리아 및 흑해 연안의 많은 도시가 그리스에 의해 시작, 발전되었다. 페니키아와 그리스는 모두 동지중해에 근거를 둔 도시국가의 연합체였지만, 동쪽에서 대두된 제국 Empire 페르시아, 서쪽에서 발흥한 로마와의 전쟁에 대한 대응의 차이로 두 나라의 운명은 갈라졌다.

● 충돌과 전쟁

상선 Merchant ship이 교역의 주요 부분을 담당하게 되자 이를 노리는 해적이 발생하였으며, 따라서 군선 Naval ship은 상선을 호위하거나 교역 항로의 안전을 확보하는 임무도 맡게 되었다. 나아가 인구 증가와 새로운 세력의 대두에 따른 경쟁의 격화는 대규모 함대의 전쟁을 불러왔다. 기록된 최초의 해전은 청동기시대 말기인 기원전 1175년경,

© GNU 페니키아인이 만든 것으로 추정되는 아시리아 군선 (메트로폴리탄 박물관)

이집트를 침입한 해양족 Sea peoples과 이집트가 나일강의 삼각주에서 싸운 삼각주 해전 Battle of the delta이다. 당시 파라오인 람세스 3세 Ramses Ⅲ, ?~BC 1156를 기리는 신전에 그의 공적으로 묘사된 이 해전에서 이집트는 승리를 거두어 나라를 보전할 수 있었다.

작은 규모의 해전은 수없이 많이 벌어졌지만, 국가 또는 문명의 운명을 걸고 싸우는 해전도 일어났다. 최초의 페르시아 제국은 기원전 6세기에 성립되었는데, 페르시아는 기원전 539년에 바빌론을 복속시키는 과정에서 바빌론에 속했던 레반트의 페니키아 도시국가들을 속국으로 삼았고, 기원전 525년에는 이집트를 속국으로 삼았다. 그리고 이들의 기술, 인력을 이용하여 함대를 건설하였다. 크세르크세스 1세 Xerxes I, BC 519 ?~BC 465는 이렇게 얻은 함대로 그리스를 압박하였다. 그리스는 기원전 480년, 그 문명의 모든 것을 걸고 살라미스해전 Battle of salamis에서 페르시아 함대를 맞아 싸웠다.

양쪽 합하여 적게 잡아도 1,000척 이상의 갤리가 투입된 이 해전에서 행운의 여신은 그리스의 손을 들어주었다. 당시의 대표적인 군선인 3단 갤리 Trireme는 대개 170명의 노꾼과 50명의 해병을 태웠다. 페르시아의 노꾼 중에는 그리스계로 볼 수 있는 사람도 많았는데, 싸움이 지속되자 그리스는 이들을 아군으로 흡수할 수 있었던 반면 페르시아는 적의 노꾼 모두를 상대해야만 했다. 이 해전에서 승자가 된 그리스는 수비에서 공격으로 태세를 전환할 수 있었고, 나아가 서양 문명사의 가장 앞자리를 차지하게 되었다.

아시리아에 이어 바빌론, 페르시아가 페니키아의 레반트 본거지를 차례로 복속시키자, 주로 티레에서 이주해온 사람들에 의해 카르타고는 큰 전기를 맞이했다. 기원전 9세기부터 페니키아를 대표하는 도시국가가 된 카르타고는 서지중해의 해상

무역을 독점하며 상당 기간 번성하였으며 기원전 7세기 중엽에는 독립을 표방하여 자체적으로 식민도시를 건설하기 시작하였다. 그리스와는 무역권을 두고 산발적인 전쟁이 지속되었지만, 두 세력 모두 도시국가의 연합체였으므로 전면전으로까지 확대되지는 않았다.

그러나 기원전 264년, 이탈리아반도에서 강력한 육군국으로 성장하던 로마와 포에니전쟁 Punic wars이 일어나면서 상황은 일변하였다. 천 년 이상 해양 세력으로 지중해를 누비던 카르타고와 달리 로마는 이때까지는 가지고 있지 않던 함대를 새롭게 건설해야만 했다. 기원전 146년까지 세 차례의 대규모 전쟁이 지속되는데, 2차 전쟁에서는 유명한 한니발 Hannibal, BC 247~BC 183이 카르타고의 대장으로 싸웠다. 그의 분전에도 결국 3차 전쟁에서 로마에 패한 카르타고는 완전히 불태워져 잿더미가 되었고, 해양 세력으로서 페니키아의 전통은 역사의 전면에서 거의 완벽하게 사라졌다.

로마는 카르타고와 약 120년에 걸쳐 싸우는 동안 함대의 건설과 운용, 해전 등과 관련하여 실전을 통해 점차 숙달되어, 결국 완벽에 가까운 해군국으로 발돋움하였으며 서지중해의 패권을 장악하게 되었다. 기원전 55년 카이사르 Caesar, BC 100~BC 44가 영국 Britania을 침공할 때, 로마의 갤리 함대는 도버 해협을 건너는 데 전혀 어려움을 겪지 않았다. 기원전 27년 제국으로 변한 로마는 117년에는 지중해 연안을 모두 영토로 삼아, 지중해를 '우리 바다 Mare nostrum' 또는 '내해 內海, Mare internum'로 불렀다. "모든 길은 로마로 통한다 All roads lead to Rome"고 하는데, 여기서 고속도로가 된 지중해를 길에서 배제한다면 전성기 로마의 번영을 제대로 이해하기 힘들 것이다. 해마다 이베리아반도, 시칠리아, 북아프리카, 이집트에서 제공되던 식량과 각종 천연자원이 지중해의 뱃길을 통해 제때에 로마로 전해지지 않았다면 제국은 몇 년도 지탱할 수 없었을 것으로 보이기 때문이다.

우리 주변에서 가장 쉽게 볼 수 있는 배는 아마도 어업에 종사하는 사람들의 어선일 것이다. 식탁에 오르는 각종 생선과 해산물은 배 없이는 기본적으로 생각하기 힘들다. 강과 가까운 바다, 근대에 이르러서는 먼 바다에 이르기까지 그 현장이 확대된 어업과 수산업은 우리 생활과 직결되어 있다. 대부분 사람이 실감하지 못하지만, 오늘날 우리 문명을 지탱하는 연료, 식량, 각종 산업 제품은 대부분 배에 실려 생산지에서 소비지로 이동된다. 다시 말하면 배를 이용한 교역으로 우리의 일상생활이 유지되고 있다고 해도 그리 틀린 말이 아니다. 다행히 우리나라는 20세기 후반의 산업화를 통해 교역의 핵심 소재인 배를 짓는 산업을 세계 최고 수준으로 발전시켰으며, 또한 세계 여러 나라가 원하는 다양한 제품을 배에 실을 수 있게 되었다.

인류의 초기 문명을 주도했던 이집트, 페니키아, 그리스, 로마의 예에서 보듯이 민족과 국가는 시간이 지남에 따라 흥성과 쇠망의 부침을 맞는다. 나라의 성쇠는 구성원 개인의 자각에 기반하며, 자각은 현실에 대한 올바른 인식에 근거한다. 배를 사용하여 할 수 있는 일과 인류의 발전에서 배가 차지해온 역할을 이해하는 것은 이러한 인식의 핵심에 해당한다. 앞으로 다가오는 시대에 배와 관련된 지식과 기술은 과거의 틀을 벗어나 심해에서의 자원개발, 파도를 비롯한 바다 자체가 가진 에너지의 변환 및 사용 등과 관련하여서도 중요하게 사용될 것이며, 그 외에도 수많은 응용처가 만들어질 것으로 보인다. 이 모든 것이 원시시대, 물 위에 떠서 움직이는 나뭇조각을 그대로 보고 넘기지 않았던 한 사람의 관찰력과 지혜에서 비롯되었다. 인류가 존속하는 한 앞으로도 이와 같은 배의 발달은 끊임없이 지속될 것이며, 이 발전에 우리나라가 주도적이고도 핵심적인 위치를 항상 차지할 수 있어야 할 것이다.

카라바지오가 그린
로마 갤리
(메트로폴리탄 박물관)

선박의 발달

선박과 관련된 지식은 화물이나 사람을 효과적으로 이송할 때 더 큰 선박으로, 더 빠르면서도 에너지를 과도하게 사용하지 않도록 발전했다.

이승준 충남대학교 명예교수

인류는 석기시대부터 배를 사용했다. 모든 배는 물에 떠야 하고, 사람을 태우거나 물자를 실은 채 안전하게 움직일 수 있어야 하는 기본적인 기능을 해야 한다. 지역과 시대별로 배를 만드는 데 사용하는 재료, 배에 실어야 하는 대상의 종류와 크기, 배를 움직이는 방법 등에 따라 수없이 다양한 모양과 성능의 배를 만들어왔다. 지역에 따라 차이는 있지만, 시대에 따른 변화의 추이는 '더 크게, 더 빠르게'라는 말로 압축, 대변할 수 있다. 배를 더 크게 만들 때의 주요한 이점은 사람 또는 화물을 더 많이 태우거나 실을 수 있다는 것이지만, 이렇게 하면 상대적으로 배가 튼튼하지 못할 수 있다는 문제점이 있다. 배를 더 빠르게 만들 때의 명백한 이점은 주어진 거리를 더 짧은 시간에 움직일 수 있다는 것이지만, 이때는 필요한 에너지가 과도하게 증가할 수 있다는 점이 문제다. 따라서 배와 관련된 지식은 더 크면서도 튼튼하고, 더 빠르면서도 에너지 소모가 과도하지 않으며 안전한 배를 짓기 위한 노력의 결과로 얻어졌다.

● 내륙 수로

이집트의 나일강과 중국의 황하에서 보듯이 배는 강에서 먼저 사용되기 시작하였고, 삿대 · 노 · 키 舵[타], Rudder · 돛 등을 갖춘 후에야 바다로 나갔다. 삿대는 긴 막대로 수심이 얕을 때 강바닥을 밀어서 배의 방향을 바꾸거나 속도를 줄이는 데 사용되었으므로, 강과 호수 등의 내륙 수로를 다니는 배에서 사용되었다. 노는 긴 막대와 넓적한 판으로 구성된다. 노를 사용하여 추진력을 얻기 위해서는 노와 배의 접촉점을 만들어주는 노받이 Oarlock가 필수적이다.

그리스인들은 기원전 3세기에 아르키메데스 Archimedes, BC 287?~BC 212에 의해 알려진 지레 Lever의 원리를 사용하여 노의 메커니즘을 설명하고자 했지만, 정확한 답을 얻기까지는 물리와 연관하여 넘어야 할 산이 매우 많았다. 이집트에서는 배의 껍질 부분인 선각 Hull에 레반트에서 수입한 삼나무를 사용하였지만, 노는 참나무 Oak같이 매우 단단한 나무로 만들었다. 노와 비슷한 것으로 패들 Paddle이 있는데 이는 노받이를 쓰지 않으며, 지금도 카약 Kayak이나 침투 작전 등에 사용되는 소형 고무보트에 쓰이고 있다. 영어사전에서는 이를 '짧은 노'라고 번역하고 있지만, 패들의 추진 메커니즘은 노와 같지 않으므로 적절한 번역이라고 하기는 힘든 것으로 보인다.

키는 위에서 언급한 바와 같이 처음에는 선미부의 양쪽에 노의 넓적한 판 부분을 조금 키우고 기둥 부분에 손잡이 Tiller를 달아 변형시킨 노, 즉 조타판을 배치하여 배의 방향을 조종하는 데 사용하였지만, 점차 오른쪽에만 하나의 조타판을 두게 되었다. 서양에서 선미 중앙부에 기둥, 즉 선미주 Sternpost를 설치하고 이 기둥에 키를 올려놓는 선미 주부착타 Sternpost-mounted rudder(또는 선미고정타)를 사용하게 된 것은 12세기 무렵이다. 그런데 중국에서는 이미 1세기에 이와 같은 종류의 키를 사용한 것으로 보이는 유물이 발견되었으며, 이는 서양보다 천 년 이상 빠른 것이었다.

초기의 돛은 배의 앞뒤 방향과 수직인 횡방향으로 놓이는 직사각형 모양의 네모돛 Square sail이었으며, 나일강에서는 기원전 3200년 무렵 이런 돛이 쓰였던 흔적을 찾을 수 있다. 이 돛은 배가 가고자 하는 방향과 바람의 방향이 같을 때 가장 효율적이었으므로, 나일강 같은 곳에서는 매우 유용하게 쓰일 수 있었다. 돛을 사용하기 위해서는 돛을 고정할 수 있는 기둥, 즉 돛대 Mast가 필요하였고, 돛을 사용하지 않을 때는 접어서 보관해야 했으므로 돛을 접고 펴기 위한 도르래 · 밧줄 등의 부속장치, 즉 삭구 索具를 갖추어야 했다.

동지중해에서는 청동기시대 말기인 기원전 13세기에 이르면 배의 앞뒤 방향으로 놓이는 삼각형 모양의 세모돛 Lateen sail도 쓰이기 시작하였다. 네모돛과 세모돛이 발생하는 추진력을 구하기 위해서는 유체역학의 도움을 얻어 항력 抗力, drag과 양력 Lift의 메커니즘에 대한 이해가 선행되어야 한다. 그러나 이에 대한 지식은 20세기 초반이 되어야 얻어졌으므로, 돛의 면적, 돛대의 수와 배치 그리고 돛의 운용과 관련된 부분은 거의 전적으로 경험적인 지식에 의존해야 했다. 노와 관련된 부분도 상황은 비슷하였다.

용골 Keel은 선체의 바닥 중앙부에 길이 방향으로 놓이는 부재이며 사람의 척추와 같아 배를 구조적으로 튼튼하게 해주는 역할을 한다. 한편, 못을 쓰지 않고 목재를 연결할 때는 지금도 장부촉이음 Mortise and tenon joint을 사용하는데, 여기서 장부는 목재에 홈을 파낸 부분을 뜻하며 촉은 장부에 끼울 부분을 뜻한다. 이집트의 배는 아직 용골이 없었고 판재의 연결에는 줄과 장부촉이음을 이용하였으므로, 물과 화물에 의한 하중을 견디기 위해서는 외판을 구성하는 목재가 상당히 두꺼워야 했다.

배를 만들 때는 외판을 먼저 만들고 Shell first, 강도를 보강하기 위해 횡방향으로 보늑골 Beam frame을 설치하였다. 또한 수면 아래 배의 깊이를 흘수 吃水, draft라고 하는데, 당시의 배는 갑판 Deck을 가질 정도로 흘수가 크지 않았고 노를 저어야 했으므로, 수면 위로 연장된 선각의 부분인 건현 Freeboard의 높이도 크게 할 수가 없었다. 배를 짓는 것은 대부분 목재를 다루는 작업이었기 때문에 목수 Carpenter가 기획 · 감독하는 것이 보통이었다. 강과 같은 내륙 수로에서의 경험을 통해 배를 전문적으로 만드는 사람이 생기고, 또 그들이 배를 만드는 재료 · 방식 등에 익숙해지자 인류는 점차 바다로 그 관심을 돌릴 수 있게 되었다.

● 대양 항해

이집트는 동지중해와 홍해에만 배를 띄웠지만 페니키아와 그리스는 지중해 전역을 활동 무대로 삼았으며, 로마는 지중해뿐만 아니라 북해까지 활동 영역을 넓혀갔다. 이들의 항해는 아직 연안을 따라가며 육지의 특정한 형상을 기준으로 배의 위치를 확인하는 방법을 썼다. 유럽에서 나침반이나 별을 보고 배의 위치를 확인하는 방법은 14세기 무렵에 알려졌다. 중국은 기원전 3세기에 이미 나침반을 사용하였다는 기록이 있으므로, 아랍인 또는 몽골인을 통해 나침반이 유럽에 알려지기까지 약 1500년이 걸린 것이다.

기원전 27년 제국이 된 로마는 향후 수백 년 동안 지중해에서 대규모 적대 세력을 걱정할 필요가 없었다. 따라서 함대의 규모와 갤리의 크기도 작아져서, 노꾼이 50명 정도인 2단 갤리가 주력선이 되어 해안 경비, 항로 유지, 해적 소탕 등에 사용되었다. 로마는 393년 동서의 두 제국으로 분할되는데, 서로마제국이 476년 게르만족에게 멸망하자 콘스탄티노플을 수도로 하던 동로마제국이 지중해의 패권을 도모하게 되었다. 이에 대항하여 아랍은 동로마제국에 속했던 레반트를 638년에, 이집트를 646년에 각각 얻은 후 해양 세력으로 등장할 수 있었다. 나아가 페르시아를 654년에 병합하면서부터 아랍은 지중해와 인도양에 모두 함대를 보유하게 되었다.

동로마제국이 1453년 오스만튀르크에 멸망할 때까지, 중세 시대에 동로마와 이슬람 세력은 지중해의 패권을 두고 각축하였다. 그동안 레반트와 이집트, 카르타고는 그들 지역을 다스리던 세력을 위해 배를 만들고 선원을 제공해야만 했다. 지중해에서 사용되던 배가 갤리라는 틀을 크게 벗어나지 않았으므로, 이러한 상황은 꽤 오래 지속되었다. 단, 바다에서의 조종성 개선을 위해 모든 갤리에 삼각돛이 보편적으로 쓰이게 되었으며, 따라서 둘 이상의 돛대를 가지게 되었다.

더 튼튼한 구조, 즉 강도 Stiffness 증가를 위해 용골과 늑골도 도입되었다. 또한 갑판이 설치되면서 강도 역시 개선되었다. 이로 인해 군선도 평시에는 갑판 아래에 화물을 실을 수 있게 되었으며, 건현도 증가시킬 수 있었다. 짧은 기간에 배를 짓기 위해 골조를 먼저 만들고 거기에 외판을 부착하는 방법 Frame first이 사용되었으며, 이로 인해 강도 또한 증가하였다. 이처럼 복합적인 이유로 배가 더 튼튼해지자 충각이 큰 효과를 발휘할 수 없었으므로 충각은 점차 사라졌으며, 활과 같은 원격 무기들이 갑판 위에 장착되기에 이르렀다. 이처럼 배의 형상, 만드는 방법, 운용하는 방법, 싸우는 방법 등에 많은 변화가 일어났는데, 이를 가장 혁신적으로 받아들인 곳은 도시국가인 베네치아였다.

동로마제국의 속국 Vassal이었던 베네치아는 8세기 초에는 공화국으로 인정받아 독립적으로 함대를 키우기 시작했으며, 1204년 베네치아가 포함된 4차 십자군이 아랍이 아닌 콘스탄티노플을 공격, 함락하면서 베네치아와 동로마제국의 위치는 반전되었다. 한편, 13세기 초반 몽골이 팽창하기 시작하여 1236년에는 유럽에 도착하고, 1258년에는 바그다드를 함락하여 아랍을 대표하던 아바스 왕조 Abbasid를 실질적으로 종식하였다. 몽골의 팽창과 더불어 화약과 나침반이 유럽에 알려졌으며, 14세기에는 대포 Artillery가 등장하게 된다.

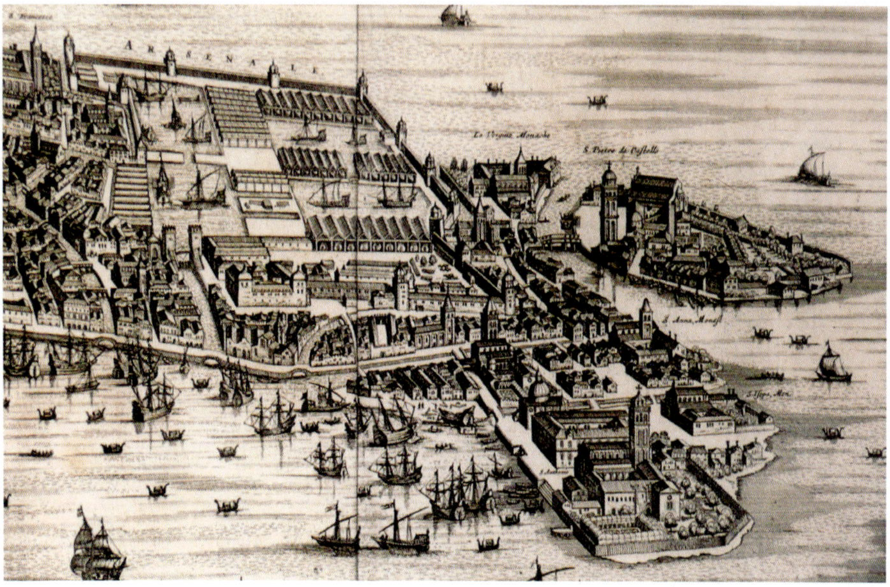

베네치아 국립조선소 아르세날레

이와 같은 격변의 시대에 베네치아는 1104년 설립된 국립조선소 아르세날레 Arsenale를 1320년 대폭 확장하여 새로 지으면서 지중해의 교역권을 본격적으로 독점하고자 하였다. 아르세날레는 원래는 고유명사였으며, 차후 유럽 각국의 병기창을 뜻하는 단어 Arsenal의 어원이 되었다. 다양한 종류의 상선과 군선, 배에 필요한 모든 부품, 무기류를 만들던 아르세날레는 배에서 사용하는 장비를 표준화하여 배의 종류가 다르더라도 부품을 같이 쓸 수 있게 하였으며, 그 직원은 모두 공무원으로 국가에서 관리하였다. 아르세날레는 섬이었던 베네치아 본토 면적의 10%를 차지하였으며 국가 예산의 15%를 사용하는 국가의 핵심 기관이었다. 또한 각종 기술자는 전문화하여 자기가 맡은 부분에만 몰두할 수 있었으며, 수상도시의 이점을 살려 건조 중인 배를 아르세날레 안에서 이동시킴으로써 조립라인공정 Assembly line process을 도입하였다.

베네치아는 일찍부터 상비 해군 Standing navy을 보유하였으며, 14세기 중엽에는 36,000명의 선원을 보유하고 상선단을 포함하여 3,300척의 선단을 운용하였다. 16세기에 전성기를 맞은 아르세날레는 16,000명의 직원으로 통상 100척의 배를 동시에 만들었으며, 평균 하루에 한 척의 갤리를 건조할 정도의 대량생산 Mass production 체제를 갖추었다고 알려져 있다. 북유럽의 여러 나라들과도 교역을 활발히 했던 베네치아는 그곳에서 사용되던 상선인 코그 Cog에 장착된 선미 고정타에 주목하여 1400년경에는 이를 전면적으로 도입하였다.

오스만 1세 Osman I, 1258~1326는 아나톨리아 서부의 끝, 동로마제국과 국경을 마주한 지역에서 1299년 돌궐 Turk족의 나라 오스만튀르크를 일으켰다. 동로마제국은 베네치아 해군의 힘을 빌려 사방에서 밀려오는 침략 세력에 대항하였으나, 1453년에 오스만튀르크의 대포가 난공불락을 자랑하던 콘스탄티노플성을 결국 함락하면서 동로마제국은 그 종막을 고하였다. 차후 베네치아는 지중해에서 오스만튀르크의 해양 세력을 저지하는 역할을 떠맡게 되었다. 베네치아를 포함한 기독교 세력과 오스만튀르크는 마침내 1571년 그리스의 서해안 레판토에서 해전으로 지중해의 패권을 놓고 맞부딪히게 되었다.

갤리로 이루어진 함대의 마지막 대규모 해전이라고 할 수 있는 이 전쟁에서 양측은 각각 200척 이상의 갤리를 동원하였다. 베네치아는 109척의 갤리 외에도 갈레아스 Galleass라고 불리던 대형 갤리를 6척 건조하여 참전하였다. 갈레아스는 포갑판 Gun deck을 따로 만들어 선수 Bow와 좌우 양현에 다수의 대포를 장착하였으며, 기독교 진영의 선봉에 서서 상당한 전과를 올려 승리에 결정적인 역할을 하였다. 함포에 작렬탄 Explosive shell, 즉 목표 위치에 도달한 후 폭발하는 포탄이 사용된 것은 1820년대 초엽이다. 대부분 돌 또는 쇠로 만들어진 당시의 포탄은 물리적인 타격을 주는 것을 목적으로 하였다. 돛대나 키, 또는 수면 근처의 외판을 직격하여 배의 조종성을 둔화시키거나 침수시키는 데 중점을 두었는데, 이와 같은 포의 사용은 적선에 올라 백병전으로 승부를 결하는 고대 이래의 방식에 일대 변혁을 가져왔다.

그러나 정작 대양 항해를 위한 혁신은 유럽의 서쪽 끝 이베리아반도의 두 나라, 포르투갈과 스페인에서 시작되고 있었다. 아랍은 718년 이베리아반도 대부분을 점령하고 수백 년 동안 통치하였는데, 현재의 포르투갈 북부 지역은 1139년 기독교인의 수중에 들어가 포르투갈 왕국으로 인정되었다. 포르투갈은 1249년 현재의 포르투갈 전 지역에서 아랍 세력을 구축함으로써 아랍에 빼앗긴 기독교 지역을 수복하는 것을 뜻하는 이른바 레콩키스타 Reconquista를 완성하며, 이는 스페인이 달성한 1492년의 레콩키스타에 비해 243년이나 빨랐다. 포르투갈과 스페인은 해양에서 주도권 경쟁을 시작하게 되었고 마침내 1494년에는 교황의 중재로 지구를 둘로 나누어 각자의 영역을 결정하는 토르데시야스 조약 Treaty of tordesillas을 체결한다. 15세기에 들어 본격적으로 각자 해외로의 진출을 모색하는 일환으로 인도로 가는 뱃길을 찾는 작업이 시작되었는데, 포르투갈은 많은 것을 선결해야만 했다. 대양 항해에 적합한 배와 항해술의 습득, 아프리카 대륙을 둘러싼 바다의 해류와 바람 방향에 관한 정보, 식수와 물자를 보급받을 수 있는 우호 항구 Friendly port의 확보 등이 우선적인 과제였다.

아랍인과 교류하며 인도양의 존재에 대해 알고 있던 포르투갈인은 아프리카의 남단에 도달하는 것이 일차 목표였다. 아프리카 서해안을 따라 남쪽으로 항해하던 그들은 적도 부근에서 무풍지대를 만나 어려움을 겪지만, 1488년 바르톨로뮤 디아스 Bartolomeu Diaz, 1450?~1500는 결국 아프리카 남단의 희망봉에 닻을 내렸다. 한편, 스페인은 1492년 레콩키스타 완수를 기념하는 사업으로 콜럼버스 Christopher Columbus, 1451~1506에게 서쪽으로 항해하여 인도로 가는 길을 찾도록 하였다. 그는 서인도제도 West Indies에 도달하였지만 1506년 죽을 때까지 그곳이 극동 Far East이라는 믿음을 수정한 적이 없었다. 콜럼버스의 주장에 동조하지 않던 포르투갈은 바스코 다가마 Vasco da Gama, 1469~1524가 희망봉을 돌아 1498년 인도 서해안의 캘리컷 Calicut (인도어 Kozhikode)에 상륙하자, 드디어 그들이 새로운 뱃길을 통해 인도에 안착하였음을 알렸다.

인도로 가는 항로를 발견하려는 시도는 1453년 동로마제국의 멸망과 더불어 오스만튀르크가 아시아와의 중개무역을 독점하면서 가속화하였다. 이 항로의 발견에 따라 지중해를 거치지 않고 아시아와 바다를 통해 무역을 할 수 있게 되었으며, 또 남북 아메리카와 식민 무역이 가능하게 되었다. 이런 항해에서 나침반과 천문학은 매우 중요한 역할을 하였으며, 세모돛을 사용하여 움직였던 캐러벨 Caravel의 발명 역시 대양 항해에서 결정적인 역할을 하였다. 캐러벨은 노가 없는 범선인데 전적으로 돛으로 움직였고, 대개 50~200톤 정도였다. 외판을 골조에 부착하여 비교적 매끄러운 선각을 만들어줌으로써 저항 抵抗, Resistance을 줄이는 카벨이음 Carvel joint을 사용하여 건조되었다.

노가 없다는 것은 노꾼이 없다는 것으로, 당시 로마 시대의 갤리에서는 1인당 하루에 8리터의 물이 필요한 것으로 간주하였는데, 2~3일마다 식수 공급을 위해 육지에 상륙할 필요가 없다는 것을 뜻했다. 따라서 한 번에 한 달 이상 항해를 할 수 있었으므로 더 이상 해안을 따르지 않고 대양을 항해하는 것이 가능하였다. 대양 항해에

16세기 포르투갈 캐럭

점차 익숙해지고 바람의 방향을 숙지하게 되자, 순풍일 때의 풍력을 이용하기 쉬운 네모돛을 더불어 사용하는 범선인 캐럭 Carrack이 도입되었다.

캐럭에는 보통 세 개의 돛대가 있는데, 앞돛대 Foremast와 주돛대 Mainmast에는 네모돛을, 뒷돛대 Mizzenmast에는 세모돛을 장착하여 속도와 조종을 위해 바람의 힘을 최대한 활용하였다. 선수부 앞에는 선수돛대 Bowsprit를 두고 필요할 때 적절한 돛을 장착하여 미세 방향 조정과 정지 등을 위해 사용하였다. 캐럭도 카벨이음으로 만들어지고 1,000톤 이상의 배도 드물지 않았으므로, 매우 오랫동안 보급을 받지 않고 항해할 수 있었으며 화물도 상당량 실을 수 있었다. 처음에는 지중해와 발트해 사이의 화물 운송에 쓰였지만 유럽과 아시아 사이의 항로 개척에 투입되었으며, 꽤 큰 선수루 Forecastle와 선미루 Aftcastle를 갖추어 여러 용도로 사용하였다. 콜럼버스의 서쪽 항해, 바스쿠 다가마의 동쪽 항해, 1519년부터 1522년까지 3년에 걸친 최초의 세계 일주 항해를 가능하게 했던 마젤란 Ferdinand Magellan, 1480~1521의 기함 Flagship이 바로 캐럭이었으며, 이를 통해 대양 항해의 초기에 캐럭이 얼마나 활용되었는지 알 수 있다.

16세기 말, 포르투갈과 스페인 외에도 네덜란드와 영국이 해양 경쟁에 참여하고 세계의 바다 곳곳에 해적이 창궐하였다. 당시의 해적은 해군력이 약한 나라의 군선이 적국의 상선을 약탈하는 경우가 태반이었으므로, 상선도 자기방어를 위해 대포를 갖추어야 했다. 한편, 군선은 해적선을 잡기 위해 더 빠른 속도로 움직여야 했으므로, L/B를 증가시키고 더 많은 수의 돛을 가지며, 또 근접전에서의 회피 기동을 위해 조종성도 개선해야 했다. 이런 요구 조건을 만족하기 위해 캐럭은 다시 한번 변신하는데, 이렇게 탄생한 배가 갤리언 Galleon이다. 갤리언은 둘 이상의 갑판이 있어 다수의 대포를 실을 수 있고, 서너 개의 돛대를 쓰되 각각의 돛대에 서너 개의 돛을 달며, *L/B*가 더 커서 더 날씬한 형태의 범선이었다. 상선 갤리언은 대포의 수가 적고, 화물창 Cargo hold을 충분히 확보하기 위해 단면을 더 뚱뚱하게 하였다. 군선 갤리언은 100문 이상의 대포를 싣고자 세 층의 갑판을 설치하고, 빨리 움직일 수 있도록 단면을 더 날씬하게 만들었다.

1588년 세계 곳곳에서 영국과 부딪히던 스페인은 도버해협을 건너 영국을 침공하고자 하며, 영국은 바다에서 이를 격퇴하고자 한다. 스페인은 갤리언을 도입하기는 하였지만 17년 전 레판토해전에서의 전술을 그대로 답습, 갈레아스를 이용하여 대포로 먼저 일격을 가한 뒤 적선에 올라 백병전으로 승패를 정하는 방식을 고수하였다. 반면, 영국은 새롭게 건조된 갤리언에 적합한 전술, 즉 거리를 유지한 채 대포로 적선을 공략하는 새로운 방식을 고안하여 이를 실행에 옮겼다. 결과적으로 스페인 함대는 영국 함대의 포격에 밀려 백병전을 벌이지 못하고, 영국을 침공하기 위한 상륙군을 태울 수 없었으므로, 스페인이 진 싸움이 되었다. 이 싸움에서의 승패는 향후 양국의 해군력에 큰 영향을 미치지는 않았지만, 영국이 택한 전술은 차후 모든 해군이 채택하여 갤리언의 시대가 도래하였다. 1805년에 벌어진 트라팔가르 Trafalgar해전의 주력선도 갤리언이었다.

● 과학혁명과 배

과학혁명의 기점은 뉴턴 Issac Newton, 1643~1727이 세 운동법칙과 만유인력 법칙을 기술한 《프린키피아 Principia》를 발표한 1687년으로 간주된다. 일반인에게는 잘 알려지지 않은 저술이지만, 1638년 갈릴레오 Galileo Galilei, 1564~1642는 《두 새로운 과학 Two New Sciences》을 발표하였다. 그는 베네치아에 속한 파도바 대학의 교수가 된 이듬해인 1593년에 아르세날레의 기술 고문을 맡게 되었는데, 이 책 첫 쪽에 아르세날레에서 근무하던 조선장 Shipwright들과의 대화로부터 관련 연구가 시작되었다고 밝히고 있다.

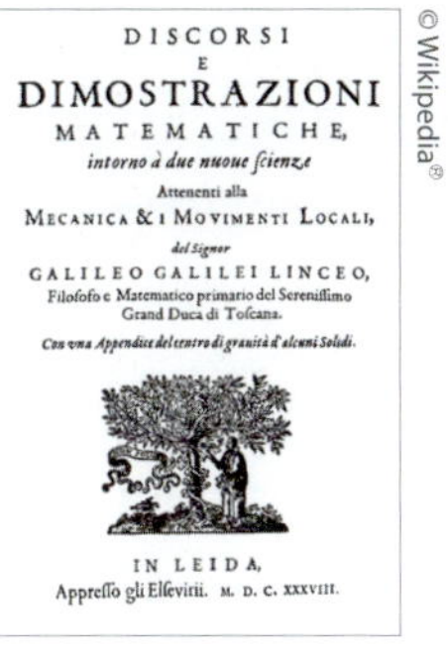
DISCORSI
E
DIMOSTRAZIONI
MATEMATICHE,
intorno à due nuoue scienze
Attenenti alla
MECANICA & I MOVIMENTI LOCALI,
del Signor
GALILEO GALILEI LINCEO,
Filosofo e Matematico primario del Serenissimo
Grand Duca di Toscana.
Con una Appendice del centro di grauità d'alcuni Solidi.
IN LEIDA,
Appresso gli Elsevirii. M. D. C. XXXVIII.

© Wikipedia®

갈릴레오의 <두 새로운 과학> (1638)

갈릴레오가 말하는 두 새로운 과학 중 하나는 물체의 운동에 대한 부분이며, 여기서 그는 뉴턴의 운동 법칙 중 첫째 법칙인 관성의 법칙과 같은 내용을 기술하고 있다. 그뿐만 아니라 그는 던지거나 쏘아 올린 물체는 포물선을 그리며 운동한다는 사실을 밝혔는데, 이는 당시 아르세날레에서 생산하고 있던 대포의 포탄 궤적과 관련된 연구이기도 하였다.

나머지 하나의 새로운 과학은 재료의 강도에 관한 부분으로, 이 역시 당시 아르세날레에서 조선장들이 당면한 문제로부터 나왔다. 나무를 사용하여 배를 짓는 경우,

모양은 닮은꼴로 하고 크기를 늘려도 강도상의 문제가 없다면 얼마든지 큰 배를 만들 수 있을 것이다. 그러나 조선장들의 경험상 배의 양쪽 끝인 선수와 선미를 지지대로 받쳐놓고 만드는 당시의 방식을 따르면서 배의 크기를 늘리면, 배 자체의 무게 때문에 한가운데가 부러지는 일이 발생하였다. 이 문제에 대한 해답을 찾기 위한 노력은 결국 재료의 강도에 관한 연구로 연결되었다. 뉴턴을 포함하여 18세기의 많은 과학자가 갈릴레오로부터 받은 영향을 생각하면, 과학혁명의 상당 부분은 조선과 관련된 문제를 해결하고자 하는 과정에서 이루어졌다고 할 수 있다.

종이가 보편적으로 쓰이게 되고 배의 형상을 종이 위에 나타내기 시작하면서 배의 설계 Design라는 개념이 생겨났다. 영국은 1537년 수석조선장 Master shipwright 제도를 도입하였는데, 1572년 수석조선장이 된 베이커 Mathew Baker, 1530~1613는 최초로 설계 도면을 작성하여 배를 지은 것으로 알려져 있다. 배를 설계하는 사람이 가장 먼저 알고 싶은 것 중의 하나는 배의 수면 아래 부피였는데, 부피를 알면 아르키메데스의 원리로부터 배에 작용하는 부력을 알 수 있고, 따라서 배에 실을 수 있는 물체의 중량을 사전에 결정할 수 있기 때문이다. 1662년 수석조선장이 된 딘 Anthony Deane, 1633~1721은 배의 부피를 구하는 방법을 1670년에 작성한 그의 저술에서 설명하였다. 배를 단면이 일정한 기둥의 합으로 근사하고 각 단면을 사각형과 삼각형 그리고 원과 타원의 조합으로 근사하면, 이들 도형의 면적을 구하는 공식은 이미 알려져 있었으므로 이 공식을 이용하여 단면의 면적, 나아가 배의 부피를 근사적으로 구할 수 있음을 밝혔다.

미적분 Calculus은 17세기 말 뉴턴과 라이프니츠 Gottfried Wilhelm Leibniz, 1646~1716에 의해 서로 독립적으로 발명되었다. 부피를 구하는 문제는 곡선 아래의 면적을 구하는 것과 직결되어 있으며, 위에서 기술한 딘의 방법은 적분을 이용하면 쉽게 해결할 수 있다. 단, 수학적인 식으로 주어진 곡선의 경우에는 적분을 쉽게 적용할 수 있는데, 배의 단면과 같이 일반적인 곡선의 경우에는 적분을 정의할 때와 비슷하게 곡선 아래의 면적을 매우 많은 사다리꼴의 합으로 근사하면, 사다리꼴의 면적을 구하는 공식을 사용하여 근사적인 면적을 구할 수 있다. 따라서 적분은 배의 부피를 구하는 문제를 해결하는 데 결정적인 개념이었다.

배 도면을 그리고 있는 수석조선장(1586)

© Cate Wagstaffe

갤리언은 2, 3층의 포갑판을 올리고 여기에 무거운 대포를 실어야 했으므로, 무게중심이 위로 올라가 배들이 전복되는 경우가 많이 발생하였다. 예를 들어 1628년 스웨덴이 건조한 당시 최대·최고의 군선 바사 Vasa 호는 단지 1,300m의 첫 항해 끝에 전복, 침몰하였다. 따라서 배가 전복되지 않기 위한 조건을 구해야 하였는데, 프랑스의 부게 Pierre Bouguer, 1698~1758와 스위스의 오일러 Leonhard Euler, 1707~1783는 이에 대한 해답을 미적분을 사용하여 얻을 수 있었다.

부게는 1746년 메타센터 Metacenter의 개념을 도입하여 무게중심이 메타센터보다 아래에 있으면 배가 경사에 의한 전복으로부터 안전함을 보였다. 한편, 오일러는 1749년 발간한 저술에서 배의 경사 운동을 고려하여 부게와 같은 결과를 얻었다. 이들이 얻은 조건은 차후 모든 조선소에서 설계 시 고려되어야 했으며, 따라서 목공만 알고 미적분을 이해하지 못하는 사람에게 배의 설계를 모두 맡기기는 어렵다는 것이 자명해졌다. 이처럼 18세기에는 과학혁명의 결과들을 이용하여 우리가 오늘날 조선공학이라고 부르는 분야가 만들어지고 있었다.

© Isaac Newton Institute

© Herzog Anton Ulrich-Museum

(좌) Godfrey Kneller가 그린 뉴턴의 초상(1689)
(우) Christoph Francke가 그린 라이프니츠 초상(1695)

선박이 부력 때문에 물에 뜬다는 원리는 기원전 3세기 아르키메데스가 발견하였다. 그러나 부력의 정체를 알기 위해서는 뉴턴이 밝힌 중력의 개념이 필요하였다. 18세기 말의 산업혁명은 인류에게 기관을 선사하였다. 19세기에는 기관으로 선박에 동력을 제공함으로써 선박이 바람으로부터 자유로워질 수 있었으며, 기관이 제공하는 동력으로 추력을 발생시키는 추진기가 만들어졌다.

과학으로 본 선박

Ships in View of Science

부력과 중력 34
물에 떠 있는 물체의 안정성에 관한 논의는 기원전 250년에 아르키메데스가 수행하였으며, 배의 외곽에 적용하게 된 것은 17세기 말엽 뉴턴과 라이프니츠가 발견한 미적분에 의해서이다.

변형과 파괴 40
배에 작용하는 최대 응력을 감소시켜 배의 구조를 상대적으로 튼튼하게 하는 설계 작업이 필요하다. 대부분 구조 설계 시, 구조물에 작용하는 최대 응력을 기준으로 부재의 크기를 결정한다.

펌프와 프로펠러 48
범선이 기선으로 바뀌면서 배를 짓기 전에 배를 얼마나 빠르게 달리게 할지를 미리 결정하고, 그에 적합한 기관-프로펠러를 설계, 제작하여 배에 장착해야 한다는 새로운 과제가 생겼다.

타의 진화 54
타는 배의 운동을 제어하는 제어판의 일종이다. 배의 진행 방향을 변화시키기 위해 사용해온 장치로, 서양에서 오늘날과 같이 선미에 고정된 타를 갖게 된 것은 12세기 무렵이다.

배와 파도, 바람 58
파도는 주로 바람에 의해 생성되는 수면파(Water surface waves)이다. 인류가 배를 타고 바다로 처음 나갔을 때부터 파도는 이겨내야만 하는 극복의 대상이었다. 수면파는 원래의 평형 위치를 벗어난 유체 입자가 중력에 의해 원래 위치로 되돌아가려고 하는 물리적 현상이다.

배 만드는 사람들 64
목제(木製) 범선으로부터 강제(鋼製) 기선으로 변화되면서 배 만드는 일을 감독하는 주체도 목수에서 엔지니어로 바뀌었다.

부력과 중력

물에 떠 있는 물체의 안정성에 관한 논의는 기원전 250년에 아르키메데스가 수행하였으며, 배의 외곽에 적용하게 된 것은 17세기 말엽 뉴턴과 라이프니츠가 발견한 미적분에 의해서이다.

이승준 충남대학교 명예교수

17세기 말에 시작된 과학혁명이 인류에게 끼친 영향은 헤아릴 수 없이 많을 것이며, 지구가 태양 주위를 회전하는 행성의 하나라는 것은 종교적으로 중요한 의미가 있었다. 그러나 실제로 그 이후에 진행된 과학 각 분야의 발전에서 가장 괄목할 만한 지점은 물리 현상의 성질 변화를 다루던 것에서 물리량의 변화를 다루는 것으로 바뀐 것이라고 할 수 있다. 이와 같은 상황은 갈릴레오가 파도바 대학에서 학생을 가르치던 17세기 초만 하더라도 수학은 곧 기하학을 의미하였던 점과도 깊은 관계가 있다.

갈릴레오는 《두 새로운 과학》에서 운동을 다루면서 '균일 운동 Uniform motion'과 '균일 가속 운동 Uniformly accelerated motion'만을 다룰 수 있었다. 균일 운동은 속도가 일정한 등속도 운동이고, 균일 가속운동은 속도의 증분이 일정한 등가속도 운동이다. 오늘날 속도와 가속도라는 단어는 일상생활에서도 자주 듣게 되므로 이들을 정확히 알지 못하는 사람도 마치 매운 쉬운 단어처럼 느낀다. 그러나 속도와 가속도를 정의하기 위해서는 미분의 개념이 필수적이며, 미분은 갈릴레오 사후 수십 년이 지난 후에야 발명되었다.

갈릴레오는 관성의 법칙을 알아낼 만큼 운동에 관해 깊은 연구를 수행한 수학(기하학) 교수였지만, 그는 미분은 고사하고 지금은 중학생들도 배우는 함수 Function의 개념마저 알지 못했다. 다시 말하면 그는 속도와 가속도를 오늘날과 같은 방법으로 정의할 수 없었다. 과학혁명의 첫걸음을 뗀 갈릴레오였지만, 그에게는 그의 생각을 밝히기에 적절한 수학적인 도구가 없었다. 뉴턴과 라이프니츠가 이룩한 미적분의 발명은 과학자에게 양적인 변화를 다룰 수 있는 도구를 제공했다는 점에서 말 그대로 혁명적인 가치가 있었다.

배는 물로부터 부력을 받기 때문에 물에 뜬다는 사실은 기원전 3세기에 아르키메데스가 발견하였다. 그러나 부력의 정체를 알기 위해서는 뉴턴이 밝힌 중력 Gravity의 개념이 필요하였다. 일반적인 형상의 물체에 작용하는 부력의 크기를 얻기 위해서는 적분의 개념이 필수적이다.

쇠로 만들어진 배가 물에 뜨는 것을 신기하게 생각할 수도 있는데, 그런 뜻에서는 쇠로 만들어진 비행기가 공기 중을 날아가는 것은 더욱 신기할 것이다. 배와 비행기의 큰 차이점은 배는 움직이지 않아도 물에 떠 있지만, 비행기는 상당한 속도로 앞으로 움직여야만 공기 중에 떠 있을 수 있다는 것이다. 배가 물로부터 받는 힘은 부력 Buoyancy이라고 하며, 보통 아르키메데스의 원리를 이용하여 설명한다.

아르키메데스는 기원전 3세기의 사람으로, 인류가 낳은 최초의 엔지니어라고 부른다. 우리가 아는 엔지니어라는 직업은 르네상스 초기인 14세기경에 만들어진 것으로 볼 수 있다. 따라서 그는 위대한 수학자이자 과학자였지만, 1600년 이상의 시대를 뛰어넘어 엔지니어의 주요한 특성을 가진 사람이었다. 즉 새로우면서 사람에게 이로운 생각을 발견하거나 물건을 발명한 사람이었다. 그는 부력의 원리 Principle를 발견하였다고 한다. 여기서 문제는 '원리'라는 용어인데, 이때의 원리는 법 Law에 가까워서 증명해야 할 필요가 없다. 다시 말하면 그 원리를 적용하였을 때 한 번도 틀린 결과를 주는 적이 없으므로, 그냥 믿고 쓴다는 이야기이다.

부력의 원리를 학교에서 배울 때, 만약 한 학생이 그 원리를 어떻게 증명하느냐고 질문한다면 선생님은 아마도 추가로 많은 시간을 들여 설명해야 할 것이다. 왜냐하면 아르키메데스가 부력의 원리를 발견하였을 때는 이 원리를 증명하지 않았고, 또 증명할 방법도 없었다. 그러나 18세기에 이르러 오일러는 중력, 압력 Pressure, 적분 등의 개념을 도입 또는 사용하여 부력의 원리를 증명하였다. 따라서 지금은 물론 증명할 수 있지만, 이전에 2000년 이상 원리라 부르며 사용된 역사적인 사실을 존중하여 그대로 원리라고 부르고 있다.

오늘날 우리가 더 기본적인 물리량, 즉 중력과 압력을 정의 · 사용하여 얻을 수 있는 결과를 아르키메데스는 2000년 전에 관찰, 경험하여 부력이라는 개념을 도출하고 그 크기를 정하는 방법을 알아낸 것이다. 부력의 원리는 다음과 같이 쓸 수 있다.

"유체 중에 있는 물체는 물체가 밀어낸 유체의 무게와 같은 힘을 연직 상방으로 받는다."

여기서 유체 Fluid라는 단어는 아르키메데스 시대에도 물과 공기를 모두 포함하는 단어로 쓰였고 흐를 수 있는 물체를 뜻한다. 당시에는 4원소설을 믿었는데, 물과 공기는 땅과 불 사이에 있는 원소로 여겨졌다. 위의 원리에 따르면 공기 중에 있는 물체도 부력을 받아야 하는데, 이때 공기의 무게가 있는지, 또 있으면 얼마나 되는지에 대한 의문은 갈릴레오에 의해 《두 새로운 과학》에서 밝혀졌다.

부력의 원리는 아르키메데스 본인에 의해 배와 관련된 문제에 상당한 정도로 응용되었다. 횡단면의 외곽이 균일하며 포물선으로 된 물체 Paraboloid가 물에 떠 있을 때의 안정성 Stability을 기원전 250년에 다루고 있으므로, '최초의 공학자'라는 칭호로 불리는 것을 이해할 만하다. 여기서 그가 생각한 물체는 배를 근사한 것으로 보아야 할 것이다. 그는 부력의 원리와 지레의 원리만을 사용하여 배가 평형 위치로부터 약간 경사 傾斜할 때 원래 위치로 되돌아가기 위한 조건을 구하고자 하였다. 1746년 부게는 아르키메데스의 방법을 일반적인 형상의 배에 적용하여 메타센터라는 개념을 얻을 수 있었다.

1687년 뉴턴에 의해 밝혀진 사실 중의 하나는 모든 물체는 서로 잡아당긴다는 만유인력 Universal attraction 법칙이다. 이 법칙에 따르면 지구 위에 있는 물체는 모두 지구가 잡아당기는 힘을 받는다. 이 힘을 중력이라고 하는데, 고대부터 인류가 경험적으로 알고 있던 사실, 모든 물체가 무게 Weight를 가진다는 것과 일치하는 결과였다. 물론 중력의 개념은 물체를 공기 중에 놓으면 왜 밑으로 떨어지는지, 즉 자유낙하 Free fall에 대한 설명도 제공하였다. 고대에는 물체가 땅에 속한 원소를 가지고 있으며 그 부분이 땅으로 돌아가기 위해 물체가 아래로 움직인다고 믿었지만, 만유인력의 법칙이 알려진 후 그러한 믿음은 더 이상 통용될 수 없었다.

중력의 존재를 알기 전에도 갈릴레오는 공기가 무게를 가지므로 공기의 무게에 기인하는 힘을 우리가 받고 있다고 생각하였다. 그는 제자에게 이와 관련하여 실험을 권유하였는데, 이것이 우리가 잘 알고 있는 토리첼리 Evangelista Torricelli, 1608~1647의 유리관에 수은을 채워서 수행하는 대기압 실험이었다. 17세기 전에도 기체와 관련하여 압력이라는 용어를 사용하고는 있었지만, 이는 어떤 용기 안에 들어 있는 기체의 압력, 또는 유체의 경계면에서 느껴지는 압력 등을 뜻하였을 뿐이다.

오일러는 1749년 유체 내부의 한 부분이 그와 접촉하고 있는 부분과 주고받는 힘, 즉 내력 Internal force을 도입하고, 정지해 있는 유체 중의 모든 곳에 작용하는 내력으로서 압력의 개념을 도입하였다. 압력은 한 점에 작용하지만, 그 점에서는 모든 방향으로 크기가 같으며, 또 그 점을 포함하는 어떤 평면을 생각하면 압력은 그 평면에 수직 방향으로 작용한다고 가정하고, 압력을 단위 면적당 작용하는 힘으로 정의하였다. 나아가 그는 어

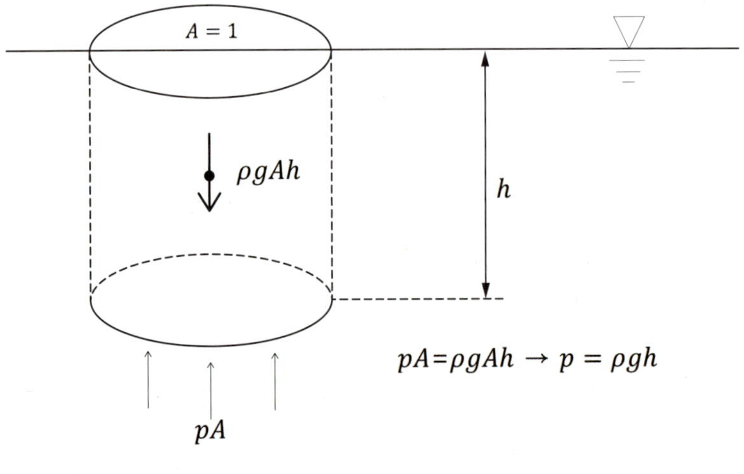

정지해 있는 유체 내부에 작용하는 압력

p: 압력
A: 면적
ρ: 유체밀도
h: 수면으로부터 깊이
g: 중력가속도

떤 점에서의 압력의 크기는 그 점보다 연직 상방에 있으며, 단위 면적의 횡단면을 가지는 연직 기둥의 유체의 무게와 같음을 보였다. 유체가 정지 상태에 있을 때는 움직임이 없으므로 생각하는 점을 포함하는 어떤 면적을 횡단면으로 가지는 연직 기둥을 생각하면 이 기둥의 무게와 기둥의 아랫면에 작용하는 압력에 기인하는 힘은 같아야 함을 이용하여 위 결과를 쉽게 얻었다.

횡단면의 형상과 관계없이 면적이 주어진 점과 같은 수평면 내에만 있으면 위와 같은 결과가 얻어지므로, 같은 수평면 내에 있는 모든 점에서의 압력은 같다는 사실도 얻는다. 그는 이 결과를 얻자 거의 즉각적으로 바람은 공기 중에서의 압력 차에 의한 공기의 이동이라는 생각에 도달하였고, 이러한 인식에 기반하여 차후 기상학 Meteorology이 시작되었다.

오일러는 정지해 있는 물 내부에 작용하는 압력, 즉 수정압 Hydrostatic pressure을 이용하여 물속에 있는 움직이지 않는 물체 표면에 작용하는 압력의 연직 상방 성분을 표면에 걸쳐 모두 더하여, 즉 적분하여 아르키메데스의 부력의 원리를 얻을 수 있음을 보였다. 이는 물체가 연직 기둥일 때를 생각하면 더 쉽게 얻을 수 있다. 압력은 생각하는 면에 수직 방향으로 작용하므로 연직 기둥에 작용하는 연직 상방의 힘은 윗면과 아랫면에 작용하는 힘밖에 없으며, 이 힘들의 차이는 연직 기둥의 높이에 면적을 곱한 부피를 가지는 물의 무게, 즉 연직 기둥이 밀어낸 물의 무게와 같다. 일반적인 물체에 대해서는, 물체를 단면적이 매우 작은 대단히 많은 수의 연직 기둥의 합으로 근사하면 결국 부력의 원리를 얻음을 알 수 있다.

따라서 18세기 중엽에는 부력이 왜 발생하며, 아르키메데스의 원리에 의해 그 크기가 주어지는지 설명할 수 있었다. 내력으로서 단위 면적당 작용하는 힘으로 정의되는 물리량을 응력 Stress이라고 부른다. 응력에는 여러 성분이 있는데, 그중에서 최초로 알려진 압력은 '모든 방향으로 크기가 같은 Isotropic' 성분이다. 응력은 차후 유체의 저항, 재료의 강도 등과 관련하여 매우 중요한 양이 되었다. 이는 갈릴레오의 《두 새로운 과학》이 배와 관련하여 시작된 연구에서 얻어낸 결과였다. 위에서 언급한 압력도 오일러가 부력, 특히 배가 받는 부력을 설명하는 과정을 통해 처음 도입하였다는 점을 강조하고자 한다. 이는 산업과 과학이 서로 새로운 개념과 결과를 주고받으면서 발달하는 것을 보여주는 좋은 실례라고 생각한다.

위에서 기술한 바와 같이 물에 떠 있는 물체의 안정성에 관한 논의는 아르키메데스가 이미 기원전 250년에 수행한 적이 있다. 단, 그의 논의는 물체의 외곽이 수학적으로 잘 알려진 곡선일 때만 이루어졌다. 이제 17세기 말엽 뉴턴과 라이프니츠에 의해 미적분이 알려지자, 배의 외곽이 일반적인 형태의 곡선으로 주어질 때에도 아르키메데스의 방법을 적용할 수 있게 되었다. 부게는 배가 직립으로 평형 상태에 있다가 외력에 의해 약간 경사되었을 때 원래의 직립 위치로 돌아오기 위한 복원 모멘트 Righting moment가 발생할 조건을 고려하였다.

먼저 경사 전후에 부심이 위치한 횡단면은 같을 것이므로, 그 횡단면을 생각해보자. 단, 경사 후의 상태에 대해서는 배가 경사하는 대신 배는 가만히 있고 좌표계를 회전시켜 경사 전후의 상태를 비교하기로 한다. 그는 경사각이 작을 때, 경사에 의해 부심의 위치가 변화하는데 부력의 작용선인 연직선, 즉 수면에 수직인 직선이 배의 좌우 대칭면과 만나는 점의 위치는 변화하지 않음을 보였고, 이 점을 메타센터라고 정의하였다. 이 과정은 삼각형의 면적과 도심 Centroid의 위치에 대한 지식을 이용하고 모멘트와 적분의 개념을 사용하여 이루어지는데, 분명한 것은 적분의 개념이 없다면 이 과정은 성립할 수 없다는 것이다.

메타센터의 정의

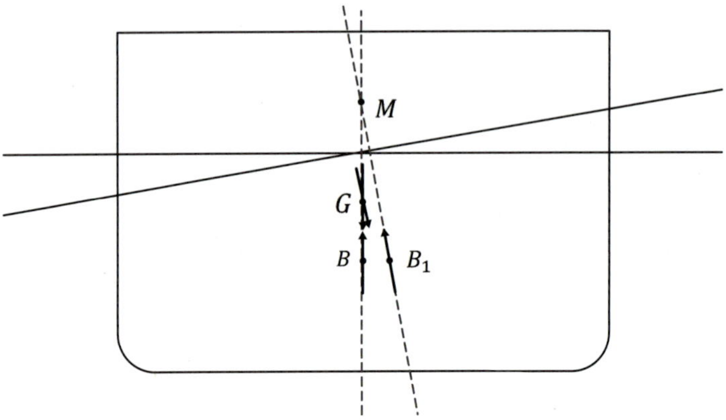

직립 상태가 평형 상태였다면 배의 무게중심 G도 부심 B와 같은 횡단면 안에 있어야 하는데, 중심에 작용하는 배의 무게는 연직 하방이고 새로운 부심에 작용하는 부력은 연직 상방이므로, 두 힘은 모멘트를 발생시킬 것이다. 만약 중심의 위치가 메타센터 M보다 아래에 있다면 복원 모멘트가 발생하여 배는 직립 위치로 돌아갈 것이고, 위에 있다면 경사 모멘트가 발생하여 배는 더욱 경사할 것이며 나아가 전복의 위험이 매우 클 것이다.

부게는 메타센터와 부심 사이의 거리는 좌우 대칭면에 대한 수선면 Waterplane의 2차 모멘트와 배수량의 비 Ratio로 얻어진다는 것을 보여주었다. 여기서 수선면은 수표면과 배의 외곽선이 만나는 곡선에 의해 만들어지는 도형을 뜻하며, 2차 모멘트는 수선면에 대해 정의된 적분으로 수선면의 폭이 넓으면 넓을수록 커진다. 따라서 배수량이 일정할 경우, 수선면의 폭이 넓을수록 메타센터는 부심으로부터 멀리 위쪽에 위치하며 안정성을 확보하기 쉬워진다. 중요한 것은 안정성을 결정하는 인자가 배의 형상 중에서도 수선면의 폭이라는 사실이 알려진 것이다. 나아가 배의 중심은 아래에 있을수록 안정성에 도움이 될 것이므로, 따라서 배를 지은 후 안정성에 대해 자신이 없을 때 배의 아랫부분에 돌이나 쇠처럼 무거운 물체를 싣고 다니던 관례와도 부합하는 결과였다.

18세기 중엽, 배의 안정성에 관한 조건이 위와 같이 얻어지자 프랑스 해군은 모든 조함관 Naval constructor 예비생들을 파리에 세운 학교에 모아 이에 대해 교육한 뒤 각지의 조선소로 보냈다. 이에 따라 전통적으로 각 지역의 스승으로부터 도제 제도를 통해 배운 목수가 조선장의 역할을 하던 상황은 일변하게 되었으며, 전국의 여러 조선소에서 배가 같은 과정을 거쳐 같은 방법으로 일관성 있게 만들어지게 되는 효과까지 얻었다. 물론 안정성을 확보하기 위한 작업은 배의 도면을 작성하고 배가 만들어지기 전에 이루어져야 했으며, 만들어지는 중에도 이에 대한 주의를 게을리하지 않아야 했다. 이러한 작업은 미적분과 역학의 기본적 지식이 없는 사람이 수행하기란 불가능하였다. 부게가 이들을 위해 작성한 교과서와 프랑스의 교육 제도는 유럽의 여러 나라에 도입되어 큰 영향을 미쳤다. 이러한 배의 안정성 확보를 위한 계산은 지금도 '선박계산법'의 중요한 부분으로 조선공학과 2학년 학생들이 필수적으로 배우고 있다.

오일러는 같은 문제를 생각하는 데서 한 걸음 더 나아가, 직립 위치에 있던 배를 약간 경사시킨 후 정지 상태에 있도록 한 뒤 가만히 놓았을 때 이어지는 배의 운동에 대해 고려하였다. 이를 해결하기 위해 그는 먼저 3차원 물체의 일반적인 운동에 관한 기술을 얻는 방법을 고안하였으며, 그가 얻은 결과를 이용하여 배의 횡동요 Roll 운동을 기술하는 식을 얻었다. 이 식은 모든 운동을 기술하는 식과 마찬가지로 구하고자 하는 함수의 미분이 포함된 미분 방정식이었으며(고려 중인 문제에서는 경사각의 시간에 대한 미분), 이 식을 통해서 부게와 본질적으로 같은 결과를 얻었다. 메타센터가 중심보다 위에 있으면 경사각이 사인함수 Sine Function처럼 변화하여 배는 주기적으로 왼쪽 오른쪽으로 흔들리는 동요 Oscillation를 하게 되며, 아래에 있으면 경사각이 지수함수 Exponential function처럼 증가, 즉 전복하는 것을 보였다.

오일러는 배와 관련된 문제의 해결을 위해 유체 내부에 작용하는 압력, 3차원 물체의 일반적인 운동 등에 관한 결과를 얻었으며, 그의 결과는 차후 대단히 광범위한 문제를 다루기 위해 일반화되었다. 지금도 많은 공과대학 2학년 학생들이 필수적으로 배워야 하는 '유체역학'의 앞부분은 유체 내부의 압력에 대한 내용으로, '동역학'의 후반부는 3차원 물체의 일반적인 운동에 대한 내용으로 구성되어 있다. 이상으로 과학혁명을 통해 알려진 미적분과 물체의 운동에 관한 사고 체계가 배와 관련하여 압력의 개념, 일반적인 운동의 기술 방법을 만들어낸 것을 설명하였다. 이와 같은 개념, 방법은 차후 더 광범위한 과학혁명과 산업혁명의 전개에 중요한 요소로 쓰였다.

변형과 파괴

배에 작용하는 최대 응력을 감소시켜 배의 구조를 상대적으로 튼튼하게 하는 설계 작업이 필요하다. 대부분 구조 설계 시, 구조물에 작용하는 최대 응력을 기준으로 부재의 크기를 결정한다.

이승준 충남대학교 명예교수

배는 목수들이 만들었던 구조물 가운데 아마도 가장 큰 물체 중 하나일 것이다. 1,000톤이 넘는 배들을 만들기 시작하면서 조선장들은 배의 크기와 관련하여 많은 질문에 직면해야만 했다. 큰 배를 만들기 위해서는 사용하는 도구나 부품 중에서도 더 크게 만들어야 하는 것들이 많았으므로, 예를 들어 같은 재료로 두 배 큰 옷장을 만든다고 할 경우 모든 부재의 크기를 두 배로 하면 구조적으로 안전할 것인지에 대한 의문이 생길 수밖에 없었다. 갈릴레오의 《두 새로운 과학》은 나흘간 벌어진 세 사람 사이의 토론으로 구성되어 있는데, 아르세날레의 조선장들이 품고 있던 이와 같은 의문에 관한 토론으로 첫째 날의 대화가 시작되고 있다.

당시의 배는 선수와 선미에 받침목을 받치고 그 위에 용골, 골조, 외판 순서로 부재를 연결하여 만들어졌는데, 갈릴레오는 배가 커지면서 스스로의 무게, 즉 자중을 견디지 못해 중앙 횡단면 부근에서 파괴되는 현상에 주목하였다. 그는 먼저 배를 배와 같은 길이의 횡단면이 균일한 보, 즉 훨씬 간단한 형상의 물체로 대치하여, 본질적인 면에서는 달라진 것이 없지만 더 쉬운 문제로 바꾸었다. 나아가 자중에 의한 파괴가 중앙부에서 일어나는 현상을 해석하기 위해서는, 보는 무게가 없는 물체로 간주하고 자중과 같은 크기의 하중 Load이 중앙 단면에 작용하는 문제로 바꿀 수 있음을 보였다. 이는 분포된 하중을 한 점에 작용하는 집중 하중으로 바꾼 것으로, 역시 문제를 더 쉽게 다룰 수 있게 한 것이다. 마지막으로, 파괴와 관련하여서는 위의 문제는 원래 보와 비교하여 길이가 반인 외팔보 Cantilever의 자유단 Free end에 원래 보의 무게의 반이 하중으로 작용하는 문제와 같음을 보였다.

이처럼 몇 차례의 이상화, 단순화 과정을 거쳐 얻어진 문제에 대해 갈릴레오는 지레의 원리를 적용하였다. 외팔보의 재료는 같고 모양은 닮은꼴로 유지하면서

외팔보(Cantilever), 갈릴레오의 《두 새로운 과학》(1638)에서

외팔보의 길이를 크게 할 때, 원래의 외팔보가 구조적으로 튼튼하더라도 그 크기를 무한히 키울 수 없으며, 어떤 일정한 크기에서 반드시 파괴가 발생해야 함을 보였다. 갈릴레오는 파괴가 발생하는 곳으로 가정된 외팔보의 지지점을 지레의 받침점으로 간주하여 그가 내린 결론의 핵심을 얻었다.

지지점에 대해, 자유단에 작용하는 하중에 기인하는 모멘트는 하중과 외팔보의 길이의 곱으로 주어지며, 지지점을 포함하는 횡단면이 가진 파괴에 저항하는 모멘트는 그 횡단면에 작용하는 저항과 지지점으로부터 저항의 작용점까지의 거리의 곱으로 주어진다. 여기서 저항은 재료가 파괴에 직면했을 때 재료를 구성하는 각 올 Fiber이 견디어 내는 힘의 합으로 주어진다. 그런데 닮은꼴이라면 하중은 보의 체적, 즉 길이의 3승에 비례하고, 저항은 횡단면의 면적, 즉 길이의 제곱에 비례한다. 따라서 하중에 기인하는 모멘트는 길이의 4승에 비례하고 파괴에 저항하는 모멘트는 길이의 3승에 비례함을 얻는다. 그러므로 외팔보의 길이를 증가시키면 결국

갈릴레오 갈릴레이 초상 (Justus Sustermans)

하중에 의한 모멘트가 파괴에 저항하는 모멘트보다 커질 것이므로, 파괴가 발생할 수밖에 없음을 보일 수 있었다.

갈릴레오의 발견 중 오늘날 우리가 알고 있는 지식과 일치하지 않는 점도 많다. 그러나 앞 절에서도 논의한 바와 같이 그가 가지고 있던 수학적 도구의 한계를 참작하고, 또 그가 《두 새로운 과학》에서 기술한 내용들이 차후 과학 발전의 동기를 제공하였다는 점을 생각하면 그야말로 혁명적인 사고의 전환이었다. 실제 문제를 이상화와 단순화에 의해 당시의 수학을 이용하여 풀 수 있는 간단한 문제로 대치한 그의 문제 해결 방법은 다음 모든 세대에게 두고두고 지대한 영향을 미쳤다.

나아가 그는 닮은꼴 모양의 물체들이 구조적으로 같은 튼튼함을 가지지 않는다는 것을 최초로 증명했다. 이 사실을 일반화하여 전문적인 용어로 나타내면, 두 물체가 기하학적으로 상사 Similar한다고 하더라도 반드시 역학적 Mechanically으로 상사하지는 않다고 할 수 있다. 따라서 차후 수행된 모든 모형 시험은 이와 같은 점을 고려하여 이루어져야 했다. 보통 모형은 실물보다 작은 크기를 가진 닮은꼴의 물체를 뜻하는데, 모형 시험을 통해 얻은 결과로부터 실물의 상황에 대해 합리적인 추론을 얻기 위해서는 기하학적인 상사성 외에 역학적으로 고려해주어야 할 추가 사항이 있다는 것을 의미하기 때문이었다.

갈릴레오는 그가 얻은 결과 중에서 파괴에 저항하는 모멘트가 횡단면의 깊이에 비례한다는 것을 이용하여 여러 경험적 사실을 설명할 수 있다고 하였다. 여기서는 두 가지만 인용하기로 하면, 첫째는 같은 자 Ruler라고 하더라도 자를 세워서 그 끝에 하중을 가할 경우와 수평으로 놓고 그 끝에 하중을 가할 경우의 파괴 시 하중에 상당한 차이가 있는 것을 들었다. 둘째는 같은 양의 재료를 사용할 경우, 속이 꽉 찬

갈릴레오의 《두 새로운 과학》에 따른 자(ruler)의 파괴하중

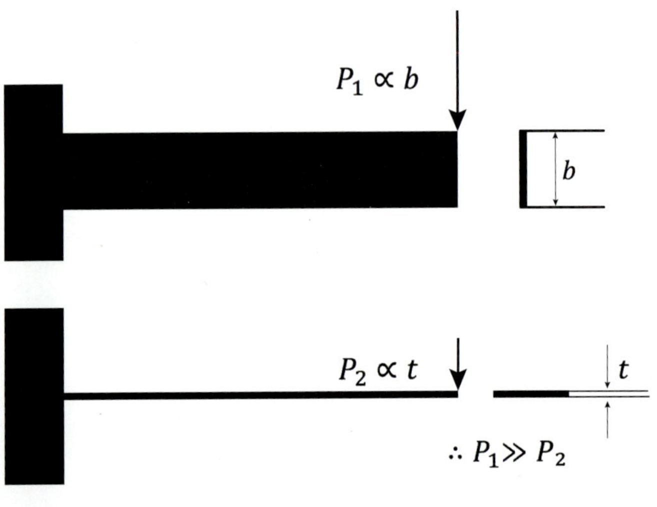

기둥보다는 가운데는 비어 있고 껍질 부분에 재료가 몰려 있는 기둥이 더 큰 힘에 버틸 수 있음을 지적하고, 풀과 대나무나 동물의 뼈 또는 창 Spear의 횡단면이 가운데가 비어 있는 것을 예로 들었다. 즉 같은 양의 재료를 써서 물체를 만들 때, 횡단면의 형상에 따라 견딜 수 있는 하중에 차이가 있음을 지적한 것이다.

갈릴레오는 물체 파괴와 관련된 연구의 문을 두드려 연 사람이므로, 모르는 길을 처음 가는 사람의 실수에 해당하는 오류도 물론 많이 범할 수밖에 없었다. 차후에 이루어진 연구의 관점에서 그는 두 가지를 충분히 고려하지 않았다. 첫째, 물체가 힘을 받으면 변형 Deform된다는 점을 거의 전적으로 무시하였다. 구조물의 부재로 쓰이는 재료는 대개 힘을 받으면 그 힘에 비례하여 변형되고 하중을 제거하면 원래 상태로 복귀한다. 알기 쉬운 예로, 기둥과 같은 물체에 축 방향으로 하중을 가하면 그 길이가 변화한다. 길이를 증가시키는 방향의 하중, 즉 인장 하중에 대해 하중의 크기가 매우 크지 않다면 길이의 변화량은 하중의 크기에 비례한다. 힘과 변형 사이의 비례상수는 재료에 따라 다른 것이 일반적이며, 변형이 커지면 모든 재료는 결국 파괴에 이르게 된다. 단, 파괴에 상응하는 하중보다 꽤 작은 하중에서 이미 하중에 버텨내는 것이 곤란해지므로 구조물을 구성하는 재료의 재료적 성질에 관한 연구가 선행되어야 했다.

위에서 언급한 내용은 주로 재료의 탄성 Elasticity과 관련된 논의이다. 훅 Robert Hooke, 1635~1703은 1675년 하중과 변형 사이의 비례 관계에 대해 발표하였다. 그는 보에 하중이 작용하여 위로 볼록하게 휘는 경우 보의 윗부분은 늘어나고 아랫부분은 줄어드는 것을 지적하였는데, 그의 결과에 힘입어 보와 관련된 연구는 파괴보다는 변형 쪽으로 관심이 쏠리게 되었다. 한편, 훅이 도입했던 비례상수는 재료의 특성뿐만 아니라 부재의 형상에 따라서도 변화하는 값이었으므로, 일반적인 연구에 사용하기에는 어려움이 있었다.

일반적인 연구를 위해서는 앞 절에서 압력과 관련하여 언급한 응력의 개념과, 길이의 변화량을 원래의 길이로 나누어 얻는 변형도 Strain의 개념이 필요하다. 수정압과 관련하여 내력의 지표로서 응력의 개념을 가지고 있었던 오일러는 하중과 변형 사이의 관계보다는 하중을 면적으로 나눈 값, 즉 응력과 변형도 사이의 관계에 주목하였다. 탄성을 가진 재료가 응력이 비교적 작을 때, 응력은 변형도에 비례한다. 오일러는 1766년 이에 대해 최초로 비례상수, 즉 탄성계수를 도입하였고 1774년에는 이 탄성계수가 재료만의 특성임을 명시하였다.

한편, 미적분의 창시자 중 한 사람인 라이프니츠는 외팔보의 자유단에 작용하는 하중에 기인하는 굽힘 변형과 관련하여, 이미 1684년 횡단면에 발생하는 굽힘 Bending 모멘트는 횡단면의 도심을 지나는 축에 대한 2차 모멘트에 비례함을 밝혔다. 여기서 하중 방향을 상하 방향, 횡단면에서 그에 수직인 방향을 횡방향이라고 부르기로 하면, 2차 모멘트는 도심으로부터 재료가 상하 방향으로 먼 곳에 있을수록 큰 값을 가진다. 따라서 같은 양의 재료를 사용한 경우, 즉 횡단면의 면적이 같다면, 예를 들어 횡단면의 두께가 일정한 경우보다 I-형 보처럼 도심으로부터 상하로 먼 곳에 재료를 더 많이 배치한 경우가 더 큰 굽힘 모멘트에 견딜 수 있음을 알게 되었다. 앞 절에서 배의 경사에 대한 안정성과 관련하여 수선면의 길이 방향 축에 대한 2차 모멘트가 도입되었는데, 여기서도 횡단면의 도심을 지나는 축에 대한 2차 모멘트가 도입되었으며, 이들은 적분 개념이 없이는 얻을 수 없었다는 것에 다시 한번 유의한다.

라이프니츠의 유일한 제자였던 야코프 베르누이 Jakob Bernoulli, 1654~1705는 1691년 보의 굽힘 변형 문제와 관련하여 어떤 단면에 작용하는 굽힘 모멘트는 변형된 보의 곡률 Curvature에 비례함을 밝혔다. 여기서 곡률은 고려 중인 점에서 고려 중인 곡선에 내접하는 원의 반경의 역수로 정의되며, 곡선의 기울기가 작을 때는 2계 미분으로 근사할 수 있다. 오일러는 1727년에 작성되었으나 사후에 발표된 논문에서 굽힘강성 Bending stiffness이라고 불리는 굽힘 모멘트와 곡률 사이의 비례상수를 탄성계수와 횡단면의 도심을 지나는 횡축에 대한 2차 모멘트의 곱으로 구할 수 있다는 사실을 밝혔다. 이는 라이프니츠의 결과를 포함하는 일관된 것이었음에 유의한다.

(좌) 오일러
(우) 다니엘 베르누이

오일러는 1766년 보의 변형과 관련하여 한 단면에 발생하는 굽힘 모멘트는 굽힘 강성과 곡률의 곱으로 주어짐을 처음으로 유도, 발표하였으며, 이는 베르누이 Daniel Bernoull, 1700~1790-오일러 공식이라고 불린다.

갈릴레오가 충분히 고려하지 않았던 둘째 문제는 어떤 물체가 움직이지 않을 때 만족해야 하는 조건, 이른바 정역학적 평형에 관한 것이었다. 아직 반력 Reaction과 내력의 개념도 없었으므로, 갈릴레오가 당시에 알려진 지레의 원리만을 적용하여 물체의 각 부분이 만족해야 하는 조건을 얻기는 거의 불가능하였을 것이다. 여기서 반력은 예를 들어 외팔보에 하중이 작용하는 경우 지지점에서 물체에 가해지는 반작용력을 뜻하며, 이때 반력은 하중과 크기는 같고 방향은 반대이다.

오일러는 1771년 보의 부분에 대한 평형을 고려하여, 생각하는 횡단면에 접선 Tangential 방향으로 작용하는 내력인 전단력 Shear force이 작용해야 함을 밝혔다. 한편, 전자기학 분야의 연구로 잘 알려진 쿨롱 Charles Augustin de Coulomb, 1736~1806은 1784년 철사의 비틀림 진동과 관련하여 응력의 성분 중에서 생각하는 평면에 접선 방향 성분인 전단 응력의 필요성을 제기하였다.

결국 1826년 나비에 Claude-Louis Navier, 1785~1836는 보의 굽힘과 관련하여 이들을 모두 포함하는 거의 완벽한 이론을 제공할 수 있었다. 그는 보가 굽혀질 때 정역학적 평형 조건을 적용하여 각 횡단면에는 인장 응력을 받는 부분과 압축 응력을 받는 부분이 공존하며, 횡단면에 수직인 방향, 즉 법선 Normal 방향 응력이 작용하지 않는 점은 도심임을 보였다. 보가 위로 볼록하게 휘는 경우 도심을 포함하는 횡축, 즉 중립축 Neutral axis 보다 윗부분은 인장 응력, 아랫부분은 압축 응력을 받음을 지적하였고, 여기서 응력의 크기는 중립축으로부터 상하 방향으로 잰 거리에 비례하며 비례상수는 탄성계수와 곡률의 곱으로 주어진다. 나아가 이 응력 분포의 중립축에 대한 모멘트는 각 단면에 작용하는 굽힘 모멘트와 같아야 함을 밝혔다.

나비에의 보-이론을 적용하면, 보에 작용하는 하중이 주어졌을 때 각 횡단면에 작용하는 굽힘 모멘트와 응력 분포를 얻을 수 있으므로, 중립축으로부터 상하 방향으로 가장 멀리 떨어진 곳에 있는 부재까지의 거리, 즉 최대 거리로부터 최대 응력을 구할 수 있다. 최대 응력과 최대 거리 사이의 비례상수는 탄성계수와 곡률의 곱인데, 곡률은 베르누이-오일러 공식에 따르면 굽힘 모멘트와 굽힘강성(=탄성계수와 2차 모멘트의 곱)의 비이므로, 비례상수는 굽힘 모멘트와 2차 모멘트의 비가 된다.

최대 응력에 상응하는 최대 거리와 2차 모멘트는 순전히 횡단면의 기하학적 특성이므로 2차 모멘트와 최대 거리의 비를 단면계수 Sectional modulus라고 정의하면, 최대 응력은 굽힘 모멘트와 단면계수의 비로 주어진다. 단면계수는 2차 모멘트가 크면 클수록 증가하며, 주어진 굽힘 모멘트에 대해 단면계수가 크면 클수록 최대 응력은 감소한다.

예를 들어 직사각형 단면의 단면계수는 단면적과 최대 거리의 1/3의 곱으로 주어지므로, 단면적이 같을 때는 최대 거리가 크면 클수록 최대 응력이 감소한다.

대부분 구조 설계 시, 구조물에 작용하는 최대 응력을 기준으로 부재의 크기를 결정하는데, 이때 최대 응력은 재료가 탄성을 보이는 한계 응력, 즉 항복 응력 Yield stress 보다 작은 값으로 한다. 배의 경우에는 각 선급 Classification society에서 규정으로 정한 값이 있으며 이를 기준으로 삼는다. 배는 길이 방향으로 중앙 횡단면에 최대 응력이 작용하는 것으로 가정할 수 있으며, 따라서 중앙 횡단면의 단면계수는 배의 구조 설계에서 매우 중요한 뜻을 가진다. 위에서 밝힌 바와 같이 주어진 굽힘 모멘트에 대해 단면계수가 크면 클수록 최대 응력이 감소한다. 따라서 배에 작용하는 최대 응력을 감소시켜 배의 구조를 상대적으로 튼튼하게 하고자 할 때는 배 길이의 전 구간을 통하며 강도를 담당하는 부재, 즉 종통재가 중앙 횡단면의 중립축으로부터 먼 곳에 있을수록 유리하다.

놀라운 것은 지금도 각 선급에서 배의 구조와 관련하여 요구하는 사항 중, 배를 보로 간주하여 중앙 횡단면의 단면계수에 대한 제한을 두고 있다는 점이다. 갈릴레오의 이상화가 아직도 유효하게 사용되고 있는데, 배를 짓는 대부분의 사람들은 갈릴레오에게 얼마나 큰 빚을 지고 있는지 알지 못하고 갈릴레오를 천문학자 · 과학자로만 알고 있다는 점은 역사의 아이러니라고밖에 할 수 없다.

19세기 중엽에 이르면 배의 구조적 강도와 관련된 기본적인 계산은 어렵지 않게 할 수 있었다. 그러나 더욱 근본적인 변화는 배를 만드는 재료가 나무로부터 쇠로 바뀌기 시작했다는 점이었다. 철 Iron 또는 강 Steel으로 된 구조물에 대한 경험이 철도, 다리, 고층 건물 등을 건설함에 따라 상당히 반복되면서 엔지니어들은 그 설계 및 시공에 자신을 얻었다. 배가 커지면서 나무 대신 쇠를 쓸 때의 이점은 여러 가지이면서 명백하였다. 대형화가 쉽고, 구조적으로 안전하며, 재료의 균일성이 보장되고, 그 확보에 문제점이 적다는 점은 매우 명백하였다. 더욱이 1853년 러시아와 오스만튀르크 사이의 해전에서 작렬탄을 사용하여 목선이었던 오스만튀르크의 함대가 거의 전멸당하자, 각국은 보유 함정 또는 상선 중의 목선을 철선, 또는 강선으로 바꾸기 시작했다. 《A short history of technology: From the earliest times to. A.D. 1900》(T.K. Derry & T.I. Williams, Dover Pub. Inc., 2003)에 따르면, 1840년에 건조되었던 상선의 90%가 목선이었음에 반해 1910년에는 90%가 강선이었다고 한다. 바야흐로 20세기 이래의 강선 시대가 도래한 것이다.

강선에 새로운 선체 구조나 기술을 적용하고자 할 때 일반적으로 선급이 제시하는 변형과 파괴에 대한 기준을 따르게 된다. 현대에 들어와서 선박 구조의 가장 큰 변화는 국제해사기구 IMO, International Maritime Organization에서 기존의 단일선체 대신 이중선체 Double hull로

의무화한 것이다. 이중선체구조는 선체의 하부 및 측면을 공간이 있는 두 층, 즉 내판 및 외판으로 이루어진 구조로, 선체 외판이 파손되었을 때 액체 화물의 누수를 최소화할 수 있도록 선박 화물창의 바닥과 측면을 두 겹으로 만드는 구조이다. 1993년부터 먼저 유조선에 이중선체를 의무화하였는데, 이는 단일선체 유조선이 파손되어 해양으로의 기름 유출 등 사고가 잦아지면서 내리게 된 조치이다. 좌초나 노후 등으로 인해 한 겹의 선체 바닥에 파손이 생기는 경우에도 화물창에 적재된 기름이 바다로 유출되지 않도록 예방할 수 있다. 이러한 이중선체 의무화는 새로운 유조선 발주로 이어지면서 우리나라 조선산업의 세계적 선도를 이끄는 데 크게 기여하였다.

펌프와 프로펠러

범선이 기선으로 바뀌면서 배를 짓기 전에 배를 얼마나 빠르게 달리게 할지를 미리 결정하고, 그에 적합한 기관-프로펠러를 설계, 제작하여 배에 장착해야 한다는 새로운 과제가 생겼다.

이승준 충남대학교 명예교수

19세기 중엽은 배를 만드는 재료의 관점에서 보면 목선으로부터 강선으로의 변화가 시작된 때였지만, 배를 움직이는 방법의 관점에서 보면 바람-돛으로부터 기관 Engine 추진기 Propulsor 로 변환되기 시작한 때이기도 했다. 18세기 말, 와트 James Watt, 1736~1819 가 증기기관을 제작하고 철도가 놓이면서 영국은 산업혁명의 선두에 나섰다. 19세기 초에는 이미 많은 엔지니어가 증기기관을 사용하여 배를 움직이고자 하였으며, 그중에서도 풀턴 Robert Fulton, 1765~1815 은 1807년 증기기관-외륜 Paddle-wheel 을 이용하는 여객선을 뉴욕의 허드슨강에 성공적으로 띄울 수 있었다. 풀턴이 설계한 증기선 Steamboat 은 두 개의 돛대도 가지고 있었으며, 앞에는 네모돛을, 뒤에는 세모돛을 장착하였다. 주 돛대의 자리는 증기기관이 차지하였고, 그 앞의 좌우 양현에 각각 외륜이 설치되었는데, 8km/h 정도의 속도로 달려 대부분 배를 추월하였다.

수차 Watermill 또는 물레방아는 흐르는 물의 낙차를 이용하여 축을 회전시키는 기구로 많은 사람에게 친숙한 물체였다. 외륜은 수차와 비슷한 종류의 기기였지만, 작동 원리는 그 반대로 기관을 이용하여 외륜을 회전시킴으로써 물을 선미 방향으로 움직이게 하며, 이에 대한 반작용으로 추력을 얻었다. 1830년대 말에는 풀턴의 배와 비슷한 증기선 100척 이상이 허드슨강을 운항한 것으로 알려져 있으므로, 그의 증기선은 상업적으로 대단한 성공이었다. 한편, 당시의 영국 해군은 새로운 추진기로서 프로펠러 Propeller 의 도입과 관련하여 어려운 선택에 직면하였다. 외륜은 상선뿐만 아니라 군함에도 이미 성공적으로 사용되고 있었지만 프로펠러는 아직 그렇지 못한 상황이었으며, 해군도 초기에는 프로펠러에 대해 꽤 부정적인 입장이었던 것으로 알려져 있었다.

아르키메데스가 최초의 엔지니어로 불린다는 것은 앞에서 언급한 바 있는데, 그의 이름으로 불리는 펌프 Pump 의 발명 하나만으로도 당연히 그렇게 불릴 자격이 있다.

그의 펌프는 기하학(수학)이 쓸모가 없다는 사람들의 말을 잠재우기 충분하였는데, 나선 Helix을 이용하여 펌프에 달린 손잡이를 돌림으로써 물을 나일강으로부터 퍼 올릴 수 있었다. 직선과 원은 기하학에서 다루는 가장 기본적인 내용인데, 아르키메데스는 원운동과 직선운동의 조합에 의해서 만들어지는 나선을 이용하여 무언가 삶에 도움이 되는 물건을 만들 수 있다는 것을 보여준 셈이었다. 나사 Screw도 같은 원리에 따르고 있으므로 그의 펌프는 나사 펌프라고도 불렸으며, 20세기 초까지도 나일강에서 사용되었다. 나사 펌프의 작동 원리는 배의 추진기에도 그대로 이용할 수 있으며, 기관과 축으로 연결된 나사 프로펠러 Screw propeller를 회전시켜 배 뒤쪽으로 유체를 가속시킴으로써 그 반작용으로 추력을 얻을 수 있다.

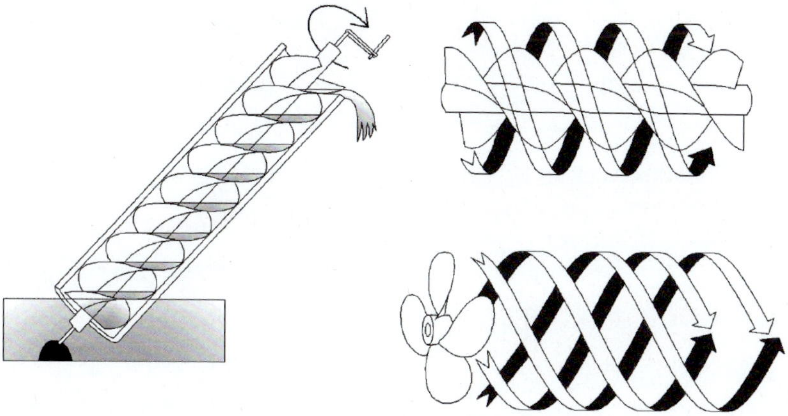

아르키메데스의 나사 펌프(좌)와 나사 프로펠러(우)

이런 원리에 기반한 나사 프로펠러의 특허를 가지고 있던 영국의 스미스 Francis Pettit Smith, 1808~1874는 그의 생각을 실제에 옮겨 영국 해군을 설득하기로 결심하며, 1839년 최초로 바다를 항해하기 위한 목적으로 기관-프로펠러를 장착한 배, 즉 기선 Steamship을 건조하였다. 아르키메데스호라고 불린 이 배는 세 개의 돛대도 가지고 있었는데, 다양한 항로를 달리며 그 성능을 입증하였다. 기관을 사용한 첫 바다 항해에서는 19km/h의 평균 속력을 보여 상당히 성공적이었으며, 배의 추진력을 얻기 위해 증기를 만드는 보일러 폭발, 기관에서 에너지를 내는 피스톤 왕복운동을 회전운동으로 만드는 크랭크축 파손 등으로 초창기에 신뢰성 있는 설계가 이루어지기 어려운 점으로 여러 문제점을 노출하였지만 시간이 갈수록 적절히 해결될 수 있었다. 이러한 과정 중에 프로펠러의 형상도 개선되어 한 바퀴 나선의 1-익 Blade으로부터 반 바퀴 나선의 2-익으로 바뀌었으며, 고질적인 선미부 진동 문제도 해결될 수 있었다. 특히 추진기가 외부로 노출된 형태인 외륜의 경우 적의 포격에 매우 취약하다는 약점이 있었으므로, 아르키메데스호의 성공은 영국 해군으로서는 매우 반가운 소식이었다.

영국 해군은 추진기 선택에 관한 최종 결정을 내리기 전 마지막으로 실선시험을 시행하였다. 해군 최초의 기관-프로펠러 함정인 900톤급의 래틀러 Rattler함을 1845년 취역시키고 Commission, 비슷한 크기의 배로 외륜을 장착했던 알렉토 Alecto함과 선미를 서로 연결한 뒤 전력을 다해 상대를 예인하는 이른바 줄다리기 Tug-of-war 시합을 치렀다. 결과는 상대함을 끌고 2.8노트의 속력으로 움직인 래틀러함의 승리로 끝났고, 차후 영국 해군은 함정의 추진기로 프로펠러를 사용하게 되었으며, 10년 안에 해군 소속 함정 174척에 프로펠러를 장착시켰다. 이러한 과정을 통해 프로펠러 추진에 필수적인 선미관 Stern tube이나 추력베어링 Thrust bearing 등이 개발되고, 또 각종 함정에 대해 최적인 프로펠러의 형상에 관한 연구도 활발하게 진행되었다.

아르키메데스호는 영국 해군뿐만 아니라 상선에 대해서도 큰 영향을 미쳤다. 당대 영국의 가장 저명한 엔지니어의 한 사람인 브루넬 Isambard Kingdom Brunel, 1806~1859은 당시로서는 가장 큰 기선인 그레이트 브리튼 Great Britain호를 건조하는 중이었다. 브루넬은 1840년 아르키메데스호를 석 달 동안 빌려 기관-프로펠러 시스템의 설계 및 생산에 대한 여러 가지 생각을 시험하였으며, 결국 그레이트 브리튼호의 추진기로 프로펠러를 장착하기로 하였다.

그가 투자단에 제출한 프로펠러를 선택해야 하는 이유는 프로펠러가 외륜에 비해 가벼워서 연료가 적게 들고, 위치가 낮아서 안정성에 도움이 되며, 부피가 작아 화물을 많이 실을 수 있고, 수심의 변화에 크게 영향을 받지 않으며, 장비 자체의 가격도 싼 점 등이었다. 배수량 3,700톤의 그레이트 브리튼호는 쇠 Iron로 만들어진 배로 프로펠러로 추진하는 최초의 배였으며, 1845년 리버풀-뉴욕 항로에 성공적으로 취항함으로써 프로펠러로 대서양을 횡단한 최초의 배가 되었다. 이 배 자체는 상업적으로 큰 성공을 거두지 못했지만, 많은 새로운 시도를 통하여 기관-프로펠러 시스템의 다양한 문제가 노출됨으로써 결국 그 문제들을 해결하는 데 큰 도움을 주었다.

그러나 브루넬의 조선 관련 최대 업적은 윌리엄 프루드 William Froude, 1810~1879를 고용하여 배 관련 문제에 관심을 가지게 만든 것이라고 할 수 있다. 브루넬이 그레이트 브리튼호와 관련하여 프로펠러에 관한 다양한 연구를 수행한 것을 알고 있던 영국 해군은 1843년 브루넬에게 위에서 언급한 원래 외륜을 장착하였던 래틀러함의 프로펠러에 관한 시험을 위탁하였다. 프루드는 브루넬을 대신하여 래틀러함에 시험용 프로펠러를 달고 시행한 실험을 몇 차례 수행하였으며, 그는 이때부터 프로펠러를 비롯하여 다양한 배 관련 문제에 관심을 가지게 되었다(《The Life of William Froude》, Yoshioka, 日本船舶技術協會, 1985). 1850년 부친의 건강 문제로 낙향한 프루드는 고향 인근의 호수에서 여전히 프로펠러에 대한 시험을 실행한 것으로 알려져 있다.

범선이 기선으로 바뀌면서 발생한 큰 변화 중의 하나는 바람과 상관없이 거의 일정한 속도로 어느 곳이든지 항해할 수 있게 된 것이다. 그러나 배를 짓는 것과 관련하여 더 중요한 변화는 이제 배를 짓기 전에 배를 얼마나 빠르게 달리게 할지를 미리 결정하고, 그에 적합한 기관-프로펠러를 설계, 제작하여 배에 장착해야 한다는 새로운 과제가 생긴 것이었다. 오늘날 우리가 조선공학이라고 부르는 것의 상당 부분이 이때를 기점으로 만들어지기 시작한 셈이다.

프로펠러와 관련된 초기 연구는 대부분 실제 배에 프로펠러를 설치하고 수행하는 이른바 실선시험이었으므로 상당한 비용이 필요했다. 나아가 프로펠러가 만들어내는 추력은 배가 받는 저항과 같아야 하였으므로, 정해진 속도에서 배가 물로부터 받는 저항을 알아야 그에 적합한 프로펠러를 설계할 수 있었다. 따라서 배의 추진과 저항은 동전의 양면과 같은 문제가 되었다. 이와 같은 여러 가지 기술적인 문제의 해결을 위해 영국은 1910년 왕실 인가 Royal charter를 받아 지금은 RINA Royal Institute of Naval Architects로 불리는 기구의 전신으로 우리의 조선학회에 해당하는 INA Institute of Naval Architects를 1860년에 만들었다. 프루드는 이 기구를 통해 매우 활발하게 연구 결과를 발표하고 랭킨 William John Macquorn Rankine, 1820~1872, 스콧 러셀 John Scott Russell, 1808~1882과 같은 당대의 저명한 조선공학자들과 교류할 수 있었다.

배의 저항은 크게 나누어 두 가지 이유로 발생한다. 하나는 물이 점성을 가지고 있기 때문으로, 보통 마찰저항이라고 불린다. 또 하나는 배가 수표면에서 달리기 때문에 물 위에 만들어내는 파도로 인해 생기는 것으로 통상 조파저항이라고 부른다. 19세기 중엽의 과학 수준으로는 아직 둘 중 어느 하나도 제대로 산정할 수 없었을 뿐만 아니라, 사실은 배의 저항을 크게 이들 두 성분으로 나눌 수 있다는 것 자체가 미지의 사실이었다. 프루드는 1868년 12월 실험으로 배의 저항을 결정하는 방법에 대한 제안서를 영국 해군에 제출했다. 여기서 그는 오늘날까지도 세계 대부분의 예인수조 Towing tank (또는 줄여서 수조)에서 사용하는 저항 산정의 기초적인 사항에 대해 꽤 완벽하게 기술하였다.

프루드는 바다가 아닌 인공적으로 만들어진 긴 물탱크, 즉 수조에서 모형선을 일정한 속도로 끌면서 모형선의 저항을 계측하고, 이렇게 얻은 계측치로부터 실선의 저항을 예측하는 방법을 고안하였다. 여기서 문제는 프로펠러와 관련된 대부분 시험을 실선을 사용하여 시행해왔던 경험으로부터, 저항 역시 실선시험을 통해 그 특성을 파악해야 한다는 주장이 당시 학계 및 업계의 압도적인 견해였다는 점이었다.

위에서 언급한 바와 같이 당시 과학계의 수준은 가장 간단한 형상의 물체라고 볼 수 있는 평판 Flat plate이 그 면에 평행하게 일정한 속도로 움직일 때 받는 마찰저항도 예측할 수 없었고, 또한 수표면에서 움직이는 물체에 의해 만들어지는 파도의 형상 기술도 불가능하였다. 따라서 배의 저항 산정은 전적으로 실험적인 방법에 의존할 수

밖에 없었는데, 프루드는 이를 실선이 아닌 모형선을 사용하여 할 수 있다고 한 것이었다. 영국 해군은 오랜 망설임 끝에 1870년 2월 결국 프루드의 제안을 받아들이기로 하고 수조 건설 및 모형시험에 대한 비용을 지원하기로 하였으며, 이에 따라 1872년 3월 프루드에 의해 세계 최초의 실질적인 수조가 토키 Torquay에 건설되었다. 길이 84.7m였던 이 수조는 14년 정도 사용되었으며, 1879년 그의 사후 그를 계승한 아들 로버트 Robert Edmund Froude, 1846~1924에 의해 더 본격적인 144.8m 길이의 수조가 1886년 하슬라 Haslar에 건설되었다.

프루드는 토키에 수조를 건설함과 동시에 1871년 영국 해군의 배수량 1,150톤, 그레이하운드 Greyhound함의 저항에 대한 실선시험을 수행하였고, 1872년 8월에는 완성된 수조에서 동함의 저항에 대해 수행한 모형시험 결과를 해군에 보고하였다. 이 보고서를 통해 그가 제안한 방법이 충분히 정확한 결과를 준다는 것이 입증되었다. 1873년 영국 해군은 영국뿐만 아니라 전 세계 해군의 조함 관련 장교들의 성지가 되는 왕립해군대학 Royal Naval College을 창설하여, 수조에서의 모형시험을 통해 배의 저항을 산정하는 방법과 나사 프로펠러의 설계에 관한 지식을 각국에 전파하였으며, 프루드는 왕립해군대학에 초기 강사진으로 참여하였다.

10년에 걸친 공사 끝에 1869년 개통한 수에즈운하는 원활한 통행을 위해 범선을 배제함으로써 상선에도 기관의 장착이 가속화되었으며, 영국 해군과 브루넬이 나사 프로펠러를 선호하면서 외륜은 강과 같은 내륙 수로 이외에서는 보기 힘든 장치가 되었다. 1880년대가 되면서 나사 프로펠러가 해군 함정과 상선 등에 보편적으로 사용되어 매우 안정적인 추진기로 자리 잡았다. 그러나 대부분 경험 또는 실험에 의존하여 문제를 해결하였으므로, 배의 저항과 나사 프로펠러에 관한 본질적인 이해, 또 그 이해에 근거한 설계 개선 등은 아직도 요원한 일이었다.

프루드는 1871년 그가 수행한 그레이하운드함의 실험으로부터 기관의 출력과 실제로 프로펠러에서 얻어지는 동력 사이에 상당한 차이가 있는 것을 발견하고, 프로펠러 설계의 개선이 시급하다는 점을 역설하였다. 그러나 프로펠러의 효율을 높이기 위해서는 프로펠러의 기하학적 형상과 프로펠러가 만드는 추력 사이의 메커니즘에 대한 이해가 선결되어야 했다. 사실 이 메커니즘은 비행기의 날개가 만들어내는 양력 Lift의 메커니즘과 같았으며, 이에 대해서는 라이트 형제 Wilbur Wright, 1867~1912 / Orville Wright 1871~1948가 비행기를 하늘에 날렸던 1903년을 전후하여 쿠타 Martin Kutta, 1867~1944와 주코프스키 Nikolay Egorovich Zhukovskiy, 1847~1921에 의해 알려졌다.

또한 프루드는 배의 저항을 산정하면서 배의 마찰저항을 배와 길이, 표면적이 같은 평판의 마찰저항과 같다고 가정하였는데, 이에 대한 과학적인 설명은 1904년 프란틀 Ludwig Prandtl, 1875~1953에 의해 주어졌다. 나아가 프루드는 배의 전체 저항에서 마찰저항을 제외한 부분을 잉여 저항 Residuary resistance이라고 불렀는데, 잉여 저항 대부분을 구성하는 조파저항에 대한 최초의 해석도 1898년 미첼 John Henry Michell, 1863~1940에 의해서 이루어졌다.

따라서 20세기 초엽에는 유체 중에서 움직이는 물체가 받는 항력 (또는 저항)과 양력에 대한 예측이 어느 정도 가능하게 되었다. 석기시대부터 물에 배를 띄웠던 인류가 바람에 의존하지 않는 배를 가지게 되면서, 또 나무가 아닌 쇠를 그 구조 부재로 사용하게 되면서 배는 이제 대단히 엄밀한 과정을 거쳐 설계되고, 건조 공정 내내 그 생산 작업의 정확도에 신경을 써야 하는 제품이 되었다. 지금까지 배에 초점을 맞추어왔기 때문에 기관의 발명에 따른 부분을 충분히 언급하지 못했지만, 기관의 발명은 산업혁명을 가능하게 하였고, 더욱 기관-프로펠러 시스템을 사용하여 추진되었으며, 철강으로 만들어진 배는 그 자체가 산업혁명의 꽃이었다.

산업혁명 시대의 영국을 대표하는 엔지니어였던 브루넬은 배의 대형화의 이점에 대단한 믿음을 가지고 있었다. 그는 배의 부피, 즉 실을 수 있는 화물의 양은 길이의 3승에 비례하여 증가하지만, 배의 저항은 그 표면적, 즉 길이의 제곱에 비례하여 증가하므로 배가 커지면 커질수록 유리하다고 생각하였다. 예를 들어 배의 길이가 두 배 커지면 화물의 체적은 8배, 저항은 4배 각각 증가하므로, 화물의 단위 체적당 저항은 반으로 줄게 된다. 배의 저항은 곧 연료비와 이산화탄소에 직결되므로, 경제적인 면과 환경적인 면에서 대형화는 필연적인 측면이 있다.

영국 왕립해군대학의 1888년 수석졸업생은 차후 미국 해군의 건설자로 불리게 되는 테일러 David W. Taylor, 1864~1940 제독이었다. 그가 미국으로 돌아가서 한 일은 대단히 많지만 여기서는 네 가지만 소개하기로 한다. 그는 영국에서 배운 내용을 가능한 한 많은 사람에게 알리고자 1893년 《선박 및 나사 추진 저항(Resistance of Ships and Screw Propulsion)》을 저술하였는데, 이 책의 제목은 그가 영국에서 무엇을 배웠는지 매우 간결 명확하게 보여주고 있다. 그는 같은 해 미국의 조선학회인 SNAME Society of Naval Architects & Marine Engineers가 창설되는 데 주도적인 역할을 하였다. 나아가 1896년에는 미국 최초의 예인수조인 EMB Experimental Model Basin를 짓기 시작하여 1898년 완공, 이 수조의 책임자를 15년 동안 맡으면서 1,000척 이상의 해군 함정과 상선에 대한 실험을 수행하여 미국 해군의 조함에 실선의 속도 성능 추정과 그 성능이 우수한 배를 건조하는 데 지대한 역할을 하였다. 나아가 1901년에는 해군조함단 소속 장교들의 교육을 위해 MIT Massachusetts Institute of Technology에 조선공학 관련 교육과정을 만들게 하였으며, 이 과정은 지금도 지속되고 있다. 20세기 초강대국 미국 해군의 기초는 테일러에게 근대 조선공학을 알려준 19세기 영국의 엔지니어 브루넬과 프루드의 노력에 힘입었다고 할 수 있다.

타의 진화

타는 배의 운동을 제어하는 제어판의 일종이다. 배의 진행 방향을 변화시키기 위해 사용해온 장치로, 서양에서 오늘날과 같이 선미에 고정된 타를 갖게 된 것은 12세기 무렵이다.

이승준 충남대학교 명예교수

타는 더 큰 응용 범위를 가지며 배의 운동을 제어하는 제어판 Control surface의 일종이다. 배의 진행 방향을 변화시키기 위해 사용해온 장치는 꽤 많은데, 서양에서 오늘날과 같은 형태로 선미에 고정된 타를 갖게 된 것은 12세기 무렵이다. 당시 사람들도 힘과 운동에 관한 물리 법칙으로 기원전 3세기에 이미 알려졌던 지레의 원리를 응용할 수 있었으므로, 타를 선미에 고정한 이유를 어느 정도는 설명할 수 있었을 것이다. 그러나 아직 과학혁명 전이었으므로 힘과 모멘트를 구분하지 않았으며, 따라서 배의 회전운동과 타에 의해 발생한 모멘트 사이의 관계를 설명하기는 불가능한 일이었다.

1687년 발표된 뉴턴의 운동 법칙은 오일러가 1765년에 밝힌 바와 같이 질점 Mass point이라고 불리는 물체에 적용할 수 있는 법칙으로, 아직 일반적인 3차원 물체에 적용할 수 있는 것이 아니었다(〈Dynamics의 기원〉, 이승준, 《대한조선학회지》 56권 3호, 2019). 여기서 질점은 오일러가 도입한 개념으로, 기하학에서 생각하는 점 Point이 크기는 없고 위치만 가지는 것과 비슷하게 크기는 없고 질량만 가진다. 오일러는 물체의 운동을 물체가 회전하지 않으면서 움직이는 운동인 병진운동 Translation과 회전운동 Rotation으로 나눌 수 있고, 병진운동은 힘, 회전운동은 모멘트에 의해 각각 기술될 수 있다는 것을 보여주었다. 나아가 물체의 병진운동은 물체와 같은 질량을 가진 질점이 물체의 질량중심 Center of mass에 있는 것으로 간주하여 다룰 수 있고, 회전운동은 질량중심에 대한 모멘트에 의해 발생하는 것을 보여주었다.

질량중심은 밀도가 균일한 경우 도심과 같은 점이다. 그러나 배는 밀도가 다른 많은 부재와 물체의 집합체이므로, 모든 부재와 물체에 대해 질량에 의한 1차 모멘트를 구하여 이 모멘트가 0이 되는 점으로 정의할 수 있다. 여기서 1차 모멘트는 각 부분의 질량에 생각하는 점으로부터의 거리를 곱한 것을 모두 더한 것, 즉 적분으로 정의

된다. 따라서 적분의 개념이 없이는 일반적인 모양과 다양한 밀도를 지닌 물체에 대해 질량중심을 구할 수 없었다. 배의 경우에는 형상과 질량 분포가 좌우 대칭이므로 그 질량중심은 대칭면에 있는데, 대체로 중앙 횡단면과 좌우 대칭면이 만나는 직선 부근에 있는 것으로 볼 수 있다.

중립 상태의 타를 수평면에 평행한 평면으로 자르면 좌우 대칭의 절단면이 생기며, 그 모양은 비행기의 날개단면 Airfoil과 같다. 따라서 타를 좌우로 회전시키면 타의 절단면은 날개단면에서 양력이 발생하는 것과 같은 이유로 수평면에 속하면서 배의 길이 방향에 수직인 방향으로 작용하는 양력(L)이 발생한다. 각 절단면에서 발생한 이 양력을 타의 연직 방향 길이에 대해 모두 더한 것이 타에 의해 발생하는 힘, 즉 타력 Rudder force이다. 이 타력의 질량중심에 대한 모멘트가 배를 연직 축에 대해 회전운동 하게 한다. 이 회전운동에 따라 배의 진행 방향이 바뀌고, 결국 배를 원하는 방향으로 가게 할 수 있다. 타력에 의한 모멘트(M_R)를 크게 하기 위해서는 당연히 타를 선미부같이 질량중심으로부터 먼 곳에 두어야 한다. 앞에서 밝힌 바와 같이 날개단면이 발생하는 양력은 1903년을 전후하여 알려졌으므로, 원하는 기능의 타를 경험에 의하지 않고 정량적이며 합리적으로 설계할 수 있게 된 것은 20세기에 들어서였다.

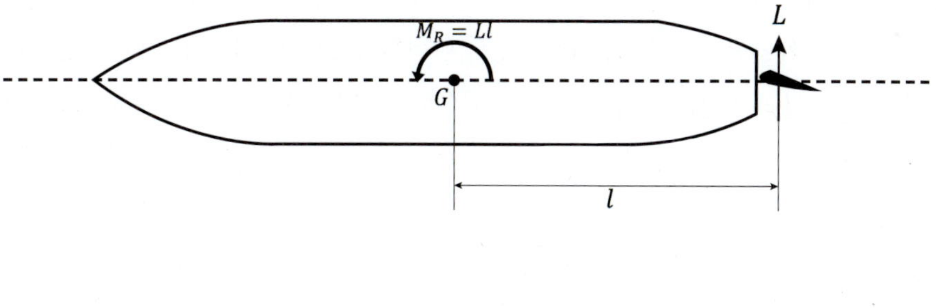

타에 작용하는 힘과 그에 따른 회전 모멘트

유동의 방향과 날개단면의 대칭축 사이의 각은 영각 Angle of attack이라고 부르며, 영각이 15°와 20° 사이의 어떤 각, 즉 실속 Stall각보다 작을 때 양력은 영각의 크기에 비례하여 증가하고, 실속각보다 클 때는 양력이 급격하게 감소한다. 또 배가 전진하며 회전할 때 배의 선수와 선미를 잇는 직선과 배의 진행 방향은 일반적으로 같지 않으며, 이 두 방향 사이의 각은 편류각 Drift angle이라고 부른다. 타를 중립 상태로부터 좌우로 회전시킨 각도는 타각 Rudder angle이라고 부르는데, 타각에서 편류각을 빼주어야 타의 영각이 되므로, 타각은 실속각보다 일반적으로 훨씬 크고 대체로 45°보다는 작다.

타가 발생하는 타력은, 영각이 실속각보다 작을 때는 영각에 비례하고, 또 타 면적에 비례한다. 여기서 타 면적은 중립 상태의 타를 배의 좌우 대칭면에 투영하여 얻는 면적이다. 타의 효과를 키우기 위해서는 설계 시 타의 면적을 증가시켜야 하는데, 선미 부분의 형상으로 인한 여러 제약 조건 때문에 타 면적을 마냥 크게 할 수는 없다. 타 면적은 특수한 경우를 제외하고는 배의 길이와 흘수를 곱하여 얻는 직사각형 면적의 2.5%보다 작다.

또 타력은 타와 유체 사이의 상대 속도의 제곱에 비례한다. 따라서 배의 속도가 느릴 때는 상대적으로 큰 타각을 사용해야 원하는 선회 성능을 얻을 수 있다. 단, 국부적으로 유동 속도의 변화가 큰 해역에서는 조타에 큰 주의를 기울여야 한다. 예를 들어 해류의 방향이 반대로 바뀌는 해역을 항해할 때 대체로 느린 속도로 운항하게 되는데, 여기서 해류의 방향이 반대로 바뀐다면 타와 유체 사이의 상대 속도는 해류 속도의 두 배만큼 바뀌게 되며, 더욱이 타력은 이 속도의 제곱에 비례하므로 타각을 조금만 변화시켜도 대단히 큰 타력 변화가 발생할 수 있다. 예를 들어 배의 속도가 3노트, 해류의 속력은 1노트라고 할 때, 처음에 배와 해류의 방향이 같았다면 해류의 방향이 반대로 바뀜에 따라 상대 속도는 2노트에서 4노트로 변화하므로 타력은 무려 4배 증가한다. 이와 같은 해역을 항해할 때는 경험이 풍부한 항해사도 상당한 주의를 기울여야 한다.

타를 프로펠러의 앞에 두어야 하는가 또는 뒤에 두어야 하는가를 고민하던 시대도 있었다. 그러나 프로펠러는 본질적으로 유체의 속도를 증가시키는 장치이며 타력은 타와 유체 사이의 상대 속도의 제곱에 비례하므로, 타를 프로펠러의 뒤에 놓아 프로펠러에 의해 가속된 유동을 이용하는 것이 당연히 바람직할 것이다. 단, 프로펠러는 유체를 배의 길이 방향으로 가속할 뿐만 아니라 그 회전 방향으로도 가속하므로, 배가 직진하기 위해서는 타를 중립 위치에 놓는 것이 아니라 타에 유입되는 유동과 평행한 방향으로 타각을 유지해야 한다. 하나의 프로펠러로 배를 추진하는 단추진기선의 경우, 타각을 2°~3°로 유지함으로써 배를 직진하게 할 수 있다.

타는 배의 방향을 바꾸는 데 주로 사용하지만, 타의 또 한 가지 중요한 기능은 타를 중립 상태로 놓았을 때 배의 직선 안정성 Straight line stability을 확보하는 데 도움이 된다는 점이다. 여기서 안정성은 어떤 시스템 상태에 작은 변화를 가했을 때 시스템이 원래의 상태로 다시 돌아갈 수 있는가에 따라 결정된다. 직선 안정성이 있는 배의 경우에는 외부에서 작용하는 교란이 크지 않을 때 타를 조작하여 배의 진행 방향을 조절해야 하는 횟수가 현저하게 줄어들 것이므로, 타와 연계되어 타를 움직이는 조타 장치 Steering system의 수명을 늘리는 데도 꽤 긍정적인 영향을 끼칠 것이다.

추진기와 타를 하나의 장치로 만들려고 하는 시도는 19세기에도 있었지만, 실제로 상업적인 목적으로 사용 가능한 장치는 1990년에 실용화되었던 아지포드 Azipod가 대표적이라고 볼 수 있다. 이 장치는 기관에서 얻은 전기로 포드 Pod안에 설치된 전동기 Motor를 구동하고, 전동기 뒤에 있으며 축을 통해 연결된 프로펠러를 회전시킨다. 포드와 프로펠러를 구성하는 부분은 선체에 수직축을 통해 연결되어 마치 타각을 변화하듯이 포드를 회전시킴으로써 프로펠러에서 발생하는 추력의 방향을 바꾸어 추력 자체가 배에 회전 모멘트를 발생하도록 한다. 값이 비싸다는 단점은 있지만 선미부의 진동을 상당히 감소시키므로 여객선 또는 선체 진동을 해결하기 어려운 배에서는 좋은 선택이 될 수 있다.

배의 항로가 결정되면 현재 배의 위치를 알아야 배의 진행 방향을 정할 수 있다. 배의 위치와 진행 방향을 결정하는 일은 따라서 배의 운항과 직결되어 있다. 강과 같은 내륙 수로를 운항할 때는 주변의 지형으로부터 배의 위치를 알 수 있다. 나아가 바다를 항행할 때도 해안을 따라 움직일 수 있다면 배의 위치를 아는 것이 어려운 일이 아니다. 청동기시대의 항해는 대부분 이와 같은 방식으로 이루어졌다. 그러나 대양 항해는 주변의 물체를 통해 배의 위치를 알 수 없으므로, 결국 밤에 관찰할 수 있는 별로부터 배의 위치를 알아내는 방법이 고안되었다. 일단 배의 위치가 결정되면 나침반을 사용하여 배의 진행 방향을 결정할 수 있다. 밤낮에 무관하게 항상 배의 위치를 결정하려면 별을 이용하는 것 이외의 다른 방법을 고안해야 했다. 이러한 목적으로 자이로컴퍼스 Gyrocompass를 이용하는 항법장치들이 발명되었으며, 실용적인 자이로컴퍼스는 1908년 독일 해군에서 사용하기 시작하였다.

나아가 20세기 후반에는 인공위성을 사용하여 자신의 위치를 매우 정확하게 알 수 있는 GPS Global Positioning System가 광범위하게 사용되기에 이르러 스마트 기기를 이용하면 인터넷을 통하여 대부분 장치를 원격 조정 Remote control할 수 있게 되었다. 따라서 배에 대해서도 이와 같은 방법을 응용하여 무인 운항을 시도할 수 있게 되었으며, 그 연장선상에서 자율운항 Autonomous navigation도 가능하게 되었다. 완전한 무인화까지는 상당한 시간이 걸리겠지만, 적지 않은 인원을 절감할 수 있는 운항 체계의 개발은 거의 가시권 내로 들어온 것으로 보인다. 나일강에서 쓰였던 조타용 노로부터 타와 나침반을 거쳐 이제는 인공위성과 인터넷을 사용하여 배를 운항하는 시대로 들어서고 있다.

배와 파도, 바람

파도는 주로 바람에 의해 생성되는 수면파(Water surface waves)이다. 인류가 배를 타고 바다로 처음 나갔을 때부터 파도는 이겨내야만 하는 극복의 대상이었다. 수면파는 원래의 평형 위치를 벗어난 유체 입자가 중력에 의해 원래 위치로 되돌아가려고 하는 물리적 현상이다.

이승준 충남대학교 명예교수

인류가 배를 타고 바다로 처음 나갔을 때부터 파도는 이겨내야만 하는 극복의 대상이었다. 바다에는 항상 파도가 있는데, 그 주기 Period에 따라 파도를 나누어보면 파도를 생성하는 원인은 매우 다양함을 알 수 있다. 파도는 조석 간만, 해저지진, 바람, 배와 같은 여러 가지 물체의 운동 등에 의해 만들어진다. 파도는 주로 바람에 의해 만들어지며, 파도 때문에 생기는 유체의 운동이 대부분 수표면에 가까운 곳에 국한되므로 더 정확하게는 수면파 Water surface waves라고 부른다. 물리적으로 수면파는 원래의 평형 위치를 벗어난 유체 입자가 중력에 의해 원래의 위치로 되돌아가려고 하는 것에 기인하여 발생하는 수면의 상하 변위에 따른 현상이다.

바람은 돛의 이용에 따라 배를 움직이는 데 사용되었는데, 범선 시대에는 바람이 없으면 배를 움직일 수 없었다. 범선은 추력을 얻기 위해 바람을 적극적으로 이용해야 하였으므로, 어떤 해역에서 바람이 일 년 내내 일정한 방향으로 분다면 그 방향은 배의 진행 방향과 대체로 같았다. 그러나 이러한 바람이 바다에서 만나는 대부분 파도를 만들어낸다는 것과 그 메커니즘에 대해 알게 된 것은 제2차 세계대전 이후이다. 앞서 '부력과 중력'에서 언급한 바와 같이 바람이 공기의 압력 차에 의해 생기는 현상임은 1749년 오일러의 연구로 밝혀졌지만, 바람에 의해 수면파가 생성되는 메커니즘을 이해하기 위해서는 극복해야 할 과제가 적지 않았다.

수면파는 당연히 파도 또는 파동 Wave motion으로 볼 수 있는데, 파동에 대해서는 18세기 중엽부터 현 String의 진동이나 소리, 즉 음파 Sound waves와 관련하여 연구가 이루어지기 시작하였다. 이 문제를 다루는 데 사인 또는 코사인 함수를 사용하는 방법은 상당한 성공을 거두고 있었으므로, 수면파를 기술하는 데도 이들 함수를 사용하는 방법이 19세기 초 푸아송 Siméon Denis Poisson, 1781~1840과 코시 Augustin Louis Cauchy, 1789~1857에 의해 도입되었다. 여기서 사인 또는 코사인 함수는 진폭과 파장(시간에 따른 변화일 경우에는 주기)이 주어지면 그 형태가 완벽하게 결정된다.

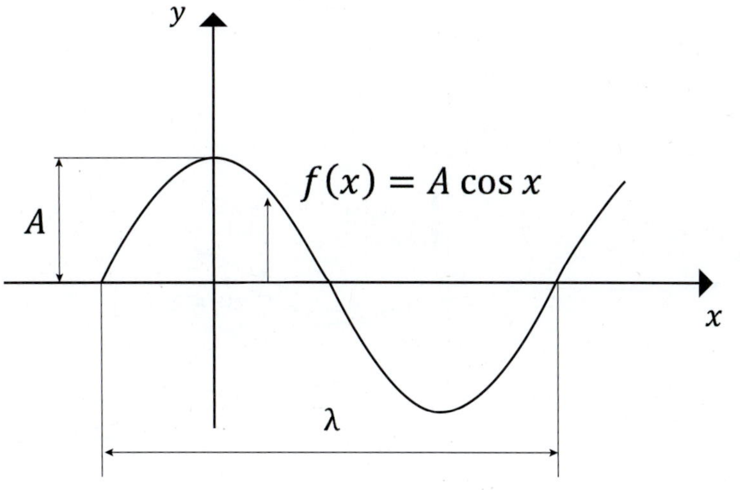

코사인 함수의 진폭(A)과 파장(λ)

나아가 에어리 George Biddle Airy, 1801~1892는 1841년 수면파에 관한 기본적인 이론을 확립하면서 사인 또는 코사인 함수의 형태를 가진 수면파가 일정한 속도로 전파될 수 있음을 보였고 그와 같은 수면파에 따른 압력 분포를 구하였다. 그는 수심이 깊을 때 이와 같은 형태를 가지고 움직이는 수면파의 파장은 주기의 제곱에 비례하며 그 비례 상수는 1.56임을 얻었다. 사인 함수의 형태를 가진 파도의 주기가 10초이면 그 파장은 156m인데, 이는 실제 관측치와도 잘 일치하는 값이다. 또한 파도가 한 파장 움직이는 데 한 주기가 소요되므로, 그 파도의 전파 속도는 파장을 주기로 나누어 얻을 수 있다. 이를 적용하면 주기가 10초인 파도의 전파 속도는 15.6임을 얻는다. 나아가 파도의 전파 속도는 그 주기에 비례하며, 또는 파장의 제곱근에 비례한다. 따라서 파장이 긴 파도일수록 빨리 전파한다.

바람이 일정한 방향으로 부는 어떤 해역에서 바람과 파도의 진행 방향은 대체로 비슷하므로, 범선은 대개 파도와 비슷한 방향으로 움직였다. 그러나 기관-프로펠러를 장착한 기선이 범선을 대체하기 시작한 19세기 중엽이 되면 배의 항로를 바람의 방향과 무관하게 정할 수 있었다. 따라서 배가 파도와 맞부딪히는 앞 파도 Head sea 또는 옆 파도 Beam sea중에서 움직이는 경우도 빈번하게 발생하였고, 수면파는 점차 현실적으로 중요한 문제가 되었다.

배가 파도를 만나면 파도와 같은 주기로 움직이는 주기적인 운동, 즉 동요를 하게 되는데 일반적으로 여섯 가지의 동요를 할 수 있다. 이들 중 셋은 질량중심이 배의 전후, 좌우, 상하 방향으로 움직이는 전후동요 Surge, 좌우동요 Sway, 상하동요 Heave 이다. 나머지 셋은 질량중심을 지나는 전후, 좌우, 상하 방향의 축에 대한 배의 회전 동요인 횡동요, 종동요 Pitch, 선수동요 Yaw이다.

배의 6가지 운동 모드

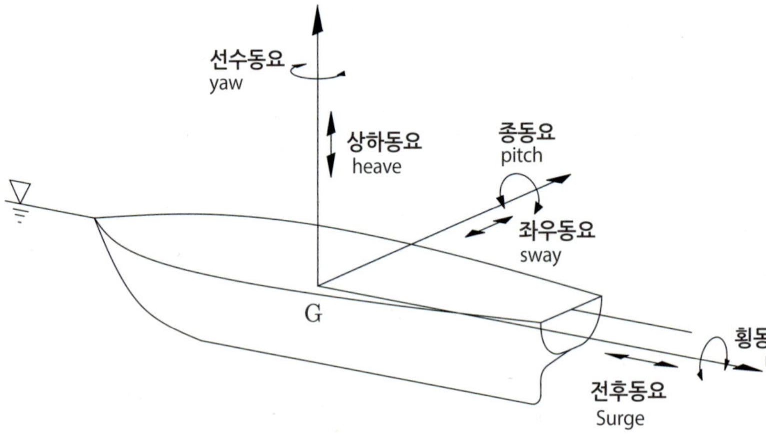

앞 파도 중에서는 종동요가, 옆 파도 중에서는 횡동요가 특히 중요한 문제가 되었다. 목선이 강선으로 바뀌면서 배의 길이도 증가하였으므로, 종동요가 커지면 선수나 선미가 물 바깥으로 나올 가능성이 커졌다. 물 밖으로 나왔던 선수가 다시 물로 들어갈 때 선수 부분의 하향 속도는 배의 길이에 비례하므로, 상승하는 수면과 만날 경우 선수 부분에 강한 충격이 가해지는 이른바 슬래밍 Slamming이 발생하였다. 선미에서는 프로펠러가 물 바깥으로 나오면 추력이 거의 발생하지 않는 것에 따른 감속 및 선미 진동 그리고 다시 물로 들어갈 때 수면과의 충돌에 따른 프로펠러와 타를 포함한 선미부의 강도 등이 문제가 되었다. 횡동요는 배의 안정성에 직결되며 동요의 진폭이 커지면 배가 전복할 수 있을 뿐만 아니라 선원과 승객의 심한 뱃멀미를 초래하였으므로, 그 진폭을 줄이기 위한 노력이 일찍부터 시작되었다.

이와 같은 배의 동요에 관한 문제를 풀기 위해서는 먼저 수면파에 의해 배에 작용하는 힘과 모멘트를 구할 수 있어야 했다. 앞서 오일러가 1749년 횡동요에 대한 운동을 기술하는 방정식을 얻었다고 하였지만 수면파에 의해 배에 작용하는 모멘트를 구하는 데는 실패하였으며, 이 문제는 프루드에 의해 1862년에야 근사적으로 다루어졌다. 프루드는 배를 지나가는 파도가 배에 의해 변형되지 않는다고 가정하고 에어리의 수면파에 대한 결과로부터 주어지는 압력 분포를 이용하여 파도에 의해 배에 작용하는 모멘트를 얻었다. 이와 같은 근사는 배의 폭이 파도의 파장보다 매우 작을 때 좋은 결과를 줄 수 있다. 한편, 크릴로프 Aleksey Krylov, 1863~1945는 1896년 종동요에 대해서도 프루드의 방법을 적용할 수 있음을 보였다.

배의 동요 문제를 다룸에 있어 수면파와 관련하여 어려운 점은 첫째는 배를 향해 들어오는 파도가 배의 존재로 인해 그 모양이 바뀐다는 것이고, 둘째는 배가 동요 운동을 함에 따라 새로운 파도가 또 만들어진다는 점이며, 셋째는 이들이 동시에 일어난다는 것이다. 하스킨트 M. D. Haskind는 1946년 이와 같은 어려움을 해결하기 위해 첫째 문제에 대해서는 배가 움직이지 않는다고 가정하고, 둘째 문제에 대해서는 배의 운동에 의해서 만들어지는 파도 외에는 배 주변에 다른 파도는 없다고 가정하며, 마지막으로 이들 두 문제를 독립적이라고 가정하여 분해하는 방법을 제안하였다. 그의 방법은 차후 동요 문제의 해를 얻는 대부분 연구에 지대한 영향을 끼쳤다. 컴퓨터가 도입되기 전에는 파도에 의해 배에 작용하는 힘과 모멘트를 얻기 위해 여러 가지 근사적인 방법이 도입되었으며, 1960년대 이후에는 컴퓨터의 도움으로 근사적인 방법에 의존하지 않고 실제에 더 가까운 결과를 얻고자 하는 계산 코드가 연이어 개발되기에 이르렀다.

위에서는 파도에 기인하는 배의 동요에 대해 개략적으로 기술하였다. 이제 그러한 파도가 바람에 의해 어떻게 만들어지는가에 대해 알아보기로 하자. 이 문제는 오랫동안 과학자들의 관심을 끌어왔지만 이에 대한 본격적인 연구의 시작은 제2차 세계대전 중에 이루어졌다. 파도 중에서 배의 동요가 문제가 되기는 하였지만, 과도한 종동요나 횡동요를 피하는 가장 간단한 방법은 배의 항로를 변경하는 것이었다. 물론 목적지에 도달하는 데 걸리는 시간은 증가하지만, 사고를 미리 방지한다는 차원에서 이 정도의 손실은 충분히 감당할 수 있었다. 그러나 적군이 신경 써서 방어하고 있는 해안에 10만 이상의 아군을 상륙시키려고 할 때, 해당 해안에 당일 발생할 파도의 크기에 대한 예측은 군 지휘부에 반드시 제공되어야 할 정보였다. 제2차 세계대전 중인 1944년 연합군의 노르망디 Normandy 상륙작전과 관련하여 일어났던 일인데, 이 작전을 위해 동원된 육군과 해군의 규모는 역사상 최대였으며, 이때를 기점으로 수면파의 생성에 관한 연구가 활성화하였다.

바람에 의해 생성되는 파도에 대한 연구는 크게 두 분야로 나눌 수 있다. 첫째 분야는 바람이 가지고 있는 난류 Turbulence나 회전운동에 기인하는 에너지가 물에 전달되는 방법과 메커니즘을 탐구하는 것이다. 여기서 난류는 시간 및 공간에 따른 유동의 불균일성을 뜻한다. 난류에 대해서는 필립스 Owen Martin Phillips, 1930~2010가, 회전운동에 대해서는 마일스 John W. Miles, 1920~2008가 1957년 거의 동시에 연구 결과를 발표하였다. 필립스에 따르면, 바람이 부는 초기에는 바람의 난류 에너지가 물로 전달되며 일종의 공진 메커니즘에 의해 전달되는 에너지는 시간에 비례하여 증가한다. 마일스에 따르면, 회전운동에 기인하는 에너지는 수면에 어느 정도 파도가 형성된 이후에 전달되기 시작하는데, 이 메커니즘에 의해 물에 전달되는 에너지는 시간에 따라 지수함수처럼 증가한다.

물에 전달된 에너지는 처음에는 파장이 짧은 파도에 집중되는데, 파도의 기울기가 과도하게 증가하면 파도가 깨지고, 또 파장이 다른 파도들 사이의 간섭 현상에 의해 점차 파장이 긴 쪽으로 에너지가 집중된다. 바람이 지속되는 시간 Duration과 바람이 부는 영역의 거리 Fetch가 바람이 부는 속도, 즉 풍속에 따라 정해지는 최댓값을 초과하면그 해역에서 물로 전달되는 에너지와 물로부터 손실되는 에너지가 같아져 더 이상 파도에 변화가 없는 상태에 도달한다. 이와 같은 상태를 완전히 발달된 바다 Fully developed sea라고 부르며, 이렇게 형성된 파도는 바람이 부는 영역을 떠나 바람의 방향을 따라 전파하게 된다.

둘째 분야는 수면파와 관련된 해상 상태 Sea state를 통계적인 기법을 사용하여 어떻게 나타낼 것인가를 연구하는 것이다. 일정 해역에서의 수면의 변위를 시간의 함수로 예측하기 위해서는 지구상에서 일어나는 바람, 파도 등에 대한 모든 자료가 필요할 것이며, 만약 이런 자료를 얻을 수 있다고 하더라도 엄청난 양이 될 것이다. 또 그런 자료를 처리하는 데 걸리는 시간이 적정한 수준 이상 소요된다면 실제적으로는 쓸모가 없으므로, 배나 해양구조물에 작용하는 파도에 기인하는 힘을 구하기 위해서는 해상 상태를 파도 스펙트럼 Wave spectrum을 사용하여 나타낸다.

일반적인 의미로 보면 스펙트럼은 어떤 물리량을 주파수 Frequency의 함수로 나타내는 것을 뜻한다. 우리가 물리 현상을 이해하는 방법은 여러 가지가 있을 수 있다. 예를 들어 수조에서 한 방향으로 움직이는 파도를 만들었다고 할 때, 수조 내의 한 점에서 수면의 변위를 계측하면 그 변위를 시간에 따라 변화하는 함수로 얻는다.

그런데 이 함수를 푸리에 급수 Fourier series로 나타냈다고 하자. 여기서 푸리에 급수는 1807년 푸리에 Joseph Fourier, 1768~1830가 열전도 문제에 상응하는 편미분 방정식(구하고자 하는 함수가 두 개 이상 변수의 함수인 경우, 그 함수의 편도함수들로 구성된 방정식을 뜻한다)의 해를 구하는 데 사용했던 급수로, 주기적으로 변화하는 사인과 코사인 함수를 기저 Basis로 사용하여 주어진 함수를 표현한 것을 뜻한다. 기저는 평면 위의 벡터를 나타내는 데 사용하는 두 개의 직교 단위벡터를 확장한 개념으로 함수를 나타내는 데 사용하는 기본 함수들의 집합이다. 급수에 포함된 사인 함수만을 보거나 또는 코사인 함수만을 보면 그 주파수는 어떤 값을 기준으로 그 값의 두 배, 세 배, 네 배 등과 같이 정수 배의 값을 가진다. 만약 수면의 변위를 이 중에서 열 개의 항만을 취하여 근사적으로 나타낸다고 하면 각 항의 진폭을 나타내는 열 개의 양이 주어진 함수에 상응하게 된다. 다시 말하면 하나의 계측 자료는 각 항의 진폭을 나타내는 열 개의 양으로 주어진다.

물론 위에서 예를 든 것처럼 반드시 열 개의 항을 취해야 하는 것은 아니므로, 필요하면 얼마든지 많은 항을 취할 수 있다. 중요한 것은 원래 주어진 시간에 따라 변화하는 함수를 기저에 속한 함수 진폭의 집합으로 대체할 수 있다는 점이다. 시간의 함수로 보거나 또는 주파수의 함수로 주어진 진폭 분포로 이해하거나, 두 가지 방법 모두 하나의 같은 물리 현상을 표현하는 똑같이 유효한 방법이다. 이 두 방법을 구분하기 위해 전자는 시간 영역 Time domain에서, 후자는 주파수 영역 Frequency domain에서 문제를 생각한다고 칭한다.

파도 스펙트럼은 주파수의 함수로 주어지는데, 함수의 값은 그 주파수의 파도가 가진 에너지에 비례하는 값으로 볼 수 있다. 이는 통계학과 푸리에 기법을 사용하여 엄밀하게 증명할 수 있으며, 사인 또는 코사인 함수로 주어지는 수면파의 에너지 밀도가 진폭의 제곱에 비례하는 것과 연계되어 있다. 따라서 파도 스펙트럼을 나타내는 곡선 아래의 면적은 그에 상응하는 해상 상태가 가진 에너지와 비례하며, 풍속이 크면 클수록 그 면적은 증가하고, 또 파장이 긴 파도의 스펙트럼 값이 커진다.

제2차 세계대전을 전후하여 수행된 미국 해안침식국 Beach Erosion Board의 과제 중에는 피어슨 Willard J. Pierson, 1922~2003과 노이만 Gerhard Neumann, 1911~1996의 과제가 포함되어 있었으며, 이들은 과제 보고서를 1952년에 각각 제출하였다. 피어슨은 수학적 이론에 대해, 노이만은 파도 예측에 관해 각각 기술하였는데, 특히 노이만은 그의 보고서에서 이론적으로 타당하며 그때까지의 실측 자료와 잘 부합하는 것으로 보이는 파도 스펙트럼을 제안하였다. 피어슨은 1964년 모스코비츠 Moskowitz와 더불어 물리적으로 더 타당하다고 생각되며 풍속을 유일한 매개변수로 하는 스펙트럼을 제안하였는데, 피어슨-모스코비츠 스펙트럼이라고 불리는 이 스펙트럼은 해상 상태에 대한 파도 스펙트럼으로 오늘날 가장 널리 쓰이고 있다.

이 내용들은 배의 설계 시 고려되어야 할 중요 사항에 속한다. 특히 자율운항의 관점에서는 앞으로 더 중요하게 다루어야 할 평가 항목이라고 보인다. 또 함정의 경우에는 어느 정도의 해상 상태까지는 큰 어려움 없이 작전을 수행할 수 있어야 하므로, 그와 같은 성능을 보장하기 위한 선형에 대한 확인 작업이 반드시 설계 단계에서 이루어져야 한다.

배 만드는 사람들

목제(木製) 범선으로부터 강제(鋼製) 기선으로 변화되면서 배 만드는 일을 감독하는 주체도 목수에서 엔지니어로 바뀌었다.

이승준 충남대학교 명예교수

석기시대부터 현대에 이르기까지 인류가 배를 사용해왔다는 것은 항상 누군가 배를 만들었다는 뜻이다. 배는 경제생활의 근간인 물류와 무역의 상당 부분을 담당해 왔으며, 특히 군함의 경우에는 국력의 상징이기도 하였으므로 당시에 알려진 최고의 기술을 사용하여 만들었다. 다른 한편으로는 배를 짓는 데 최고의 기술을 사용하면서 새로운 과학으로 이끄는 도화선을 제공하기도 하였다.

이집트의 배들은 목수의 감독 아래 만들어졌는데, 끈을 묶는 사람, 나무에 구멍을 파는 사람, 돛을 만드는 사람 등의 직군이 있었고, 레반트로부터 목재를 실어 나르는 책임을 지던 사람도 배를 짓는 데 적절한 소재가 될 수 있는지를 알아야 한다는 관점에서 전문직에 속했다. 페니키아나 그리스, 로마에서도 목수의 감독으로 배가 만들어졌으며, 이와 같은 상황은 조선공학을 전공하는 사람을 뜻하는 영어 단어에 아직도 생생히 반영되어 있다.

조선공학을 뜻하는 단어 'naval architecture'가 최초로 그 모습을 보인 것으로 생각되는 책은 1629년 푸르텐바흐 Joseph Furttenbach, 1591~1667가 작성하였는데, 여기서 그는 조선공학을 'architecture'의 한 부분으로 도입, 설명하고 있다. 영어로 조선공학자를 'naval architect'라고 하는데, 'naval'은 배 Nau의 형용사이고, 'architect'는 지금은 건축가를 뜻하지만 원래 그리스어에서 온 단어로 그 뜻은 도목수 또는 건축총책 Master builder이다. 이 단어는 고대에 무언가를 만든다는 것은 나무를 그 소재로 하고 있었음을 보여준다. 르네상스 시대에 접어들면서 엔지니어 Engineer가 도제 제도를 통하지 않고 창의성을 발휘하여 무언가를 만드는 직업에 종사하는 사람들을 부르는 이름으로 쓰이기 시작할 때 'architect'는 엔지니어와 거의 같은 뜻으로 사용되고 있었다.

갈릴레오가 1638년 저술한 《두 새로운 과학》의 본문 첫 쪽에는 당시 베네치아의 국립조선소였던 아르세날레의 최상위 기술직으로 'Proti'라고 불렸던 사람들에 대한 언급이 있다. 이 단어는 영어로 'Key men' 또는 'First rank men'으로 번역되고 있는데, 한 척의 배를 짓는 일을 총괄할 수 있는 자격을 가졌던 사람으로 생각되고 있다. 아르세날레에는 전성기에 16,000명의 직원이 공무원으로 일하고 있었으므로, 조선과 관련된 다양한 직군이 있을 수밖에 없었다.

한편, 영국은 1537년 수석조선장제도를 도입하였다. 'shipwright'라는 영어 단어는 이제 거의 사용되지 않지만, 목수로서 배 만드는 일을 감독하던 사람을 뜻하였다. 극작가를 영어로 'playwright'라고 하는 것을 고려하면, 배를 하나의 연극과 같은 작품으로 생각할 때 조선장이라는 단어가 뜻하는 바가 명확해질 것이다. 사실 배에 해당하는 영어 단어인 'ship'도 19세기 이후로는 바다를 항행하는 큰 배를 뜻하는데, '총괄적인' 또는 '총체적인'이라는 뜻을 강하게 풍긴다. 'ship'이라는 단어가 가지는 뜻의 뉘앙스는 친구 Friend와 우정 Friendship의 차이를 생각하면 조금 더 쉽게 이해할 수 있지 않을까 한다. 또 배를 뜻하는 영어 단어 중에 'craft'가 있는데, 이 단어는 원래 기능 · 솜씨 · 직업을 뜻하므로 배를 만드는 것이 대단히 전문적이며 총체적인 일이었음을 보여준다. 이 단어가 가지는 이런 뜻은 비행기 Aircraft, 우주선 Spacecraft에까지 연결되고 있다.

16세기에 들어서면 종이와 연필의 사용이 보편화하여, 배를 짓는 일뿐만 아니라 대부분의 제조업 및 건조업에 본격적인 변화가 생긴다. 건조에 책임을 지고 있는 사람의 머릿속에만 존재하던 제품의 형상이 건조 전에 종이 위에 그려짐으로써 더 많은 사람이 체계적으로 건조에 참여할 수 있게 되었으며, 그에 따른 책임의 분담도 진행될 수 있었다. 그러나 더 본질적인 변화는 과학혁명에 따른 과학 지식의 축적에 따라 생겨났다. 전통적인 의미의 목수는 간단한 덧셈 · 뺄셈 · 곱셈 · 나눗셈의 4칙 계산 정도만 배우고 있었으므로, 흘수에 따른 체적, 즉 배수량을 미리 계산하고 건조된 배의 안정성을 사전에 보장하기 위해서는 미적분과 같은 더 많은 새로운 지식을 흡수하지 않으면 곤란하게 되었기 때문이다.

프랑스는 이와 같은 새로운 지식을 교육기관을 통해 보편화하는 데 가장 앞서 나갔다. 앞서 '부력과 중력'에서 밝힌 바와 같이 1741년 파리에 해군의 조함관 Naval constructor 예비생 교육을 위한 소규모의 학교를 만들었고, 1765년에는 이 학교를 에콜 École로 격상시켜 프랑스 과학아카데미 회원들이 교수를 담당하였다. 프랑스는 당시 함정 건조를 국가에서 주도하고 있었으므로, 이 학교의 졸업생들은 프랑스 전국의 조선소에 부임하며 함정 건조 시 배수량과 안정성 계산을 필수화하는 데 앞장섰다.

따라서 이들은 목수였던 조선장을 매우 빠르게 대체하였고, 1786년에는 상선도 위의 학교를 졸업한 사람이 아니면 조선 감독을 맡지 못하도록 하였다. 이 학교는 프랑스혁명 후인 1795년, 나폴레옹 Napoleon, 1769~1821에 의해 설립된 에콜 폴리테크니크 École Polytechnique의 졸업생을 신입생으로 받아들이는 그랑제콜 Grandes Écoles의 하나로 변신하였다. 에콜 폴리테크니크는 프랑스의 독특한 제도로, 2년제인 이 학교를 졸업해야만 그랑제콜에 응시할 자격이 주어졌다(〈대학에서의 공학 교육의 기원〉, 이승준, 《대한조선학회지》 54권 4호, 2017). 따라서 19세기에는 프랑스에서도 조함관보다는 엔지니어로 불리는 사람들이 조선을 감독하게 되었으며, 이와 같은 변화는 영국을 제외한 유럽 전역에 큰 영향을 끼쳤다.

영국은 중세 이래로 함정을 비롯한 상선 건조를 줄곧 민영 조선소와의 계약을 통해 수행하였으며, 걸출한 수석조선장들에 의해 이와 같은 제도는 큰 문제 없이 유지될 수 있었다. 그러나 18세기에 진행된 프랑스 조선계의 변화를 잘 알고 있던 영국은 조선소에 새로운 지식을 갖춘 사람들을 유입시키기 위한 나름의 변화를 꾀하였는데 결국은 실패에 그치고 말았다. 조선소에서는 조선장의 권위가 막강하여 경험이 부족한 젊은 엔지니어가 조선을 감독한다는 사실에 반기를 들었으며, 기존의 대학에서는 공학을 교육하고 학위를 수여해야 한다는 것에 대한 반발이 심했기 때문이다.

이러던 중 스코틀랜드인으로 조선장의 아들이며 글래스고대학의 조수였던 와트에 의해 만들어진 증기기관이 18세기 말에 상용화하고, 19세기에는 배의 기관으로 사용되기 시작하였다. 이러한 변화에 발맞추어 글래스고대학은 1840년 세계 최초로 공학을 담당하는 교수를 두기 시작하였으며, 첫 번째 교수로 브루넬의 제자라고 할 수 있는 고든 Lewis Dunbar Brodie Gordon, 1815~1876이 부임하였다. 1855년 그의 뒤를 이은 랭킨은 1866년 최초의 대학용 조선공학 교재를 저술하였다. 이 책의 서문에서 랭킨은 프랑스에 비해 뒤떨어진 영국의 조선공학 관련 교육의 수준을 높이기 위해 이 책을 작성하였다고 기술하고 있다. 한편, 19세기 중엽에는 영국 해군이 추진기로 프로펠러를 선택하였으며, 프루드가 제안한 배의 저항 추정을 위한 모형 시험법이 정립되었다. 이에 뒤따른 영국 해군의 1873년 왕립

1827년대 2대의 증기선 단면

© J. Pass Sc.

해군대학 창설은 그때까지 유럽 대륙에 비해 뒤처져 있던 영국의 조선 관련 교육수준을 일거에 격상시킨 일이었다.

목제 木製 범선으로부터 강제 鋼製 기선으로의 변화와 더불어 배를 만드는 작업도 본질적인 변화를 겪어야만 했다. 강판을 절단하고 강재를 접합하여 배를 건조하는 일에 수천 년 동안 조선을 감독해왔던 목수가 개입될 일은 거의 없었으며, 기관 선정 및 프로펠러 설계, 저항을 최소화하는 선형 설계 등을 위한 작업은 전적으로 엔지니어가 수행하기 시작하였다. 산업혁명의 영향으로 배를 짓는 일의 감독이 자연스럽게 바뀐 셈이었는데, 강재의 접합에는 리벳 Rivet을 사용하고 있었으므로 이를 위해 다수의 철공 관련 인력이 필요하게 되었다.

한편, 일본은 1854년 미국과 통상수호조약을 맺으며 서양 여러 나라에 항구를 개방하고 일방적으로 불리한 무역 조건을 강요당하였다. 1868년의 메이지 유신 이후 새롭게 수립된 일본 정부에서는 부국강병을 위해 서양의 과학문물을 서둘러 받아들였다. 1880년에는 도쿄대학 공과대학의 전신인 공부대학교 Imperial College of Engineering, ICE의 교장이었던 다이어 Henry Dyer, 1848~1918가 기계과에서 조선학 강의를 제공하기 시작하였다. 그는 글래스고대학을 졸업한 사람으로 랭킨의 제자였다. 2년 후에는 조선학과가 분리, 독립하였고, 글래스고의 조선 엔지니어였던 웨스트 Charles Dickinson West, 1847~1908가 초대 조선학 교수로 부임하여 향후 25년에 걸쳐 111명의 일본인 제자를 양성하였다. 이들이 20세기 전반 일본의 상선과 해군 함정을 건조한 주역들이었고, 그중 상당수는 글래스고대학에 유학하였으며, 1886년에는 도쿄대학 공과대학이 만들어졌다. 다이어는 1882년 귀국 후에도 일본과 스코틀랜드의 우호 증진에 진력한 것으로 알려져 있다.

19세기 말에 정착된 리벳을 사용하여 배를 짓는 방법은 제2차 세계대전 중 획기적인 변화에 직면하였다. 대서양에서 독일 해군의 잠수함에 막대한 피해를 입고 있던 미국은 '침몰당하는 속도보다 더 빨리' 배를 짓는다는 목표를 내걸고 1941년 유명한 '리버티 Liberty'선 건조를 위한 계획을 발표하였다. 이 배는 배수량 14,000톤급의 화물선으로 1945년까지 미국 전역의 18개 조선소에서 2,700척 이상 건조되었다.

단시간에 대량생산이 요구되었으므로, 강재의 접합을 위해 전면적으로 용접을 도입하며, 배 한 척의 선체를 100개 남짓의 부분, 즉 블록 Block으로 나누어 수십 척 분량에 해당하는 수천 개의 블록을 동시에 만들면서 수십 개의 선대에서 동시에 블록을 탑재하여 배를 짓는다는 계획이었다. 부족한 용접공을 보충하기 위해 부녀자들도 나섰으며, 이들을 위해 초보자여도 쉽게 할 수 있다고 여겨지는 '아래보기 자세 Downhand'를 위주로 강재를 용접하도록 하였다. 7개의 조선소를 운영하며 이 계획에 주도적 역할을 하였던 카이저 Henry J. Kaiser, 1882~1967는 대단한 실행력으로 몇 년 동안 이와 같은 이른바 블록건조 방식을 상당한 수준으로 발전시켰다. 초기에는 한 척당 소요 인시 Manhour가

© United States. Office of War Information

© United States Office of War Information

© National Museum of the U.S. Navy

❶ 미국 베들레헴 페어필드 조선소에서 리버티 선박을 건조하는 장면(1943)

❷ 카이저 조선소의 여성 노동자

❸ 최초의 리버티 선박인 SS 패트릭 헨리 호의 진수식(1941)

100만 인시 이상이었지만, 1944년에는 50만 인시 이하로 반 이상 줄었으며, 건조 기간도 6분의 1 정도로 단축되었다.

제2차 세계대전이 끝난 뒤, 1951년 미국의 조선 및 해운회사 NBC National Bulk Carriers는 일본의 조선소를 빌려 배를 지음으로써 호황을 맞이한 해운 시장의 수요에 응하고자 하였다. 제2차 세계대전 중 일본의 자랑이었던 전함 야마토를 지은 해군의 쿠레 Kure, 吳 조선소는 전쟁 말기 폭격을 피하여 말짱한 상태였다. 당시 일본은 미국의 군정 아래 있었으므로 NBC는 10년간 이 조선소를 임대하고 필요 시 5년을 추가하는 유리한 내용으로 계약을 맺을 수 있었다. 쿠레 조선소의 책임자로는 카이저 소유의 오리건 Oregon 소재 조선소 소장이었던 한 Elmer L. Hann, 1901~1990이 부임하였으며, 그를 통해 카이저가 발전시켰던 배의 블록건조방식이 일본에 전수되었다. 일본은 전후 재건을 위해 이 프로젝트를 통해 최대한의 것을 얻고자 하였다.

이 조선소의 작업 능률을 개선하는 것은 미국에도 도움이 되는 일이었으므로, 통계학자인 데밍 William Edwards Deming, 1900~1993까지 가세하여 통계제어기법 Statistical control methods을 도입하여 작업의 정도 Accuracy 및 능률 향상을 꾀하였다. 나아가 일본의 제조업 관련 학자, 엔지니어, 관리자들 수만 명이 통계기법에 대한 교육을 받았으며, 이 중 상당수가 이 조선소를 방문하여 작업 현장을 견학하고 그 관리 기법을 배웠다. 1961년 계약 기간 완료와 더불어 쿠레 조선소는 중공업 업체인 IHI Ishikawajima-Harima Heavy Industries의 조선소가 되었으며, 1968년 일본은 전 세계 신조선의 절반 이상을 담당하는 수준까지 도달하였다. 한의 조력자였던 신토 眞藤恒, 1910~2003는 IHI의 사장으로 남아 생산성 향상을 위한 노력을 계속하였는데, 그는 미국 보잉 Boeing사 B-29의 도면으로부터 자재 관리에 대한 영감을 얻었으며 이를 생산 현장에 도입하였다. 그 결과 1979년 그가 IHI를 떠날 무렵, 이 조선소의 생산성은 미국 조선소의 세 배에 달하였다(《The history of modern shipbuilding methods: The U.S.-Japan interchange〉, Chirillo & Chirillo, 《Journal of Ship Production》, Vol. 1, No. 1, 1985).

20세기 전반을 외세의 농단 아래 자주적인 고등 교육기관 하나 제대로 갖지 못했던 우리나라에는 일제 강점기 36년간 정규 공과대학에서 조선공학을 전공하고 졸업한 엔지니어가 단 한 사람도 없었다. 경성제국대학은 1941년에야 이공학부를 두었다. 당시는 예과 3년 본과 3년의 과정으로 되어 있었으므로 1회 졸업생은 1938년에 예과에 입학하였고 2.5년으로 줄인 본과를 1943년 9월에 졸업하였는데, 이공학부에 조선 관련 학과는 아예 설치되지 않았다. 이 졸업생 중에 우리나라 사람은 15명이었으며, 4명이 기계공학을 전공하였다. 기계공학을 전공한 4명 중에 1명이 인천 소재 조선기계제작소에 근무하며 300톤급의 수송잠수정을 몇 척 짓다가 해방을 맞이하였다. 이제는 고인이 되신 김재근 1920~1999 교수가 바로 이분인데, 아마도 이분의 경력이 우리나라 사람이 가졌던 해방 당시 최고의 조선 경력이었던 것으로 보인다(《등잔불》, 김재근, 정우사, 1985).

해방 후 20년 이상의 어려운 시절을 겪은 후, 1970년대부터 비상하기 시작한 우리나라 조선산업은 1980년대 중반부터는 일본과 경쟁하는 위치에 올라섰다. 우리나라는 1990년대 후반 조선산업에 있어 세계의 선두 주자로 나섰고, 2000년대 후반부터는 중국의 거센 도전에 직면하였지만 아직도 세계에서 가장 큰 조선소, 가장 기술이 발달한 조선소, 가장 생산성이 높은 조선소는 모두 우리나라에 있다. 많은 인원이 해마다 공과대학, 전문대학에서 조선공학을 전공하고 졸업하고 있으며, 어느 나라보다도 풍부한 고급 인적 자원을 가지고 있다. 어떻게 우리의 조선산업이 세계 신조선의 반에 가까운 배를 짓고 우리나라가 압도적인 조선강국이 될 수 있었는가에 대해서는 여러 관점에서 답할 수 있겠지만, 한 가지 확실한 것은 대학 교육, 특히 공과대학 교육에 대한 투자였다고 생각한다.

우리나라가 1990년대 후반부터 일본과 경쟁에서 우세한 위치를 차지하고 있는 이유 중의 하나는 조선소의 전산화, 디지털화의 성공이라고 할 수 있다. 일본의 경우, 새롭게 유입되는 젊은 엔지니어가 점차 감소하는 현상이 조선소의 그와 같은 새로운 변신을 어렵게 하였다고 보인다. 이제 21세기의 화두는 디지털에 기반한 스마트화인 것으로 생각된다. 19세기 중엽의 '목선에서 강선으로', 20세기 중엽의 '리벳에서 용접으로' 같은 혁신적인 변화가 있을 때마다 새로운 변화에 적응한 나라는 발전을 거듭할 수 있었고, 그러지 못한 나라는 선두 경쟁에서 낙오할 수밖에 없었다. 앞으로는 변화의 주기가 더욱 짧아질 것이며, 그런 미래를 대비하기 위해서는 배를 짓는 우리들 하나하나의 자각이 더욱 중요하다. 지금부터의 변화는 바로 그 자각에 따라 결정될 것이기 때문이다.

선박은 대량의 화물을 운송할 수 있는 가장 경제적인 운송수단이다.
국가 간 무역을 가능하게 하는 컨테이너선, 원유운반선, LNG운반선 등 초대형 화물선부터
일반 산적화물선, 여객선, 어선, 함정 등 여러 종류의 선박들이 운항 중이다.

선박의 분류

Classification of ships

선박과 화물	72	선박은 해상에서 화물을 운송하고 여객을 수송하기 위해 다양한 기능이 필요하다. 이러한 여러 기능을 수행하기 위하여 선박 내에 중요한 장비들을 탑재한다.
선박의 종류	86	선박은 사용 목적에 따라 화물선, 화객선, 여객선 등의 상선, 어선, 특수 작업선, 함정 등으로 구분할 수 있다. 어선은 포획 대상물과 어업 방법에 따라 분류하며, 특수작업선은 쇄빙, 예인, 준설, 해양조사 등의 작업에 활용된다.
선박의 설계	114	선박 설계는 선주의 요구 조건을 충족하면서 최소의 비용으로 최고의 성능을 갖추도록 선박의 구체적인 최적화 형상을 결정해가는 과정이다.
선박의 건조	120	선박 건조는 강재를 제철소에서 조선소로 입고하면서 시작한다. 강재를 적치장에 보관하였다가 생산 순서에 따라 그룹별로 가공 공장으로 반입한 뒤, 설계된 부재로 제작하여 블록을 만들고, 블록을 조립하여 선체를 완성한 다음에 진수, 안벽에서 마무리 의장작업과 시운전, 명명식을 거쳐 선주에게 선박을 인도한다.

선박과 화물

선박은 해상에서 화물을 운송하고 여객을 수송하기 위해 다양한 기능이 필요하다. 이러한 여러 기능을 수행하기 위하여 선박 내에 중요한 장비들을 탑재한다

이진태 (주)울산랩 연구소장

선박은 대량의 화물을 운송할 수 있는 가장 경제적인 운송수단이다. 선박은 부력을 이용하여 물 위에 뜨게 되므로, 수면 아래 부피를 크게 하여 부력을 증가시키기 위해 선박의 길이 · 폭 · 깊이를 크게 하여 대형으로 건조하면 많은 물건을 싣고 이동할 수 있다.

선박이 일정한 속도로 진행할 경우 발생하는 선박저항은 마찰저항, 조파저항 및 형상저항으로 분류할 수 있다. 이들 중 형상저항은 물 아래 선체 형상을 날씬하게 만들어서 줄일 수 있다. 선박의 표면과 물과의 마찰력은 상대적으로 적지만 낮은 속도로 진행하는 선박에 요구되는 마찰저항의 비중은 큰 편이다. 낮은 속도로 진행하는 선박에 작용하는 조파저항은 매우 적다. 그러나 속도가 높아지면 선박이 지나간 후에 발생하는 파도가 높아지므로 이러한 파도의 생성과 관련된 조파저항이 급격히 증가하게 된다. 그러므로 선박은 대량의 화물을 저속으로 이동시킬 경우 대단히 경제적인 운송수단으로 활용될 수 있다.

운송수단별로 운송거리와 비례하는 단위 무게당 운송비용은 달라진다. 항공운송과 해상운송은 종착지에서 화물을 상 · 하역하는 데 상대적으로 많은 비용이 발생한다. 그림에서 보는 바와 같이 항공기, 자동차 및 철도를 이용한 운송에 비해 선박을 이용한 해양운송은 장거리에 유리하므로, 대량의 화물을 장거리 운송하는 경우 선박을 이용한 해양운송은 단위 무게당 소요되는 비용이 가장 낮은 경제적인 운송수단이다.

지구 표면적의 약 70%는 바다로 덮여 있으므로 바다를 통한 해양운송은 전체 물동량의 많은 부분을 담당하고 있으며, 대형 화물이라도 일단 선박에 싣게 되면 목표 지점에 가장 가까운 항만으로 운송하는 데 큰 어려움이 없다. 육상운송의 경우 운송 구간 내에 도로 혹은 철도와 같은 교통 인프라가 열악한 지역을 통과하여야 하는 경우

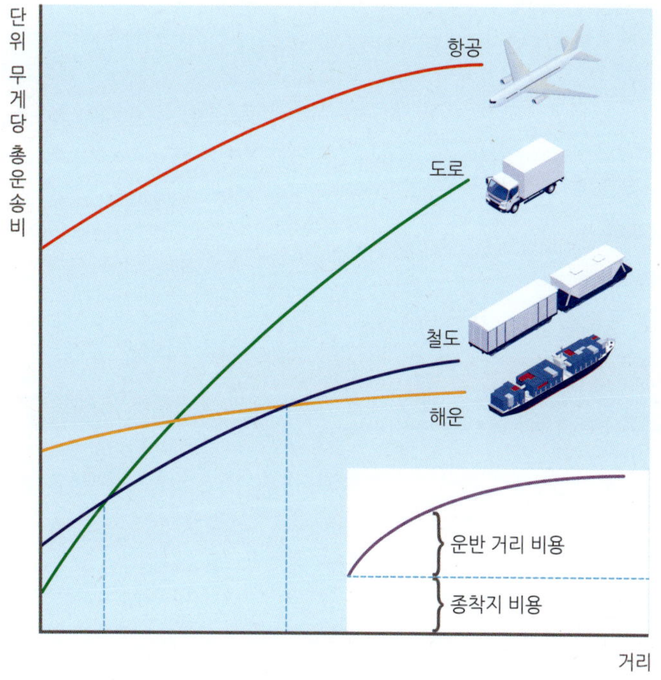

운반 거리-단위 무게당 운송비용 비교

에는, 운송이 불가능하거나 위험성이 크게 증가하고 운송기간도 많이 소요되어 신뢰성 있는 운송수단이 되지 못한다. 이에 비해 선박을 이용한 해양운송은 대량의 화물을 안정적으로 그리고 경제적으로 운송할 수 있으므로, 장거리 지역 간 거의 모든 화물은 해운이 담당하고 있다. 특히 우리나라의 경우 북한을 통한 육상 교통이 막혀 있기 때문에, 수출입 물동량의 대부분이 선박에 의한 해양운송을 통하여 이루어지고 있다.

선박은 온실가스 배출량 기준으로 볼 때 타 수송수단보다 친환경적인 수송수단이다. 국제해사기구를 중심으로 선박에 의한 국제해운 분야의 선박 온실가스 배출을 감소시키기 위한 노력을 지속적으로 수행하고 있으며, 2018년에는 선박에 의한 온실가스 배출량을 2008년 배출량 기준으로 2030년까지 40%, 2050년까지 50% 감축을 목표로 세부적인 실행 계획을 발표하여 진행 중이다. 참고로, 운송수단별 무게-거리당 발생되는 온실가스 배출량을 보면, 항공운송에 의한 이산화탄소 배출량이 가장 큼을 알 수 있다. 초대형 컨테이너선(18,000TEU급)의 경우 대형트럭(적재화물 40톤)에 의한 이산화탄소 배출량 대비 3.75% 정도 배출하며, 일반화물선(35,000DWT급)의 경우에도 트럭 대비 10% 이하의 이산화탄소를 배출한다.

선박을 통한 해양운송이 경제적이고 안정화함에 따라 선박을 이용한 국제간/장거리 지역 간 해양운송 물동량이 지속적으로 증가하고 있다. 특히 컨테이너를 이용한 화물 운송이 활성화함에 따라 해운 화물운송이 효율적으로 진행되고 정시성

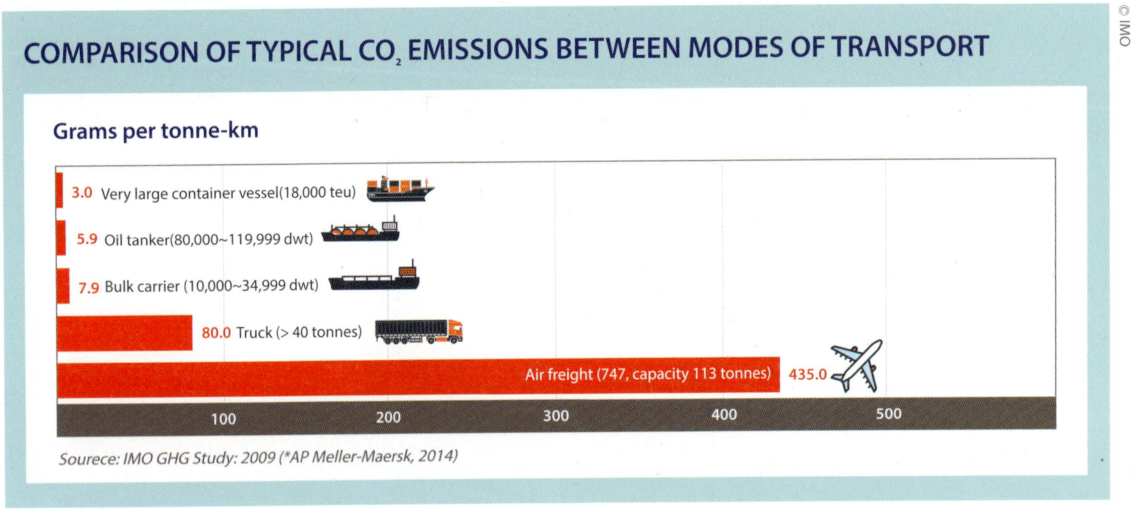

수송수단별 온실가스 배출량 비교

이 확보되었다. 컨테이너란 화물을 효율적으로 운반하기 위하여 규격화한 상자라고 볼 수 있다. 컨테이너의 대표적인 규격으로 TEU Twenty-foot Equivalent Unit라는 말을 많이 쓰는데, 이는 길이 20피트, 높이 8.5피트, 폭 8피트의 박스로 해양운송 및 육상 연계 운송에 가장 많이 활용되는 컨테이너 표준 규격이다.

다양한 종류의 화물을 규격화한 컨테이너에 넣어 수송함으로써 컨테이너 전용 운반선의 운영, 항만에서의 전용 크레인을 이용한 컨테이너 상·하역 자동화, 트럭 및 철도를 이용한 육상 연계 수송이 원활해져 해양운송의 효율성이 대폭적으로 증가하였다. 이러한 컨테이너를 이용한 해양운송이 활성화함에 따라 화물운송의 정시성이 확보되었으며, 도어투도어 Door to door 서비스가 가능해짐으로써 국제 및 장거리 지역 간 해양운송 화물이 대폭 증가하였다.

컨테이너를 이용한 해양운송 화물이 증가함에 따라 컨테이너 전용 운반선이 활성화되고 대형화하기 시작하였으며, 정시성 확보를 위하여 경쟁적으로 고속화하였다. 이에 따라 규모의 경제가 작동하여 단위 컨테이너당 운송비가 더욱 절감되면서 컨테이너 화물이 증가하는 선순환을 이루었다. 정시성과 경제성을 갖춘 안정적인 해양물류의 확보는 국제무역의 활성화 및 경제의 글로벌화를 견인하게 되었으며, 이에 따라 컨테이너 물동량이 급격히 증가했다.

1957년 미국 시랜드 Sea Land사가 처음으로 컨테이너 운반선을 도입한 이후, 1968년 1,530TEU급으로 건조되었던 컨테이너 전용선의 크기가 계속 커져서 2017년부터는 20,000TEU 이상의 초대형 컨테이너선이 건조되면서 본격적인 초대형 컨테이너의 시대가 시작되었다. 컨테이너 해운 물동량이 지속적으로 증가함에 따라 해운 선사 간의 운임 경쟁 및 해운 물동량 확보를 위한 경쟁이 치열해지고 있으며, 컨테이너선의

컨테이너선 크기 변화

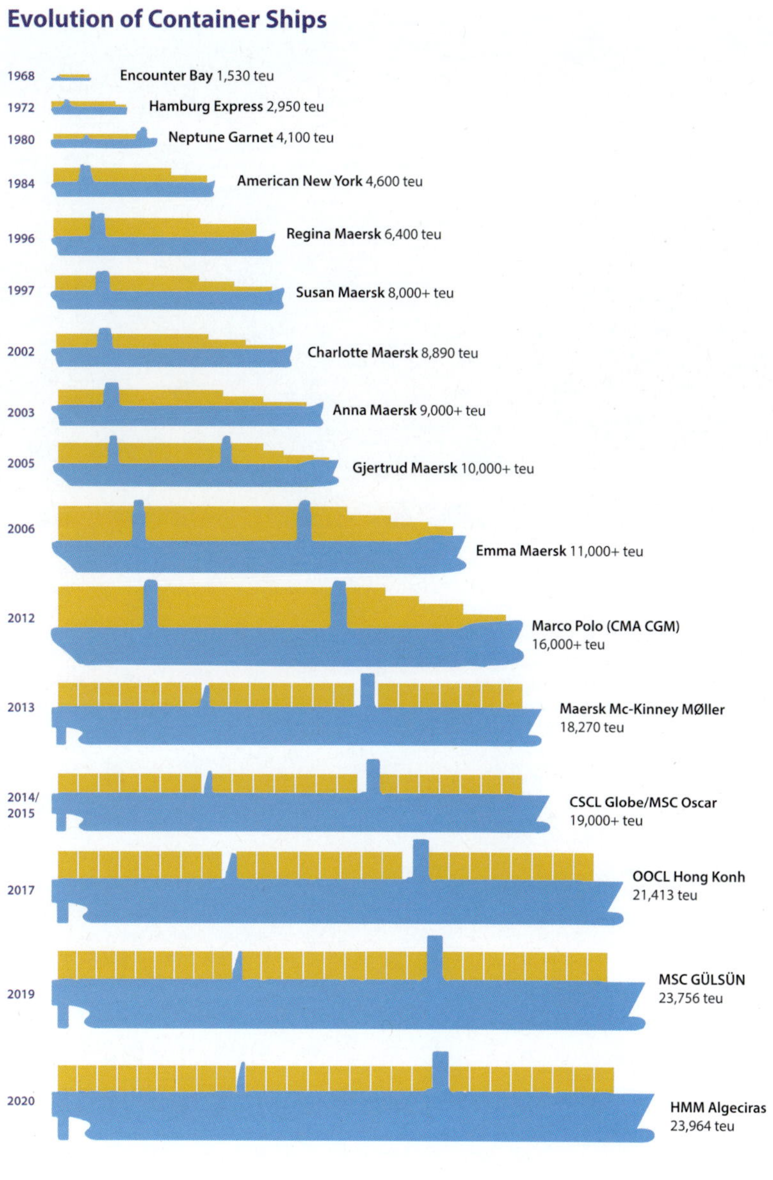

© Logistique au Maroc

크기를 증가시켜 컨테이너당 운송비를 낮추려는 노력이 진행되고 있다. 대형 해운 선사들은 대형 컨테이너선을 경쟁적으로 건조하고 있으며, 2021년에는 선박 길이가 400m에 이르는 컨테이너 24,000TEU를 운반할 수 있는 초대형 컨테이너선이 건조되어 인도되기도 하였다.

컨테이너 전용선의 크기가 커짐에 따라 수심을 깊게 하고 컨테이너 전용 크레인을 설치하여 컨테이너 하역을 자동화함으로써, 컨테이너 하역 및 연계 수송을 매우 효율적으로 처리하려는 컨테이너 전용 대형 항만이 출현하고 있다. 이에 따라 대형

© 부산항만공사

동북아 물류 중심 컨테이너 허브항만으로 건설된 부산신항만 전경

컨테이너선이 기항하는 허브항만 Hub port과 이곳에서 하역한 컨테이너 화물을 피더선 Feeder ship을 이용하여 연계 수송하는 주변항만 Spoke port으로 재편되고 있다. 위의 사진은 동북아 물류 중심 허브항만으로 건설된 부산신항만을 보여주고 있다. 부산항은 동북아 허브항만으로서의 유리한 지리적 위치를 갖고 있을 뿐 아니라 수심이 깊어서 초대형 컨테이너선이 기항하기에 적당하며 주변 지역항만과의 연계 운송이 원활하다는 유리한 조건을 갖추어, 꾸준히 허브항만으로 발전하리라 예상된다. 대부분의 허브항만에서는 전용 크레인이 설치된 안벽에 대형 컨테이너선이 정박하고, 크레인이 24시간 가동되며, 항만 내의 장치 크레인과 트레일러가 무인 · 자동화하고, 육상 연계 물류가 원활히 처리되어 해운물류의 효율화가 진행될 수 있다. 이러한 해운물류의 효율화를 통하여 컨테이너 해양운송의 경제성이 계속 확대되고 있다.

컨테이너선뿐 아니라 에너지 운송을 담당하는 초대형 원유운반선 VLCC, Very Large Crude oil Carrier, LNG Liquefied Natural Gas운반선 등이 바다에서 운항되고 있으며, 일반 산적화물선 Bulk Carrier, 여객선, 어선, 함정 등 여러 종류의 선박이 바다를 운행 중이다.

● 선박의 기능

부양 기능(Floatation capability)

선박은 물 위에 떠서 다니는 구조물로, 자체의 무게와 화물의 무게를 견디고 물에 뜨는 기능을 반드시 갖추어야 한다. 선박이 크면 클수록 많은 짐을 실을 수 있기는 하지만, 선박이 커짐에 따라 구조물이 더욱 튼튼해져야 하고 추진에 필요한 연료도 많이 싣고 다녀야 한다. 또한 항구의 크기와 항로의 특성에 따라 선박의 크기는 제한을 받는다.

추진(Propulsion) 기능

선박은 물에 뜬 상태에서 스스로의 힘으로 원하는 방향으로 갈 수 있어야 한다. 바지선처럼 자체의 추진 기능은 없이 다른 선박이 끌어주어야 하는 특별한 경우도 있기는 하지만 대부분 자체의 힘으로 움직인다. 같은 크기의 선박이라 하더라도, 물 아래에 잠긴 선박 외곽 부분의 모양을 잘 만들어야 물에 대한 저항을 줄임으로써 추진 성능을 좋게 할 수 있다. 비록 물에 대한 저항보다는 적지만 선박은 바람에 대한 저항도 생기는데, 이를 줄이기 위해서는 물 위에 드러난 부분의 모양도 잘 만들어야 한다. 또한 추진력을 일으키는 추진기관을 적절하게 정하고, 프로펠러도 선박과 추진기관에 잘 어울리게 만들어야 한다.

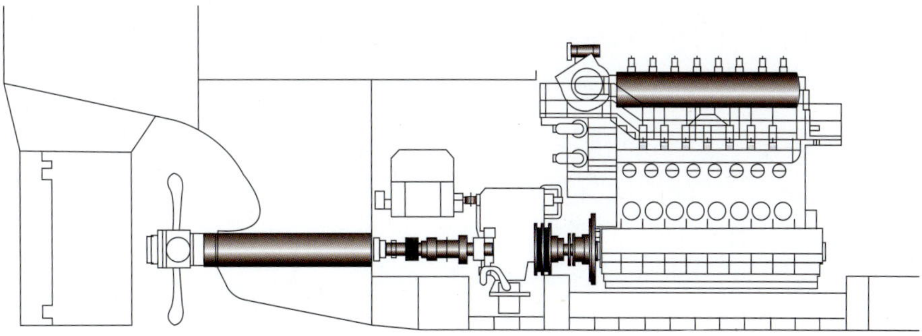

추진 기능

구조강도(Structural strength) 기능

선박은 튼튼한 그릇 역할을 해야 한다. 선박의 선체는 물이 새지 않아야 하고,

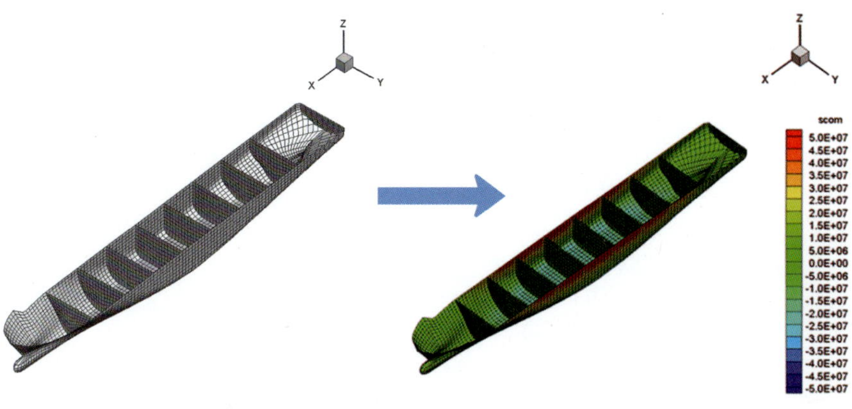

© KRISO

구조강도 해석

구조강도 강화를 위한 선체 구조

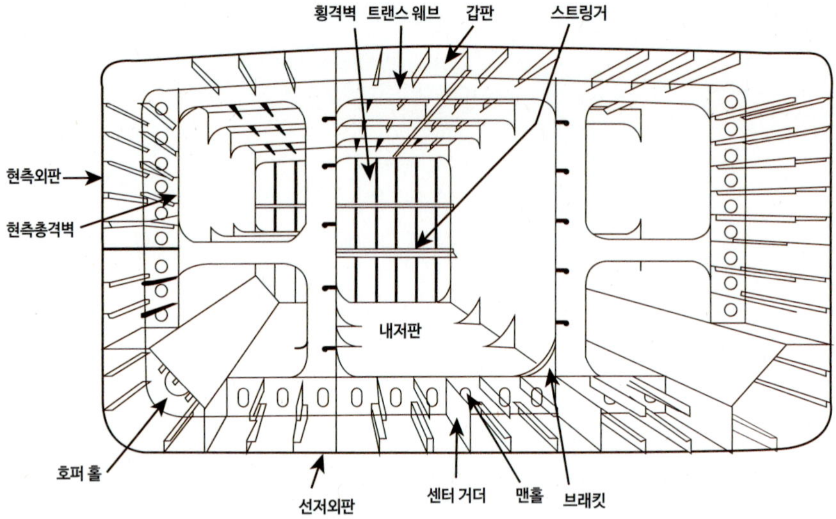

선박에 실린 장비와 화물들을 튼튼하게 받쳐주어야 한다. 선박이 움직일 때는 추진 기관 등에서 생기는 진동이 있고, 선박에 실리는 각종 장비와 화물 그리고 파도에 의한 불균일한 힘이 가해지므로, 선박은 튼튼하게 만들어져야 한다. 그러나 선박을 튼튼하게 만든다고 지나치게 두껍게 하면 부양 기능이 나빠져, 그만큼 짐을 못 싣거나 추진 기능이 나빠지므로, 가능한 한 적절한 강도를 유지하게 해야 한다.

복원(Restoring) 기능

선박은 물 위에 떠서 전복되지 않고 안정성 Stability을 확보해야 한다. 물 위에 떠 있는

복원 기능

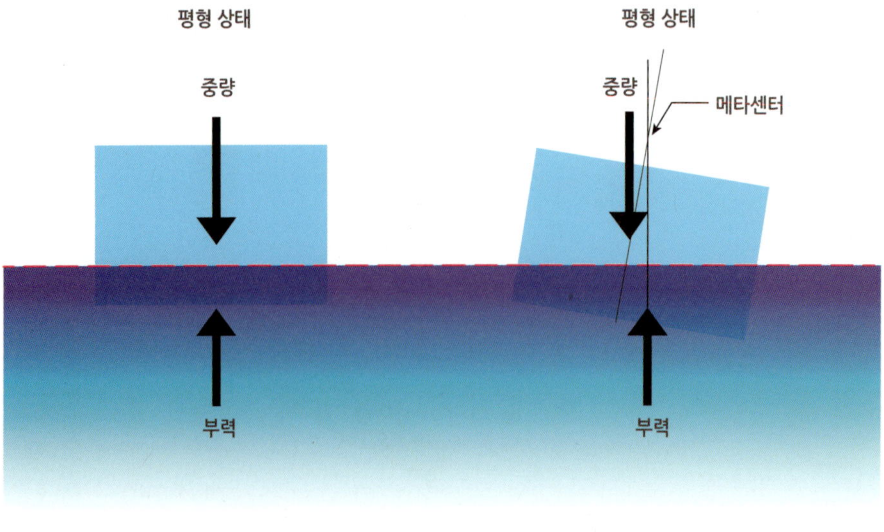

모든 물체는 한쪽으로 조금 기울어지더라도 곧바로 원래의 중립 상태로 돌아가는 복원성이라는 특성이 있다. 그러나 선박은 그릇처럼 윗부분이 뚫려 있으므로 너무 많이 기울어지면 선박에 물이 차거나, 심하면 뒤집혀져서 가라앉는다. 따라서 조금씩만 기울어지게 만들어야 한다. 그러나 기울어지는 것을 지나치게 막아줄 경우선박이 너무 동요하여 도리어 화물에 손상을 주거나 타고 있는 사람이 심한 멀미를 하게 되므로, 적절한 크기의 복원 기능만을 주어야 한다.

내항(Seakeeping) 기능

선박은 파도를 만나도 그 움직임이 안정되어야 한다. 선박이 다니는 바다는 물론 강과 호수에도 항상 크고 작은 파도가 있는데, 선박이 파도 중에서 움직일 때 상하 운동이나 좌우운동 등이 없을 수는 없지만, 가능한 한 그 움직임이 작아야 큰 파도 중에서도 항해가 가능하고, 원하는 방향으로 빨리 움직일 수 있다.

조종(Maneuverability) 기능

선박은 원하는 방향을 조종하여 나아갈 수 있게 해야 한다. 이를 위해서는 적당한 크기의 방향타를 설치하는 것이 가장 중요하지만, 물속에 잠긴 선박의 모양도 조종 성능에 많은 영향을 미치므로 선박 설계 시 조종 기능도 함께 고려하여야 한다. 선박도 자동차와 마찬가지로 프로펠러가 정지 중일 때는 옆으로 갈 수 없으므로, 항구에서의 접안 등의 경우에는 다른 선박이 옆에서 밀어주어야 원하는 방향으로 가게 된다. 특별한 용도의 선박에서는 방향을 자유자재로 바꿀 수 있는 추진 장치를 사용하기도 하고, 선박 앞뒤에 좌우 방향으로만 작용하는 보조 추진 장치를 설치하기도 한다.

● 선박에 실리는 장비

위에서 설명한 선박의 기능들을 만족시키기 위해서는 선박에 여러 가지 장비를 설치해야 한다. 특히 안전에 관련된 내용들은 대부분 국제규약 및 국내 · 외 법으로 규정되어 있다. 이 장비들을 전부 설치하려면 선박은 매우 복잡한 구조를 갖추게 되는데, 이들을 운항 장비와 동력발생 장비 그리고 거주 및 안전 장비로 나누어 알아본다.

운항 장비

선박을 운항하기 위해 조타 장비, 적하역 장비, 계선계류 장비, 항해 및 통신설비의 운항 장비가 선박에 탑재된다.

선박을 원하는 방향으로 움직이게 하기 위한 조타 장비로 타가 있어야 한다.

타는 프로펠러 바로 뒤에 두어야 성능이 좋아지므로 대부분의 선박에서 타는 선박의 맨 뒤편에 설치하게 된다. 수중에 설치된 기뢰를 제거하는 소해정을 비롯하여 선박을 원하는 방향으로 쉽게 조종해야 하는 특수선의 경우에는 수직날개의 각도를 적절히 조절하며 회전시켜주는 연직축 프로펠러 Voith-Schneider propeller를 사용하기도 하고, 프로펠러를 전동모터로 돌리게 하면서 그 전체를 원하는 방향으로 돌려줄 수 있는 방향조정 프로펠러 Azimuth propeller를 사용하기도 한다.

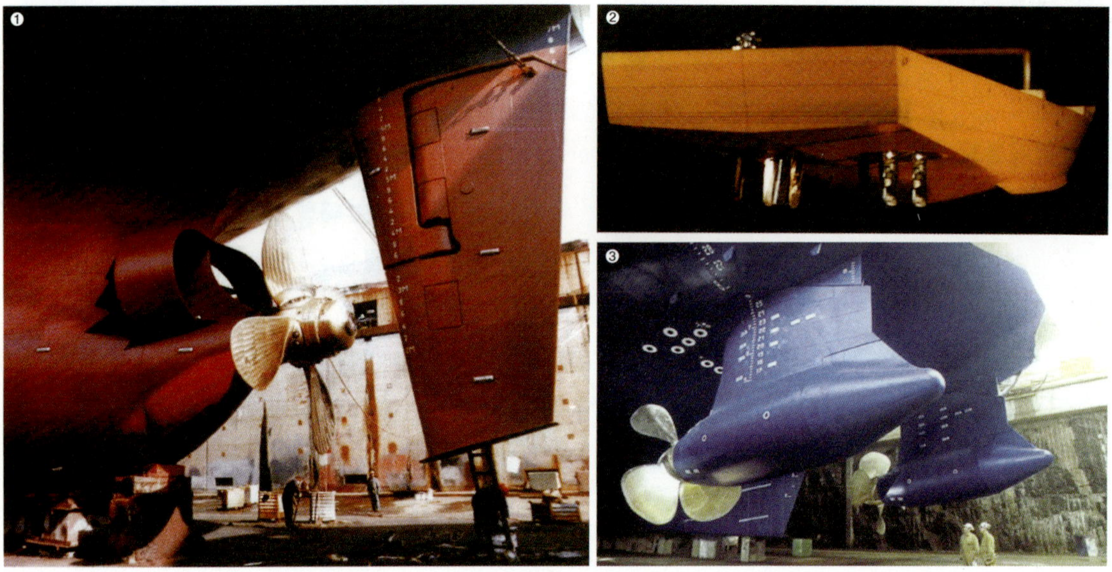

❶ 일반 선박의 타와 프로펠러
❷ 연직축 프로펠러 모형
❸ 방향조정 프로펠러

© 선박의 이해

선박에는 화물을 싣고 내릴 수 있는 적하역 장비가 있어야 한다. 선박에 실리는 화물은 크게 석탄과 곡물 등의 건화물과 원유와 액화가스 등의 액체화물 그리고 컨테이너 화물로 나눌 수 있다. 적하역 장비로는 화물의 내용에 따라 선박 또는 항구에 설치된 크레인을 사용하거나 펌프를 사용하게 된다. 근래에 이르러 화물 수송으로 각광받고 있는 컨테이너선의 경우, 전용 항만 내에 전용 크레인을 설치하여 적하역 자동화와 함께 작업속도를 높여가고 있다. 선박의 화물창 위에는 짐을 쉽게 싣거나 내릴 수 있게 창구덮개를 설치하는데, 컨테이너선의 경우에는 창구덮개로 갑판을 씌운 후 그 위에 컨테이너를 더 싣는다.

선박을 항만 안벽에 묶어두거나, 항만 안팎에서 닻을 내리고 정지해 있을 수 있는 계선계류장비가 있어야 한다. 선박을 항구 내 안벽에 나란히 접안시키고 로프로 묶어 놓는 것을 계선이라 하는데, 배 위에 말뚝 Bollard과 함께 줄이 잘 지나가게 하는 바퀴 Roller Fair Leader와 줄감개틀 Winch 등이 있다.

© 선박의 이해

부산항 감만 컨테이너부두

선박을 고정하는 또 하나의 방법이 계류인데, 이는 닻을 물 밑 땅바닥에 걸리게 하는 것이다. 수심이 낮은 곳에서 닻은 물론 쇠고리로 만든 닻사슬이 땅바닥에 상당 부분 끌리게 해야 하므로 닻사슬은 길어야 한다. 큰 선박의 경우 좌우 두 줄의 합이 500~700m 정도가 된다. 선박 위에는 닻을 내리거나 올릴 때 걸림이 없게끔 미끄럼관이 있고, 닻사슬 감개틀 Windlass과 닻사슬 저장고가 있다.

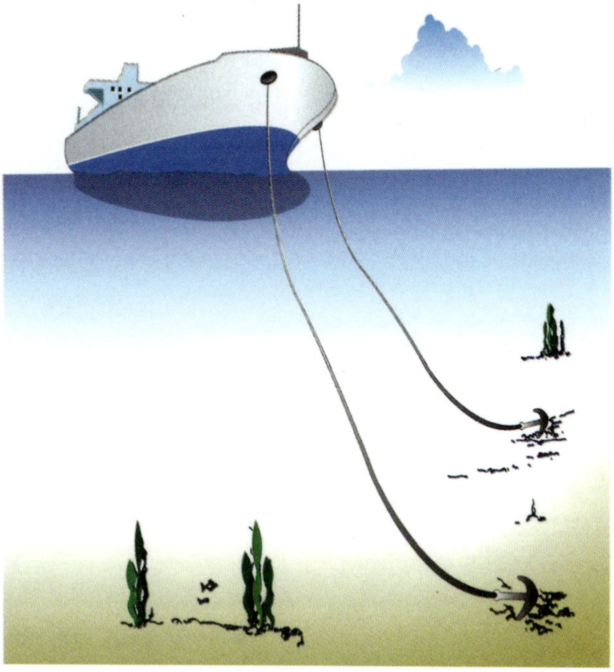

© 선박의 이해

(좌) 계선 중인 컨테이너선

(우) 계류 중인 선박과 닻사슬 감개틀

과거 항로 탐색 도구

최신 항해시스템이 갖춰진 이사부호 조타실

선박은 속력 제어, 위치 파악이나 방향 유지, 장애물 탐지 그리고 통신 기능 등 항행에 필요한 항해 및 통신 장비들을 갖추어야 한다.

오래전에는 나침반과 망원경으로 지형과 위험물을 관측하고 해도를 찾아가면서 항로를 찾고 방향을 잡아 목표를 향해 항해하였다. 오늘날에는 인공위성과 전자기기 및 컴퓨터의 발달로 전자동 항법시스템이 가능해졌으며, 지구상 어느 곳에서나 쉽고 정확하게 자기 위치를 파악할 수 있는 GPS Global Positioning System와 전 세계 해상에서 조난에 대비하고 안전운항을 지원하는 GMDSS Global Maritime Distress and Safety System 등이 있다. 또한 텔레비전은 물론 자동전화와 인터넷 컴퓨터까지 자유자재로 사용하게 되었다.

© 박정기

❶ 선박의 주기관실
❷ 선박의 주기관

동력발생 장비

선박을 추진하는 에너지를 발생시키기 위해 주기관, 보조기관, 전기장치의 동력 발생 장비가 선박에 탑재된다.

선박에는 추진기를 움직이기 위한 동력발생 주기관이 필요하다. 주로 디젤기관을 사용하지만, 군함 등 가볍고 빠른 선박을 위해서는 가스터빈기관을 장착하기도 한다. 선박의 주기관은 열악한 환경의 제한된 공간 안에 설치해야 하고, 20년 이상 배의 수명이 다할 때까지 교체가 불가능하며, 바다 한가운데에서 고장 시 전문 기술자의 지원이 쉽지 않다는 특징이 있다. 따라서 선박용 기관의 기본 장치는 육상용 기관과

© GNU(Rémi kaupp)

주기관 주위의 각종 배관

동일하지만, 선박용 기관은 습도와 염분에 강해야 하고, 선박의 운동에 잘 적응해야 하며, 설치 장소가 협소하므로 꽉 짜여 있어야 하고, 저속과 고속 간의 급격한 변화를 이겨낼 수 있어야 하며, 고장률이 낮고 수명이 길어야 한다.

선박에는 주기관 외에 보조기관으로 증기, 압축공기, 유압, 증류수 등 기타 에너지원을 만드는 발생 장비 등이 필요하다. 또한 연료유와 윤활유의 순환 및 세정 장치, 냉각수 순환장치와 열교환기 등도 필요하다.

선박에는 각종 보조 기관에 전기를 공급하고, 선박 안팎의 조명 및 항해통신 설비에 전기를 공급하기 위한 발전기와 함께 전기 배선 등 다양한 전기장치가 필요하다. 대형 선박의 경우 전선의 총 길이는 10만 미터 이상이며, LNG선처럼 복잡한 선박에서는 그보다 훨씬 많은 전선이 필요하다. 또한 전선은 통신선이나 배관과는 가능한 한 멀리 떨어뜨려 설치해야 한다. 더구나 요즈음에는 선박을 다 만든 뒤에 전선을 설치하는 것이 아니라 블록을 만들 때 각각 설치하여 나중에 조립하므로, 설계와 시공에 많은 주의가 필요하다.

거주 및 안전 장비

선박은 선원이 일하며 살 수 있도록 업무공간과 취사 · 취침용 선실의 선원 거주구 설비를 갖추어야 한다. 모든 거주구는 기관실과 조타실을 고려하여 배치하게 된다. 조타실은 전방의 시야를 좋게 하기 위해 가능한 한 선박 앞에 설치하는 것이 좋겠지만, 선박 앞부분에서는 상하운동이 커서 작업이 어렵고 피로가 크므로 뒤로 가게 된다. 또한 조타실은 기관실과 가까이 있어야 하는데, 기관실은 프로펠러가 있는 배 뒤편에 설치해야 하므로, 일반 상선의 조타실은 대부분 선박 뒤편 가장 높은 곳에 두게 된다. 조타실에는 각종 항해 장비, 통신 장비, 조타 장비가 있으며, 주기관을 비롯한 각종 작업 장비의 상태를 감시 또는 조정하기도 한다. 일반 상선에는 조타실 아래에 기타 업무 공간과 취사 · 휴식 · 취침 공간이 있으며, 그 아래에 기관실이 있게 된다.

선박은 해난 사고에 대비한 인명구조 설비를 갖추어야 하고, 화재에 대비한 화재 예방 장치와 소화장치를 각각 갖추어야 한다. 화재가 나거나 침수 중인 선박에서는 사람들을 구명보트에 태운 후, 이를 물 위에 안전하게 내려놓도록 되어 있다. 물 위에 내려온 구명보트가 전복되는 경우, 기름 등 오염물에 의해 질식하거나 시력을 잃는 경우도 있으므로, 요즘에는 덮개가 있는 구명보트를 사용한다.

배 위에 실린 구명보트

선박의 종류

선박은 사용 목적에 따라 화물선, 화객선, 여객선 등의 상선, 어선, 특수작업선, 함정 등으로 구분할 수 있다. 어선은 포획 대상물과 어업 방법에 따라 분류하며, 특수작업선은 쇄빙, 예인, 준설, 해양조사 등의 작업에 활용된다.

이진태 (주)울산랩 연구소장

선박은 사용 목적에 따라 크게 상선, 군함, 어선, 특수작업선으로 구분할 수 있다. 상선은 여객 또는 화물을 운반하여 운임수입을 얻는 것을 목적으로 하는 선박을 말하며, 이것은 다시 화물선 · 화객선 · 여객선으로 구분할 수 있다.

● 화물선

화물선은 화물 운송을 목적으로 하는 선박으로, 거주설비를 간소화하고 화물창을 크게 하여 하역설비에 중점을 둠으로써 대량의 화물을 일시에 안전하고 신속하게 운반할 수 있게 설계되었다. 또한 화물선은 운송화물의 종류에 따라 크게는 원유와 석유화학물 등을 운송하는 유조선, 철광석이나 곡물 등을 운송하는 건화물선 그리고 두 가지 화물을 동시에 운송할 수 있는 겸용선으로 분류할 수 있다.

유조선에는 원유를 운송하는 원유운반선 Crude oil tanker, 정유한 석유제품을 운송하는 정유운반선 Product carrier, 특정 화학제품을 운송하는 화학제품운반선 Chemical tanker, 가스류를 액화하여 운송하는 가스운반선 Gas carrier 등이 있다. 가스운반선은 주로 LPG Liquefied petroleum gas, 에틸렌, 액화 암모니아 Ammonia 등을 운송하는 선박이다. LNG를 운반하는 선박은 특별히 전용선으로 만들게 된다.

건화물선에는 곡물이나 광석 등의 비포장된 건화물을 운송하는 산적화물선 Bulk carrier, 여러 가지 물품을 함께 운송할 수 있는 일반화물선 General cargo carrier, 적하역작업을 더 편리하고 신속하게 하기 위해 화물을 컨테이너에 넣어 운송하는 컨테이너선 Container ship, 각종 건화물과 컨테이너를 함께 운송할 수 있는 다목적운반선 Multi-purpose cargo carrier 외에 차량운반선 Pure car carrier, 냉장선 Reefer vessel 등 특별한 목적의 각종 선박들이 있다.

원유운반선

원유운반선은 가공하지 않은 천연 원유를 용기에 넣지 않은 상태로 선박에 직접 실어서 수송하는 선박이다.

유조선의 선체 구조는 화물창 벽이 곧 선체 외판이 되는 단일 구조였지만, 1983년부터 발효된 '선박으로부터의 해양오염을 방지하기 위한 국제협약'에 따라 화물 탱크의 보호적 배치가 취해지면서 바닥과 외판의 구조가 변하였다. 또한 1989년 알래스카 연안에서 발생한 초대형 유조선 엑슨발데즈호의 좌초사고로 다량의 기름이 유출된 이후, 1990년 미국 연안을 항해하는 유조선에 대해 이중선체화를 의무화하는 법안이 제정되었다. 국제해사기구에서도 새로 건조되는 유조선의 경우 1996년부터 새 선박을 건조할 때 이중선체구조 방식을 의무화하였다.

유조선은 제2차 세계대전 당시만 해도 16,000톤 정도의 원유를 싣는 선박이 가장 컸지만, 그 후 점점 커져 1968년에는 30만 톤급 유조선 VLCC Very Large Crude oil Carrier가, 이제는 45만 톤급 유조선 ULCC Ultra Large Crude oil Carrier가 등장하였다. ULCC의 경우 전장 380m, 형폭 68m, 깊이 34m나 된다.

유조선을 비롯하여 대부분의 화물선에서는 조타실과 거주구 그리고 기관실이 모두 선박 뒤쪽에 있다. 전방과 중앙부에는 화물 탱크들을 배치하고, 이 화물구역의 최전방과 최후방에는 안전상 코퍼댐 Cofferdam을 설치하거나 빈 공간을 만들어 다른 구역과 격리시킨다. 선수부에는 창고와 밸러스트 탱크 등을 배치하고, 선체 중앙부에는 전용 밸러스트 탱크를 배치하여 만재 시 선체의 휨모멘트를 감소시키며, 공선 항해 시에는

극초대형 이중선체 유조선 헬레스폰트 알함브라 (ULCC, 재화중량 441,000톤)

이 탱크에 해수를 채워 필요한 흘수를 얻고 선체의 휨모멘트를 줄인다.

화물구역은 보통 종격벽 Longitudinal bulkhead에 의해 3열로 나뉘어 중앙의 센터 탱크열과 좌우의 윙 탱크열로 구분된다. 이들 탱크열은 다시 몇 개의 횡격벽 Transverse bulkhead에 의해 구획되어 각각 독립된 센터 탱크들과 윙 탱크들이 된다. 화물용 펌프는 대개 2~4개가 있는데, 이들은 총합계 능력이 만재화물유를 20시간 내외에 하역할 수 있는 대형 펌프들이다.

유조선에는 원유운반선 외에 정유운반선, 화학제품운반선, 가스운반선 등이 있다. 유조선은 수송화물의 청결도에 따라 원유나 중유를 수송하는 더티탱커 Dirty tanker, 가솔린·경유 등을 수송하는 클린탱커 Clean tanker로 구분하기도 한다. 또한 유조선은 운항해역에 따라 내항 유조선과 외항 유조선으로 분류하기도 한다. 내항 유조선에는 정제유 및 화공약품의 연안 수송에 사용되는 수백 톤급의 작은 선박이 많다. 외항 유조선은 원산지에서 소비지로 수송되는 원유, 정제유 등을 대량으로 실어 나르는 선박으로, 그 크기는 수천 톤급에서 수십만 톤급에 이른다.

가스운반선

액화 암모니아, LPG, 에틸렌 등을 운송하는 가스운반선은 가스를 비등점 이하의 온도로 낮춰서 액화하여 운송하는 선박이다. 암모니아의 비등점은 -33℃, LPG의 비등점은 -42℃, 에틸렌의 비등점은 -104℃이므로, 이보다 낮은 온도를 유지하려면 여러 가지 고려가 필요하다. 이러한 가스를 보관하는 탱크는 저온에 강한 니켈강을 쓰게 되며 용접을 완벽하게 해야 하고, 큰 냉동기와 보온 설비도 필요하다.

LPG선은 석유가스를 액화하는 방법에 따라 저온식 LPG선과 가압식 LPG선이 있다. 가압식은 선체에 설치된 압력용기에 상온의 가압된 액화석유가스를 수송하는 것으로 연안수송에 이용되며, 수천 톤 이하의 소형선에 이용된다. 저온식은 대기압과 거의 같은 압력에서 냉각하여 수송하는 것으로 대량 수송에 적합한 방식이다. 오늘날에는 6만 톤 정도의 수송능력을 가진 저온식 LPG선이 많이 취항하고 있으며, 점차 대형화해가고 있다.

LNG운반선

LNG운반선은 천연으로 생산되는 비석유계 천연가스를 액화한 것을 운반하는 선박이다. LNG는 메탄 성분이 90% 이상을 차지하며, 메탄은 비등점이 -162℃이기 때문에 냉각하여 액화한 메탄을 운반한다. 액화가스를 배 안에 설비된 초 超저온 탱크 안에 저장해야 하므로, 탱크 주위를 두꺼운 방열재로 쌓아주어야 한다. 따라서 LNG선은 건조하기가 까다로운 선박 중의 하나이다.

(좌) 국내 최초의 모스형 LNG 운반선 현대 유토피아호
(우) 국내 최초의 멤브레인형 LNG운반선 한진 평택호

LNG선은 액화가스를 저장하는 화물창의 종류에 따라 모스 Moss 형식과 멤브레인 Membrane 형식이 있다. 모스 형식은 직경 40m가량의 둥근 공 모양 탱크를 두꺼운 알루미늄으로 별도로 만들어 화물창 위치에 설치하는 형태이다. 멤브레인 형식은 별도의 탱크를 만드는 것이 아니고, 화물창 벽에 보온재를 설치한 후 그 보온 표면에 특수한 금속판을 붙이는 것이다. 다음 그림은 모스 형식과 멤브레인 형식의 LNG운반선을 비교하고 있다.

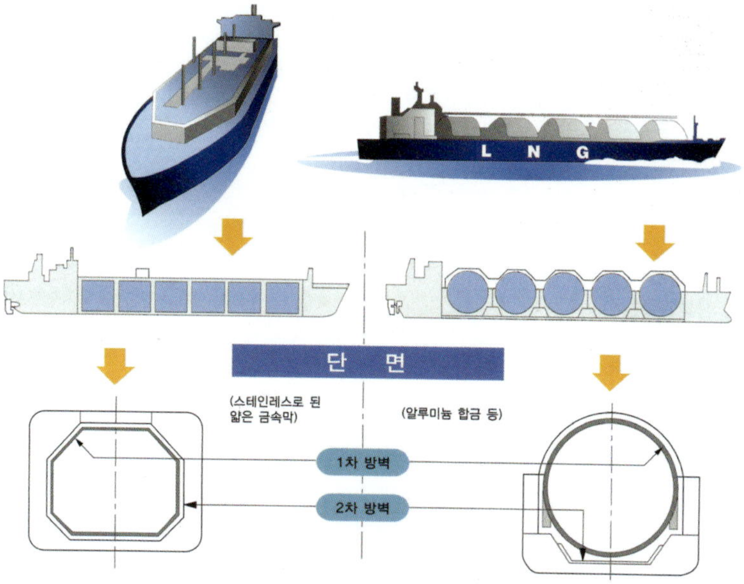

멤브레인 형식과 모스 형식의 LNG운반선 비교

탱크를 알루미늄 등 특수 소재로 만드는 이유는, 극저온 상태에서는 일반 금속의 취성 Enbrittlement ; 깨어지는 성질이 크게 증가하므로 이를 피하기 위해서이다. 탱크가 선체와 연결되는 지지대나 배관에도 큰 온도차로 인한 수축과 팽창이 우려되므로 이로 인한 균열과 파손도 충분히 고려해야 한다.

산적화물선

산적화물선은 화물을 포장하지 않은 채 그대로 싣고 수송하는 화물선이다. 기름을 싣는 선박을 산적액체화물선이라고도 하지만 이는 일반적으로 유조선이라 부르고, 산적화물선이라 하면 대부분 곡물과 광석 등을 싣는 건화물선(벌크선)만을 가리킨다. 보통 선박에서는 하층의 화물이 짓눌리지 않게 중갑판으로 사이를 막지만 벌크화물선은 칸막이가 없고 땅딸막한 형태를 한 것이 특징이며, 선박의 가격도 싸다. 또한 원료 운반이 주요 임무이기 때문에 수송비를 낮추기 위해 경제속력으로 항행하며, 선체가 점차 대형화하고 있다.

대부분의 산적화물선은 곡물, 광석 또는 석탄 등의 화물을 함께 취급한다. 예를 들어 곡물의 경우 수확시기에 따라 화물의 종류와 화물량이 변동하므로 전용선을 가질 수 없다. 따라서 한 종류의 특정 화물에 한하지 않고 다양한 산적화물의 물동량에 맞추어 운송한다. 화물의 특성에 따라 싣고 내리는 장치 등을 특별히 설치해야 한다. 그러나 광석의 경우 비중이 크므로 화물의 중심이 낮아져서 동요 주기가 짧기 때문에 선박의 형상과 강도 면에서 특수한 구조로 건조하는 경우가 있어 전용선을 두기도 한다.

대형 광석운반선 베르게 스탈호 (재화중량 360,000톤)

© 현대중공업

한편, 공선항해의 비율을 낮추기 위해 편도는 원유, 나머지 편도는 광석을 운반하는 광석/원유겸용선 Ore/Oil carrier 등의 겸용선도 있다. 예를 들면 쿠웨이트에서 유럽으로 석유를 운반하고, 선박을 아프리카로 회항시켜 철광석을 싣고 한국으로 운반하는 경우와 같은 것이다. 철광석, 석탄, 곡물 등의 산적화물과 원유를 실을 수 있는 다목적 겸용선으로 광석/산적/원유겸용선 Ore/Bulk/Oil carrier, OBO선, 자동차와 각종 산적화물을 함께 실을 수 있는 자동차/산적겸용선 Car/Bulk carrier도 출현하였다.

컨테이너선

컨테이너선은 주어진 선박의 갑판 아래와 갑판 위에 컨테이너를 적재하여 수송하는 선박이다. 대규모 화물운송이 가능한 수송방식으로 1957년 미국의 시랜드 Sea land 사가 처음으로 도입하였는데, 해상수송의 혁명이라고까지 불린다. 하역시간을 단축하고 하역비용을 절감하기 위하여 잡화 또는 소포를 넣은 규격용기, 즉 컨테이너를 수송할 수 있게 한 선박이다. 컨테이너선의 종류로는 컨테이너를 전문으로 수송하는 특수한 구조의 전용 컨테이너선과 선창의 일부를 컨테이너 전용으로 만든 세미 컨테이너선 두 종류가 있다. 컨테이너를 싣는 방법에 따라 적재한 차량이 선박의 측면 또는 선미에 설치한 현문을 통해서 선내로 들어가 짐을 부리는 롤온 롤오프 Roll-on roll-off 방식의 선박, 컨테이너를 선박 또는 안벽에 장치한 기중기로 들어서 선박에 싣는 리프트온 리프트오프 Lift-on lift-off 방식의 선박으로 나뉜다.

© HMM

컨테이너선 (24,000TEU) 알헤시라스호

롤온 롤오프 방식의 선박에서는 최상갑판을 포함한 전선창이 다층갑판으로 이루어져 트레일러나 컨테이너를 실을 수 있는 공간으로 이용된다. 컨테이너는 트레일러나 포크 리프트에 의해 육상과 해상을 연결하는 램프를 통하여 수평으로 하역된다. 이 선박의 결점은 재래 정기선보다 많은 공간을 필요로 한다는 것이다. 그러나 근거리 운송에서는 하역시간 단축이나 하역비 절감으로 상쇄할 수 있어 오래전부터 많이 사용하는 방식이다.

리프트온 리프트오프 방식의 선박에는 컨테이너가 전후좌우로 움직이지 못하도록 컨테이너의 네 귀퉁이에 수직으로 레일을 장치해 컨테이너가 그 안에 격납되도록 설계한다. 또한 갑판 위에도 컨테이너를 적재할 수 있게 만들어진다. 이러한 구조의 선박에는 자체 크레인이 없으므로 육상의 크레인으로 적재하고 하역한다.

컨테이너선의 크기는 TEU로 단위를 나타내는데, TEU란 길이 20피트짜리 컨테이너를 몇 개 싣느냐 하는 것이다. 간혹 FEU Forty-foot Equivalent Unit라는 표현도 쓰는데, 이는 길이 40피트짜리 컨테이너 박스를 말한다.

● 여객선

여객선은 정기항로 여객선과 일반 관광선이 있다. 여객의 안전과 분위기 조성을 위하여 여러 가지 설비를 갖추고 있으며, 만일에 대비하여 구명설비도 완비되어 있다. 특히 여객용 장소를 흘수선보다 위에 두기 때문에 상부구조가 매우 크다. 여객선의 설계 및 건조에는 높은 수준의 조선 기술이 요구된다. 일반적으로 여객만 수송하는 객선, 여객과 화물을 함께 수송하는 화객선, 여객과 객차를 함께 수송하는 카페리가 있다.

여객선

주로 여객을 태워 나르는 선박으로, 사람 외에 부수적으로 소량의 특수 화물과 우편물을 적재하는 설비를 갖추고 있다.

여객선은 정기여객선과 관광여객선으로 나뉜다. 정기여객선은 항상 같은 구간을 정해진 시간표에 따라 운항하는 선박이고, 관광여객선은 세계 또는 어느 지역의 관광 수역을 두루 돌며 운항하는 선박이다. 제2차 세계대전 전까지는 해외 도항의 수단이 선박이었기 때문에 고속 정기여객선이 취항하는 정기항로망이 발달했지만, 항공산업이 발달한 오늘날에는 정기여객선 운항이 쇠퇴하였다.

여객선은 선내 서비스를 포함한 거주성과 외관에 특색이 있다. 여객의 안전과 신속한 운송에 중점을 두므로 여객설비 외에 이중 수밀격벽 구조와 방화설비, 화재

바다 위의 특급호텔 여객선 프로메테우스호

경보장치 및 소화설비 등 선체의 안전과 인명 안전을 위하여 높은 기준의 선체 구조와 설비가 필요하다. 거주성의 특색으로는 각종 쾌적한 객실을 갖추고, 흔들림을 막는 장치를 갖추는 것도 일반화 되어 있다. 또한 선박 안에서의 생활을 즐겁게 하기 위해 각종 오락 프로그램과 일류 요리사의 다채로운 메뉴 등도 마련된다. 외관에도 많은 신경을 써서, 비교적 고급스럽고 맵시 있는 형태를 취하고 있다.

우리나라의 정기여객선은 육지와 인근 섬을 연결하는 소형 여객선이 대부분이다. 예전에는 선체가 조악하고 설비도 빈약한 것이 많아서 승객 사고가 자주 일어났지만, 최근에는 안전하고 쾌적한 객선이 많다. 소형 여객선에는 선박 밑에 날개를 붙여서 배가 앞으로 나아갈 때 날개가 받는 양력으로 선박을 띄워 나아가게 하는

(좌) 수중익선의 구조와 작동 원리
(우) 공기부양선의 구조와 작동 원리

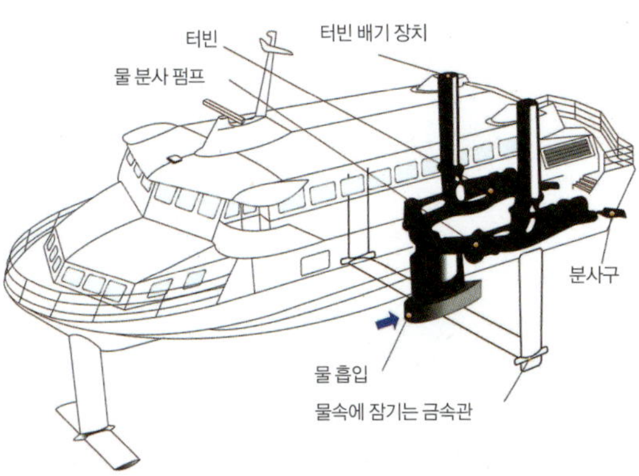

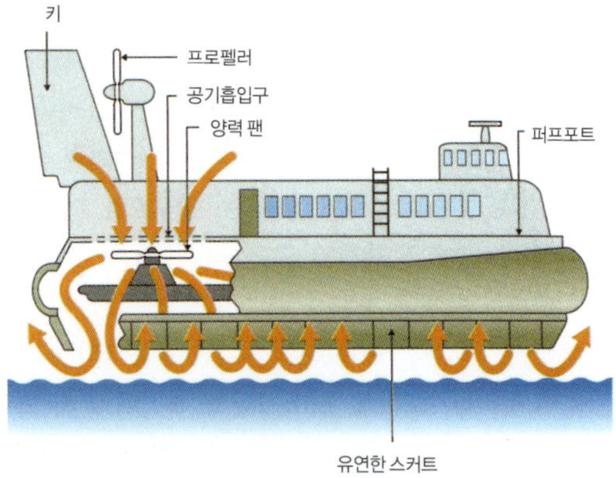

수중익선 Hydrofoil ship, 선박 아래쪽 전체를 유연한 고무 덮개인 스커트로 빙 둘러 감싸고 그 안에 공기를 채워 선박을 띄운 후 전진하는 공기부양선 ACV, Air cushion vehicle, 공기를 채워서 띄우되 앞뒤에만 스커트가 있고 양쪽 옆에는 단단한 판을 댄 표면효과선 SES, Surface effect ship 등이 많이 적용된다.

화객선

여객과 화물을 동시에 운반하는 선박이다. 수면 부분 이하의 선창에는 화물을 적재하고, 그 이상의 중갑판 및 상갑판의 선루에는 여객용 설비를 갖추어 여객이 탑승할 수 있다. 여객설비는 대체로 대형 전용여객선에 견주어 호화스러움보다는 편안함을 위주로 하며, 여객용 공간의 전후도 화물창으로 되어 있는 것이 보통이다. 화객선이라고 해도 화물 수송이 운항의 주목적이며, 세계의 각 해역을 항해하는 정기선으로 취항하고 있다. 객선 및 화객선은 항구에서 우선적으로 부두를 사용할 수 있기 때문에 통행이 많은 항로에는 화객선을 중심으로 정기항로를 유지하기도 한다.

카페리선

여객과 자동차를 함께 싣고 운항하는 선박이다. 선박과 육지를 잇는 램프를 설비하고, 차량갑판이 있으며, 운전자가 직접 자동차를 선박에 싣고 내리게 되어 있다. 자동차 교통의 발달과 함께 보급되기 시작하여, 미국과 유럽에서는 해협 · 만구 · 하천 등의 도선에 일찍부터 도입되었다. 장거리 트럭 수송과 연계하여, 선박이 지니는 대량 수송성 및 저렴성에 자동차가 지니는 신속성과 기동성을 조화시킨 수송 형태로 발전하고 있다. 현재 우리나라에서도 부산-제주 간에 카페리가 운항하고 있다.

제주-완도 운항 카페리선 실버클라우드호

© KRISO

● 군함

군함은 크게 수상함과 잠수함으로 나눌 수 있다. 잠수함도 그렇지만 특히 수상함은 다양한 임무에 적합하도록 무기와 장비, 인원, 연료 등을 탑재해야 하기 때문에 크기가 다르게 건조된다. 수상함에서 소형함은 항구 또는 기지에 대기하면서 항만 방어, 기습공격 등 짧은 기간 동안 제한된 작전을 수행하기 위해 만들어진 함정으로, 연안 경비함과 고속정 등을 들 수 있다. 중형함은 선단 호위, 해역 및 연안초계 등 연안 작전과 제한된 대양작전을 수행하기 위해 내해성과 항속성을 고려하여 만들어진 함정으로 호위함과 초계함 등을 들 수 있다. 대형함은 복합적인 작전능력과 함께 지휘통제 능력을 보유하고 대양에서 장기간 작전이 가능토록 내해성과 항속성, 복합전 수행 능력을 고려하여 만들어진 함정으로, 구축함 · 순양함 · 항공모함 등을 들 수 있다.

항공모함(Aircraft carrier)

항공모함은 외국 주둔기지 없이 세계 전역에서 독자적인 전력을 확보하기 위한 군함으로, 전쟁 억제와 분쟁 시 공격 거점으로서의 역할을 수행하는 군함이다.

항공모함을 최초로 개발한 국가는 영국이다. 영국은 1917년 22,700톤의 전함 Furious함 갑판을 개조하여 시험비행에 성공하였고, 이후 상선을 개조한 세계 최초의 전통 갑판형 항공모함 Argus함을 건조하였다. 영국의 항공모함 개발 성공을 관심 있게 지켜보던 미국도 곧바로 항공모함을 건조하였으며, 일본도 1921년에 7,470톤의 경항공모함을 취역시켰다.

© Pixabay_Militray-Material

미국의 니미츠급 항공모함

항공모함은 제2차 세계대전을 전후하여 다양하게 개발되었는데 대체로 2만 톤 안팎의 배수량에 20~30대의 항공기를 탑재하였다. 당시에는 프로펠러 항공기용 항공모함이었지만 오늘날에는 제트기까지 운용하고 있으며, 추진방식도 증기 추진에서 디젤 추진 및 원자력 추진으로 발달했다. 그 크기도 헬기와 수직 이착륙기기만을 탑재하는 2만 톤 이하의 경항공모함부터 90대 이상의 한 개 비행단을 탑재하는 니미츠 Nimitz 급 대형 항공모함까지 다양하다.

최근에는 비행갑판 및 격납고를 대형화함으로써 이착륙 시 상호 간섭을 최소화하고, 상부구조물의 형상을 작게 하는 등 스텔스 기술을 적용하고 있다. 스텔스란 상대방의 레이다를 피하기 위해 전투기나 군함의 형상을 특별히 만들고 표면을 특수한 소재로 바르는 것이다.

순양함(Cruiser)

순양함이라는 이름은 독자적인 전투능력과 충분한 군수품을 적재하여 대서양을 왕복 항해하면서 작전할 수 있는 순양능력을 갖춘 데서 기인하였다. 순양함은 1만 톤 이상의 대형 전투함이다. 러시아의 키로프 Kirov 급 순양함은 28,000톤으로 웬만한 경항공모함보다 더 크다.

러시아 순양함은 수상전투 임무나 대잠전 혹은 두 가지 임무를 수행하기 위한 전투함으로 구상되었지만, 미국 순양함은 항모 전투단이나 호송선단 보호 임무를 수행하는 것이 주요 고려 대상이었다. 현재 미국의 순양함은 대규모 항공 위협에

미국의 타이콘데로가급 순양함

© Pixabay_Coantal Sandpiper

대응하기 위하여 이지스 Aegis 전투체계와 대량의 대공 미사일을 탑재하며, 고속을 낼 수 있도록 핵추진 체계를 갖추고 있다.

구축함(Destroyer)

구축함은 대잠전, 대공방어, 항공모함 및 선단 호위, 해상교통로 보호, 대잠초계, 해상구조 등 다양한 임무를 수행하기 위한 군함이다.

구축함이라는 이름은 'Torpedo boat destroyer'라는 어뢰정 구축함으로부터 시작되었는데, 1892년 당시 영국의 구축함은 어뢰정의 공격으로부터 대형함인 전함이나 순양함을 보호하는 것이 매우 중요한 임무였다. 제1차 세계대전을 거치면서 구축함은 4.7인치 함포와 5인치 함포를 탑재하고 34~36노트의 고속을 낼 수 있게 되었으며, 배수량은 1,800톤급에서 3,000톤급까지 대형화하였다. 오늘날의 구축함은 대잠 · 대공 · 대함전 전투능력을 고르게 갖춘 중 · 소형 전투함으로, 배수량은 3,000톤에서 10,000톤이다.

우리나라는 KDX-I이라 불리는 배수량 3,000톤의 광개토대왕급 구축함을 보유하고 있는데, 이는 대공전 · 대잠전 · 대함전 등 입체적 임무를 수행할 수 있는 명실상부한 다목적 구축함이다. 대공방어를 위해 최신형 미사일을 장착하고 있으며, 대잠무기로는 함정에 장착된 소나로 잠수함을 탐지하여 공격하는 어뢰를 보유하고 있다. 주포로는 127mm 함포가 선수에 장착되어 있는데, 대함 및 대공 목표에 분당 45발을 발사할 수 있으며 최대 사정거리는 약 23km이다. 또한 헬기도 실을 수 있다.

© 대한민국 해군

우리나라 최초의 이지스함 세종대왕함

2002년 5월에는 4,000톤급 구축함 KDX-II의 1번함인 이순신함을 진수했다. KDX-I에 비해 월등한 무장으로 대함전, 대공전, 대잠전 등 입체적 작전 수행 능력은 물론 전투전단 대공방어 능력까지 갖췄다. 이순신함은 기본적으로 전투체계가 자동화해 있고, 지휘통제 장비와 사격통제 장비, 무장 및 탐지 장비 등이 모든 자료를 상호 공유, 실시간 처리할 수 있게 되어 있다.

2007년 5월에는 7,600톤급 KDX-III의 선도함인 세종대왕함을 진수했다. 이 함정을 건조함으로써 한국은 세계에서 5번째 이지스함 보유국이 되었다. 이지스함은 강력한 레이다로 적의 항공기나 미사일을 수백 km 떨어진 곳에서도 탐지하여 최대 100km 이상 떨어진 곳에서 요격할 수 있는 능력을 갖추었다. 이지스 시스템은 목표를 탐색하는 것부터 파괴하는 것까지 전 과정을 하나의 시스템에 포함시킨 최신 종합무기 시스템이다. 이 시스템에서는 3차원 위상배열 레이더 Phased-array radar를 이용하여 동시에 최고 200개의 목표를 탐지 · 추적할 수 있고, 그중 24개의 목표를 동시에 공격할 수 있다. 또한 미사일 발사대를 갑판 하부에 수직으로 설치함으로써 미사일을 언제나 발사대기 상태로 유지할 수 있기 때문에 표적에 대한 대응이 빠른 특성이 있다.

호위함(Frigate)

호위함은 주로 대잠전에 운용되지만, 대함전이나 대공전 또는 상륙부대나 해상 보급부대의 선단 호송임무도 수행한다.

우리나라 최초의 호위함 울산함

호위함이라는 이름을 가장 최초로 사용한 국가는 프랑스였다. 이 함은 소형으로 속력이 빠르고 경무장을 하므로 하나의 갑판에 모든 무장을 탑재하게 되었다. 경무장을 하기 때문에 대양에서 최전선 전투임무를 수행하기보다는 최전방 해상전을 수행하는 대형함의 작전을 지원하는 정보수집이나 관측함의 역할이 주 임무였다. 이제는 잠수함 킬러, 대공전, 레이다 전초, 항공기 유도 등의 임무를 맡는 가장 보편화한 전투함으로 배수량 2,000~4,000톤이 주류를 이룬다. 특히 오늘날의 호위함은 한 가지 주요 임무를 수행하는 데 적합하도록 특별히 설계되기도 한다.

우리나라의 울산급 호위함은 1978년 기본설계가 완료되었고, 1981년에 취역하였다. 당시에는 대형 함정 설계 경험이 없어 몇 번의 시행착오 끝에 설계와 건조를 모두 우리 기술로 완성했는데, 이는 독자적인 함정 건조 역사에 큰 디딤돌이 되었다. 선체는 철제이고 상부구조물은 알루미늄으로 되어 있다. 1990년 초반까지는 최강 전투함의 지위를 가졌으나 2010년대 이후 노후화로 인해 퇴역이 단계적으로 진행되고 있다.

초계함(Corvette)

초계함은 호위함보다 열세한 대잠전 및 대함전 능력을 갖추고 연근해의 해상경계 임무 수행을 목적으로 하는 배수량 1,000톤 내외의 군함이다.

함포와 함대함 미사일을 주 무장으로 하며, 특수한 경우 함대공 미사일이나 76mm 중구경포와 기타 소구경 함포 및 여타 임무용 무장을 탑재한다. 어뢰발사관을 보유하는 등 배수량에 비해 강력한 무장을 탑재하는 형도 있으며, 헬기를 탑재하는

© 대한민국 해군

우리나라 포항급 초계함 목포함

중무장형도 등장하고 있다.

초계함은 대체로 연안 경비 및 초계임무를 수행하며 해상 상태가 비교적 평온한 상태에서만 작전할 수 있다. 미국은 이런 유형을 거의 운용하지 않으며, 중소형 해군국 및 방어적 해양전략을 채택하는 대륙국가에서 운용하는 함형이다. 우리나라는 1984년 동해급 초계함을 처음 건조한 후 총 24척이 건조되었다. 초계함은 2009년 6월 30일 포항함을 시작으로 전역 또는 퇴역하고 있으며, 차기 호위함으로 대체되고 있다.

고속정(Patrol boat)

고속정은 연안 방어 및 항만 방어용으로 연안 정찰 등을 위해 운용되는 소형 함정이다. 현재 세계에 취역 중인 고속정은 수천 척에 이르며, 해군력을 갖추기 시작하는 신흥 해군국의 실질적인 주력함이다. 고속정은 유도탄정 외에도 대잠정 · 초계정 · 함포정 · 어뢰정 등 다양한 유형이 있으며, 속력을 내기 위해 선형은 활주형 · 배수량형 · 수중익선 · 표면효과선 SES · 해면효과익선 WIG 등 여러 형태로 개발되고 있다.

연 · 근해용으로 200~250톤, 연안용으로 500톤 정도이지만 구소련에서는 중무장을 탑재한 700톤 이상의 초계함급 고속정도 개발되었다. 고속정은 속도가 우선이며, 보편적인 최고속도는 30~40노트이지만 50노트 이상도 있다. 대잠 탐지 및 공격무기 체계 탑재로 대함, 대공 방어능력을 보강한 신형함을 개발해가고 있는 추세이다.

고속정은 우리나라 연안 방어 전력의 핵심으로 1978년부터 건조되었으며, 주임무는 적 함정에 대한 요격과 항만 방어, 대간첩 작전 및 연안해전이다.

우리나라의 중형 고속정

© 대한민국 해군

상륙함(Amphibious ship)

상륙함은 상륙부대의 병력과 장비를 수송하고 상륙작전을 시작하는 군함이다. 본격적인 상륙전은 제2차 세계대전을 통하여 발전했다고 할 수 있다. 상륙작전은 적이 장악한 지역에 부대를 투입하는 것이므로 사전에 상륙지역에 대한 공중 및 지역 해상 그리고 인근 육상에 대한 충분한 방어 및 방어계획이 확보되어야 한다. 따라서 다양한 인원과 장비를 수송할 수 있는 상륙함이 만들어져야 하는데, 상륙정을 목적지까지 운반하여 인근 해안에서 부대나 중장비를 양륙시키거나 함 자체를 해안에 접안하도록 고안된 LST Landing Ship Tank형 상륙함, 고속 상륙정을 함 내에 탑재하여 발진시키는 도크형 상륙함, 헬기에 의한 입체 양륙을 목적으로 하는 돌격 상륙함, 복잡한 상륙전을 일사불란하게 지휘할 수 있도록 설계된 상륙 지휘함 등이 있다.

© 대한민국 해군

우리나라의 다목적 상륙함 마라도함

기뢰함(Mine warfare ship)

기뢰함은 기뢰부설함과 소해함으로 구분된다. 기뢰는 폭발장치에 따라 음향, 자기, 접촉 및 복합기뢰 등으로 구분되며, 이러한 기뢰를 부설하는 함정을 기뢰부설함, 부설된 기뢰를 탐색하고 소해하는 함정을 기뢰 탐색함 또는 소해함이라 부른다.

기뢰함은 기뢰의 개발과정과 함께 발달해왔다. 기뢰가 처음 사용된 것은 1776년 미국의 독립전쟁 때이며, 제1차 세계대전 이후 기뢰전이 대규모화하여 통상적인 파괴전에 이용되었다. 기뢰함은 기뢰 발전에 대응하기 위하여 각종 부설, 소해, 탐색장비를 탑재 운용하며, 필요 시 원해작전도 가능하도록 대형함을 개발하고 있는 추세이다.

우리나라의 소해함

© 대한민국 해군

우리나라의 기뢰함으로는 배수량 321톤의 남양급, 450톤의 강경급, 730톤의 양양급, 3,000톤의 남포급, 3,300톤의 원산급이 있다.

군수지원함(Auxiliary ship)

해상에서 장기간 작전하는 전투함을 지원하려면 다양한 지원함이 필요하다. 유류, 탄약, 청수, 기타 군수물자를 지원하는 함정과 사고 함정을 구조하고 수리하는 함정, 해양 및 적의 정보를 수집하는 함정, 기타 특수임무를 수행하는 함정 등 매우 다양한 지원함이 필요하다.

우리나라는 2,920톤 평택급 견인함, 3,150톤 청해진급 구조/수리함, 7,900톤 천지급 군수지원함, 10,000톤 소양급 지원함 등을 보유하고 있다. 청해진급 구조/수리함은

우리나라의 천지급 군수지원함

© 대한민국 해군

잠수함 도입과 함께 1992년에 건조한 것으로, 잠수함의 비상시 구조 및 정비 보급 임무를 지원하는 다용도 구난함이다. 특히 1999년 3월에는 150m 수심에 침몰된 북한 반잠수정을 찾아내어 인양에 성공하는 등 뛰어난 성능을 과시한 바 있다. 탑재장비로는 잠수함 구조정을 바다에 옮기기 위한 대형 크레인과 잠수정을 조종하기 위한 11,800마력의 견인력을 갖춘 엔진이 있으며, 해난구조용 잠수정을 갖고 있다. 여기에는 3명의 구조요원이 탑승하며, 잠수함 승조원을 한 번에 9명까지 구조할 수 있다.

잠수함(Submarine)

잠수함은 적의 잠수함을 탐색하여 공격하고, 기동전투전대 외곽에 배치하여 적의 수상함을 정찰하고 공격하며, 전략 핵무기를 탑재하여 중요한 전략 임무를 수행하기도 한다.

잠수함은 수면 아래 숨음으로써 자신의 위치를 노출하지 않는다는 것이 가장 큰 장점인 장비로, 제1, 2차 세계대전에서 군수품을 수송하는 상선을 공격대상으로 해상교통로 파괴, 전쟁 수행능력 거부 등의 작전을 통해 유효한 해군 전력으로 자리를 굳혔다. 제2차 세계대전 후 스노클 Snorkel 기술의 발달, 핵추진 기술 발달은 잠수함의 수중 작전시간을 증가시켜 새로운 가치를 인식시켰다. 특히 핵추진 체계는 수상 기동부대와 동일한 속력으로 기동케 하였고, 무제한 잠수 능력을 갖추어 진정한 수중무기 체계로 발전시켰다. 일반 재래식 잠수함의 수중 최고속력은 20~25노트이지만, 원자력 잠수함은 30~40노트까지 속력을 낼 수 있다.

© 대한민국 해군

우리나라의 209급 1번함 장보고함

앞으로 다양한 무장과 고성능 센서 그리고 각종 전자장비 탑재 요구로 대형화하고, 수중속도를 고속화하며, 저소음 장비의 개발로 은밀화하며, 통합 전투시스템 구성 등을 통해 자동화하는 추세로 발전하고 있다. 또한 재래식 잠수함에서 잠수시간을 늘리기 위해 공기 없이 전기를 만드는 AIP Air Independent Propulsion 시스템이 개발되고 있다. 이는 연료전지를 이용해 전기를 생산하는 것인데, 연료전지란 수소 Hydrogen와 산소를 갖고 다니다가 필요 시 결합시킴으로써 물을 만들고 동시에 전기를 생산하는 장치이다. 이렇게 생산된 전기를 배터리에 충전하면, 잠수함은 상당 기간 디젤엔진을 돌리지 않아도 계속 잠항할 수 있다. 디젤엔진만 갖춘 잠수함은 3~4일에 한 번씩 부상 浮上해야 하지만, AIP를 단 잠수함은 보름에 한 번만 부상해도 된다.

우리나라 해군은 1970년대 후반부터 잠수함 확보를 추진해왔다. SS-I 잠수함은 1,200톤급으로 1호함 장보고함을 독일에서 건조하여 국내로 도입한 이후, 2호함 이천함부터 국내에서 건조하여 총 9척을 운용 중이다. SS-II 잠수함은 1,800톤급으로 AIP 시스템을 탑재하고 있으며, 1번함 손원일함 등 9척을 운용 중이다. SS-III 잠수함은 3,000톤급으로 국내에서 독자 설계하였으며, 도산 안창호함을 선도함으로 하여 2024년까지 3척을 건조할 계획이다.

● 어선

어선의 종류는 포획 대상물에 따라 분류하거나 어업 방법에 따라 분류할 수 있다. 그러나 대상물이 무엇이냐에 따라 어장이 미리 결정되고 그에 따라 어선의 크기와

청산도 어선들의 모습

규모 등이 정해지므로 대상물과 어업 방법을 결합시켜 고등어 건착망 어선, 멸치 권현망 어선, 조기 안강망 어선, 명태 트롤어선, 남태평양 다랑어주낙어선 등과 같이 분류하기도 한다. 한편 용도에 따라 독항선, 공모선, 망선으로 구분하기도 한다. 일반적으로 어선은 상선에 비하면 소형이면서도 외양에 장기 체류하면서 어로작업을 능률적으로 수행해야 하므로 내항성이 좋아야 한다. 크기나 모양은 수행하는 어업의 종류에 맞추어 설계된다.

독항선(獨航船)

선단 조업을 하는 경우 어로를 직접 담당하는 선박 중 단독 항해가 가능한 선박이다. 어선이 대형화하지 않았던 시기에는 냉동가공시설을 갖추지 못했기 때문에 이를 갖춘 모선에 따라 어로선이 선단을 조직하여 조업을 해야 했다. 그러나 오늘날에는 대부분의 어선이 대형화하여 냉동가공시설을 갖추고 있어서 독자적으로 조업하는 경우가 많다.

공모선(工母船)

여러 척의 어선이 커다란 공선을 중심으로 조업하면서, 어획물을 공선에서 처리하고 가공하는 경우가 있다. 이때의 공선을 모선 Mother ship, 어로에 종사하는 선박을 어로선 Catcher boat이라 하며, 이들 전체를 어선단이라 한다. 어획물의 종류에 따라 고래 공선, 게공선, 피시밀 공선과 송어 · 연어 공선 등이 있다. 모선은 어획물을 제조하고 가공하며, 이들 제품을 저장하는 창고로도 이용된다. 공선은 보통 수천 톤급의 선박으로 많은 작업자를 태운다.

망선(網船)

그물을 끄는 선박을 말한다. 보통 본선이라고 하며, 그물을 끌어 올리는 양망기와 윈치 등을 갖추고 있다. 고기 떼를 빠른 속도로 그물로 둘러싼 다음 다시 그물을 끌어 올려야 하므로 대개 속력이 빠른 선박을 이용한다. 고등어, 전갱이를 잡는 건착망 어업의 선박은 100톤, 300~400마력의 그물배이며, 고기 떼를 찾는 어탐선, 운반선, 소형 전마선 등과 함께 조업한다.

참치선망선은 크기가 800~1,300톤 정도이며 그물을 사용해 통조림용 참치를 어획한다. 대부분의 참치선망선은 어군 魚群 탐지용 헬기를 탑재하고 있으며 인공위성을 통해 육상과 교신할 수 있는 통신장비 등 최신 첨단설비를 갖추고 있다. 참치선망선은 주로 남서태평양에서 조업한다. 헬리콥터는 본선을 중심으로 30마일 주변 어장을 선회하며 어군을 탐지, 발견하는 즉시 이를 무선으로 본선에 알린다. 그러면

본선이 어군이 있는 곳으로 접근하여 탑재되어 있는 소형보조선을 투하한다. 다음으로 본선이 2.5km쯤 되는 대형 그물을 풀어 내려 참치 떼를 포위한 후 모선에서 그물을 조인다. 어획한 고기는 컨베이어벨트로 어창으로 옮겨 초저온에서 급속 냉동한다.

● 특수작업선

특수작업선에는 해상의 각종 작업에 종사하는 예인선 · 준설선 · 소방선 · 해난구조선 · 쇄빙선 · 쇄암선 · 설표선 · 케이블선 · 기중기선 · 해양조사선 등의 작업선 作業船, 각종 특수물자를 나르는 차량운반선 · 급수선 · 급유선 · 오물선 · 거룻배 · 흙운반선 등의 운반선 運搬船 그리고 해상 순찰업무에 종사하는 순시선 巡視船 · 경비선 · 등대순시선 · 세관감시선 등의 단속선 團束船, 선박과 육지와의 사이의 연락을 중계하는 통선 通船 외에 파일럿선 · 검역선 · 진료선 · 항해연습선 · 탐험선 등이 있다.

쇄빙선(Icebreaker)

쇄빙선은 얼음으로 덮여 있는 결빙 해역에서 수역의 얼음을 부수어 항로를 만들기 위해 사용되는 배이다.수역에 따라 내해형과 대양형으로 나누거나, 선형에 따라 미국형과 유럽형으로 나누기도 한다. 대양형은 대형으로, 러시아의 원자력 쇄빙선은 16,000톤의 초대형이기도 하다. 미국형은 선수에도 추진기가 있어서 빙면 하부의 물을 배제하여 쇄빙을 용이하게 한다. 유럽형은 빙면상에 올려서 쇄빙하는 것

세계 최초 쇄빙유조선 바실리 딘코프호

© 삼성중공업

과 선수를 빙면에 충돌시켜 쇄빙하는 두 양식이 있는데, 추진기는 선미에만 있다.

쇄빙선은 결빙수에서 활동하므로 얼음에 봉쇄되어도 이탈이 가능하고 선체가 손상되지 않도록 둥근 형의 특수 선형을 이루며, 외판은 평활하고 용골도 붙어 있지 않다. 선체 구조도 쇄빙 시, 유빙수면 항해 시에는 선체에 걸리는 큰 외력에 견디도록 수면선 부근의 외판을 두껍게 하고 늑골 간격을 협소하게 하여 튼튼하게 하는 등 특수한 설계로 되어 있다. 쇄빙 시와 결빙 이탈 시를 위해 선체를 전후로 경사지게 할 수 있도록 강력한 펌프와 물탱크를 갖추고 있다.

예인선(Tug boat)

다른 선박 또는 바지선을 끌거나 밀고 가는 선박을 말한다. 운항수면에 따라 대양용, 연안용, 항내용, 하천용으로 나눈다. 가장 많은 것은 항내용인데, 대형선의 착안 着岸 · 이안 離岸 등에 사용되며, 일반적으로 100~300톤급이다.

대양용 大洋用에는 1,000톤 짜리도 있고, 하천용에는 대개 20톤 정도가 많다. 선박의 형태는 폭이 넓은 둔중한 것이 많은데, 복원성이 좋고 건현은 일반적으로 낮다. 톤수에비해서 강력한 기관을 가지며, 기관의 사용을 신속히 할 수 있고 조타성능이 좋은 것도 특징이다.

선박을 끌고 가는 예인선

© KRISO

항구 내에서 대형선을 접안시키고 있는 예인선

© Unsplash_@William on

준설선(Dredger)

준설선은 강, 항만, 항로 등의 바닥에 있는 흙, 모래, 자갈, 돌 등을 파내는 시설을 장착한 선박을 말한다. 일반적으로 강 · 운하 · 항만 · 항로의 깊이를 더 깊게 하기 위한 준설 작업, 물 밑의 흙 · 모래 · 광물 등을 채취하는 작업, 수중 구조물 축조의 기초 공사, 해저 폐기물을 끌어 올려 제거하는 작업 등에 사용된다. 준설선에는 다음과 같이 여러 종류가 있다.

디퍼 준설선 Dipper dredger은 동력으로 작동되는 강력한 삽을 가지고 물 밑바닥을 파서 올리는 것으로, 바닥의 토질이 까다로운 바위가 아니면 어떤 것이라도 준설할 수 있는 특징이 있다.

그래브 준설선 Grab dredger은 그래브 버킷을 줄에 매달아 그래브를 벌린 채 물 밑바닥에 떨어뜨려 흙, 모래, 자갈 등을 퍼서 들어 올리는 것이다. 깊이에 제한을 받지 않으며, 바닥이 흙이나 모래일 때 사용한다.

래더 준설선 Ladder dredger은 상향식 에스컬레이터처럼 사다리를 물 밑까지 내리고 체인으로 연결된 많은 버킷들이 사다리 주위를 무한궤도로 돌게 하는 것이다. 빈 버킷이 사다리의 뒷면을 타고 내려와 바닥의 흙, 모래 등을 긁어 담아서 사다리의 앞면을 타고 올라간 후 최정점을 지나 내려오는 순간 이들을 활강로에 쏟으면 끌어 올린 진흙, 모래, 자갈 등이 자연히 선창으로 미끄러져 들어가 모이게 된다.

준설선

© Pixabay_paulbr75

하이드롤릭 준설선 Hydraulic dredger은 흡입식 준설선이라고도 한다. 원심력 펌프로 물 밑바닥의 진흙, 모래, 자갈 등을 물과 같이 퍼 올려 수면상에 설치한 파이프를 통해 폐기 장소로 보낸다.

버킷 준설선 Bucket dredger은 해저의 흙, 모래, 자갈 등을 퍼 올리는 준설 작업에 사용하는 선박을 말한다. 둥근 그릇 모양의 버킷(1개의 용량이 약 0.5m^3)을 70개 정도 연결시켜 원형으로 만든 것을 선체에서 해저를 향해 비스듬히 매달고 원동기로 돌려 해저의 토사를 퍼 올리는 구조이다. 비교적 딱딱한 지반의 준설에 사용한다.

해양조사선(Ocean research vessel)

해양을 관측, 조사하는 선박이다. 최근 들어 해양조사선의 기능이 매우 다양해지고 보유 장비가 현대화함에 따라 탐사기술에도 엄청난 변화가 일어났다. 해양조사선은 일반 항로를 벗어날 뿐만 아니라 해역이나 계절과 관계없이 항해를 계속해야 하므로, 기후나 파도에 잘 견딜 수 있게 설계되어야 하며 선박의 항속거리도 일반선박보다 길어야 한다.

관측선, 탐사선, 연구선 등으로 다양하게 불리는 해양조사선은 목적별로 기상 관측선, 수로측정선, 지질조사선, 어업조사선, 쇄빙선(극지관측선)으로 나뉘기도 한다. 종합해양조사선은 해양물리 · 화학 · 생물 · 지질 · 환경 등 각 연구 분야 별로, 또는 동시에 각 분야의 해양조사를 할 수 있도록 설계 · 건조된 조사선으로, 전문적인

© KIOST

우리나라 최대의 해양과학조사선 이사부호 (5,900톤급, 길이 99.8m)

해양조사선의 기능을 고루 갖추고 있다. 우리나라의 경우 한국해양과학기술원의 종합해양조사선 온누리호(1,422톤)와 이어도호(546톤)가 지난 1992년 초 취항함으로써 주변 연안해역은 물론 심해까지도 해양조사가 가능해져 해양 조사능력이 크게 향상되었다. 온누리호는 해양조사에 사용되는 거의 모든 종류의 최첨단 장비를 갖추고 있으며, 현재 우리나라 태평양 심해저 망간 탐사와 남극 연구에 이용되고 있다. 2016년에는 5,900톤급 해양과학조사선 이사부호가 취항하여, 각종 첨단장비와 우수한 항해능력을 갖추고 해양조사는 물론 태평양과 인도양까지 진출하여 해양자원 개발 지원 및 기후변화 연구를 수행하고 있다.

요트 (Yacht)

요트는 항해, 경주, 유람 등을 위해 특별히 설계하여 만든 가볍고 작은 범선 帆船 또는 동력선 動力船이다. 요트는 갑판이 없는 작은 선박을 비롯해 호화로운 대형 범선 등 크기와 규모가 다양하다. 선박 안에 호화로운 시설을 갖추고 즐기기도 한다.

요트라는 말은 14세기경 네덜란드에서 해적선을 나포하기 위해 이용했던 추적선 Yaght가 영어로 관용어가 되어 Yacht가 되었다고 한다. 영국에서 요트라는 말이 사용된 것은 1660년 네덜란드에 망명해 있던 영국 왕자 찰스가 왕정 복고 후 귀국하여 찰스 2세로 즉위했을 때, 네덜란드인에게 선물로 받은 100톤급 야하트메리호가 들어와 요트라 불리면서부터이다.

19세기부터 요트는 영국과 미국이 중심이 되어 각각 다른 환경과 조건 속에서 특색 있는 발달을 거듭하였다. 즉 영국의 요트는 불리한 기상과 해상조건 때문에 내항성을 중시하여 흘수가 깊고 육중한 선형에 두터운 마직 麻織 돛을 사용하여, 파도가 센 해양에서의 순항에 적합한 커터 Cutter 양식이 발달하였다. 미국에서는 속력 위주로 수선장이 길고 흘수가 얕으며 예리한 선수와 편평하고 넓은 선미 선형에 얇고 가벼운 면직 綿織의 돛을 사용하여, 평수에서 경쾌한 성능과 속력을 최대한으로 발휘할 수 있는 슬루프 Sloop와 스쿠너 Schooner 양식이 발달하였다.

요트는 추진방식에 따라 돛으로 항주하는 세일 요트, 기관에 의해 항주하는 모터 요트, 보조기관을 가지고 돛으로 항주하는 보조기관 요트로 구분할 수 있다. 사용목적에 따라서는 크루저 Cruiser 요트, 딩기 Dinghy 요트, 레이서 Racer 요트 등으로 나눌 수 있다. 크루저 요트는 숙박 및 휴식이 가능한 선실을 갖춘 요트로 대양을 항해할 수 있으며, 크루저 요트로 치러지는 국제경기도 있다. 딩기 요트는 선실이 없이 1~3인 정도가 강이나 연안에서 타고 즐기는 소형 요트로, 보통 레저 스포츠용으로 보급되고 있다. 레이서 요트는 아메리칸컵 같은 각종 레이스에 맞춰 특별히 제작한 요트이다.

© Unsplash_@Lazarescu Alexandra

© Pixabay_mackinacdesign

(위) 딩기급 요트, (아래) 레이스 요트

FPSO

FPSO Floating Production Storage Off-loading는 부유식 원유생산 저장설비로, 해상에서 원유채굴을 비롯해 저장과 하역 등이 가능하고 이동이 자유로워 소규모 심해유전 개발에 적합한 특수선이다. 흔히 선박 형태로 건조하는 것이 일반적이지만, 경우에 따라서는 해양 플랜트로 분류되기도 한다.

고유가 시대에는 세계 각국의 석유 생산업체들은 원유가격의 추가 상승을 전제로 석유탐사 개발 프로젝트에 상당한 투자를 한다. 이럴 때에 해상유전 개발의 경제성과 편리한 이동으로 인해 기존의 고정식 석유시추선과는 다른 새로운 형태의 FPSO가 등장하곤 하였다. FPSO의 기능은 그 이름이 나타내는 바와 같다.

- Floating : 부유식 탱커 선박으로 자유로운 이동 가능
- Production : 유전의 시험탐사 및 생산 가능
- Storage : 석유 저장 가능
- Off-loading : 셔틀탱커나 기존의 유조선에 하역 가능

FPSO의 전체적인 모습은 일반 초대형 유조선과 비슷하게 생겼다. 다만 상부에는 원유 정제, 가스 압축, 원유 하역, 해수 주입, 자체 발전에 필요한 설비들이 설치되어 원유 채굴부터 정제, 저장, 하역이 자체적으로 이루어진다.

초대형(200만 배럴) 부유식 원유생산저장설비(FPSO) 우산(USAN)

© 현대중공업

작업 중인 FPSO 개념 도해

선박의 설계

선박 설계는 선주의 요구 조건을 충족하면서 최소의 비용으로 최고의 성능을 갖추도록 선박의 구체적인 최적화 형상을 결정해가는 과정이다.

이진태 (주)울산랩 연구소장

선박은 선주의 요구 조건에 맞추어 개별적인 주문에 따라 설계 · 건조되는 제품으로, 동일한 선박이 대량으로 생산되는 경우는 거의 없다. 즉 자동차처럼 동일한 제품이 대량으로 생산되지 않는다. 화물선의 경우 선주는 선박이 운송할 화물의 종류와 양, 선박의 크기, 기항할 항만과 항로를 고려하여 주문 조건을 제시하고, 조선업체는 이러한 주문 조건을 충족할 수 있는 선박 사양 Spec을 제시하여 선주와 협상을 통하여 설계를 진행한다. 설계 과정 중 안전성 확보 및 환경보호를 위해 관련 법규 및 선급 규정의 만족 여부를 검토하며, 선급의 승인을 받아서 진행한다.

선박 설계는 선주의 요구 조건을 충족하면서 최소의 비용으로 선박의 구체적인 형상을 결정해가는 과정이다. 즉 선주의 요구 조건을 충족하는 범위 내에서, 가능한 한 경하중량이 가볍고 주기관 마력이 적게 소요되며 건조비가 최소로 들어갈 수 있도록 대상 선박의 주요 요목과 구체적 형상을 결정하는 과정이다. 주요 요목으로 길이 Length, 폭 Breadth, 흘수 Draft, 깊이 Depth, 건현 Freeboard, 방형계수 C_b, Block coefficient, 주형계수 C_p, Prismatic coefficient, 종방향 부심위치 LCB, Longitudinal Center of Buoyancy 등이 있다. 이러한 주요 요목은 선박의 주요 성능인 저항추진성능, 조종 성능, 운동 · 내항 성능 등 유체성능과 선체 강도 및 일반 배치 등 여러 변수를 고려하여 결정하게 된다.

선주의 요구사항과 선박 운항 조건을 충족하기 위한 선박의 주요 요목과 구체적 형상을 결정하려면, 개념설계와 초기설계를 수행한 후 계약을 체결하고, 계속하여 기본설계, 상세설계, 생산설계, 건조 및 시운전 과정을 거쳐 선박을 완성해서 선주에게 인도한다.

이러한 선박 설계는 통상적으로 개략적인 설계단계에서 구체적이고 정밀한 설계단계로 나아가며, 나선형 Spiral의 설계 과정을 거쳐서 점차적으로 구체적 형상이 결정

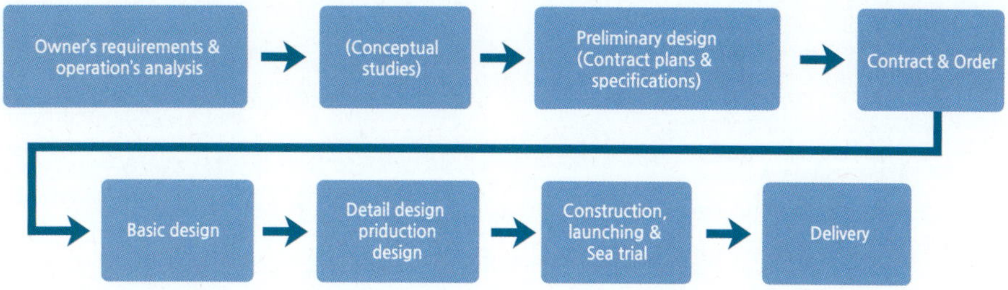

선박 설계 및 건조의 대략적 과정

된다. 나선형 주위에는 배의 속력, 길이, 폭 등과 같은 기본 요목과 선도, 일반배치도 등과 같은 기본도면이 나열되어 있으며, 일반적으로 여러 번의 설계 수정을 통하여 최종 설계안이 구체적으로 결정되면서 경제성 및 선주의 요구 조건 만족 여부에 대한 평가가 수행된다. 만족할 만한 결과가 나오면 설계가 완료되며, 불만족 시에는 다시 나선형 설계 과정이 반복되면서 각 항목을 수정해가며 다음 단계의 설계가 진행된다. 이러한 선박의 설계는 진행 순서에 따라 개념설계 Conceptual design, 초기설계 Preliminary design, 기본설계 Basic design, 상세설계 Detail design, 생산설계 Construction design 등으로 구분되는데, 개념설계와 초기설계를 구분하지 않고 통합하여 개념설계로 분류하기도 한다.

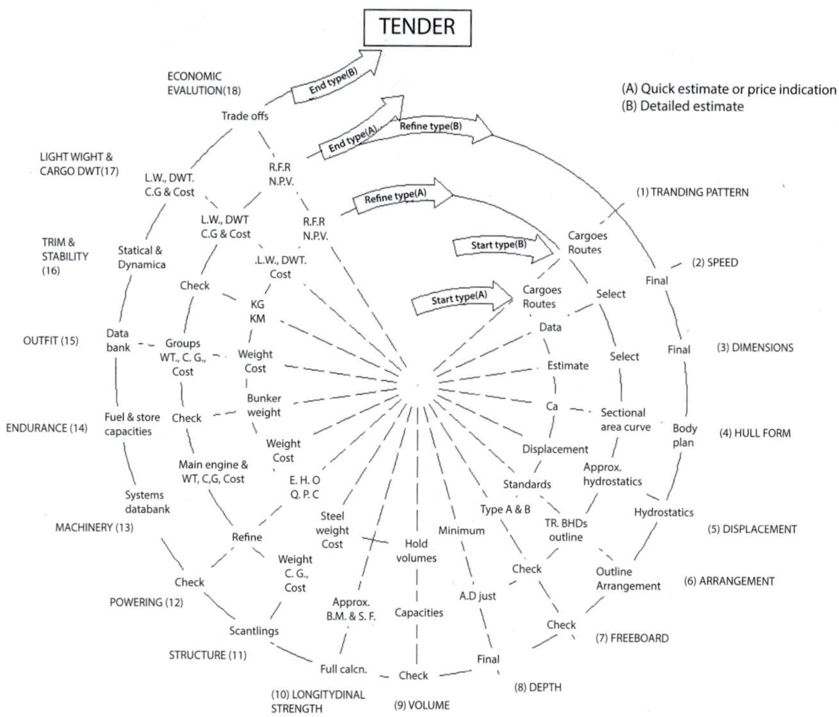

© I.L. Buxton

나선형 설계 과정

개념설계에서는 선주의 요구사항을 충족할 수 있을 가능성 혹은 타당성 있는 선박을 개념적으로 검토한다. 즉 화물의 종류, 적재능력, 선박 크기, 선속, 선체 구조 강도 등을 만족시키는 최적 선박의 개념을 도출한다. 초기설계에서는 개념설계에서 제시된 선박의 제반 성능을 과거에 건조된 선박의 실적, 계산 등을 바탕으로 선박의 기본 성능과 주요 기자재의 사양을 결정한다. 개념설계와 초기설계를 통하여 선박의 주요 치수가 선정되고, 선박 배수량 및 경하 중량 추정, 선체 마력 추정 및 주기관 선정, 프로펠러 초기설계, 초기 선도 작성, 화물창 용적 추정, 건현 계산, 복원성 평가, 개략 일반배치도 작성 등이 수행된다.

기본설계에서는 개념설계 및 초기설계에서 결정된 기본성능을 만족시키는 선박의 구체적 형상이 결정되는데, 선박의 주요 성능은 기본설계 단계에서 대부분 결정된다. 선박의 주요 성능을 해석, 확인하기 위하여 다양한 성능해석 전산 프로그램을 활용한다. 선박의 저항추진성능해석 프로그램, 프로펠러 설계 · 성능해석 프로그램, 선체 운동해석 프로그램, 선박 조종 성능해석 프로그램, 선체 구조해석 프로그램, 선체 진동해석 프로그램 등 다양한 성능해석 전산 프로그램을 CAE Computer Aided Engineering 시스템으로 통합하여 활용한다. 전산 프로그램에 의한 성능해석 계산결과를 검증하기 위하여 모형시험을 수행하기도 한다.

이러한 과정을 거쳐서 다음과 같은 기본도면을 작성하고 주요 사양을 결정한다. 일반적으로 주요 요목, 주요 기기의 제원은 선주의 요구사항을 반영하여 조선소가 결정하는데 이 과정에서 도출되는 각종 도면과 계산서, 사양서 등은 조선소가 작성하여 선주의 승인을 받게 되고, 안전성 관련 도면은 선급협회의 승인을 받는다.

- 주요 요목 결정
- 선도 Lines 작성
- 일반배치도 General arrangement 작성
- 중앙단면도 Midship section plan 작성
- 기관실 배치도 Engine room arrangement 작성
- 사양서 Specification 작성
- 주요 기기의 요목 결정

선급협회는 선박의 설계가 시작되는 시점부터 건조 완료 시까지 선박의 구조 · 설비에 대한 각종 도면 승인과 건조의 모든 과정 중에 제조검사와 완성검사를 수행한다. 또한 운항 중인 선박에 대한 정기적 검사를 통하여 해상에서의 선박의 안전을 확보하는 업무를 수행한다. 이러한 선급업무와 관련하여 선박의 안정성에 대해 검

사하고 자격을 부여하는 단체를 선급협회 Classification society라고 한다. 각국마다 대표적인 선급단체가 있는데, 우리나라는 한국선급 KR이 그 역할을 하고 있다.

상세설계에서는 조선소 현장 특성을 고려하여 선박을 효과적으로 건조하기 위한 상세한 도면을 작성한다. 생산을 위한 준비단계로, 생산현장에서 이해될 수 있는 수준으로 기본설계 결과를 각 세부 시스템(선체, 배관, 철의장, 전장 등)별로 도면에 상세히 표현하는 과정이다. 이를 토대로 생산에 필요한 원자재의 정확한 수량, 기자재의 발주사항 등이 도출된다.

생산설계에서는 작업자의 세부적인 업무수행과 조선소 보유 장비의 운전에 필요한 생산정보를 정확하게 도출한다. 이를 통하여 담당 부서 및 작업자의 업무량을 추정하고, NC 가공정보를 도출하며, 공작 순서, 방법, 부재의 연결과 치수 등을 표시한 공작도면 및 각종 선박 기자재의 부착 상세도 등이 작성된다.

위와 같이 선박 설계를 진행하는 과정에서 컴퓨터를 활용한 전산 프로그램과 전산 시스템의 활용은 필수적이다. 즉 초기설계 단계에서 주요 요목과 성능을 추정하기 위한 초기 성능추정 프로그램, 선박과 부품 형상의 도면화 및 3차원 형상 표현을 위한 CAD Computer Aided Design 시스템, 선박의 유체성능 및 구조성능 해석을 위한 CAE Computer Aided Engineering 시스템, 선박과 부품을 정밀 제작하기 위한 CAM Computer Aided Manufacturing 시스템 등을 활용하여 선박 설계와 건조를 정확하고 효과적으로 수행한다.

조선 전용 CAD 시스템 현황

시스템 명	개발사
AVEVA Marine*	AVEVA (영국)
CATIA	Dassault Systems (프랑스)
FORAN	SENER (스페인)
MATES	Mitsubishi Heavy Industries (일본)
NAPA Designer*	NAPA (핀란드)
Nupas-Cadmatic	Nupas-Cadmatic Ship Desigen Software (핀란드, 네덜란드)
ShipConstructor	ShipConstructor Software (캐나다)
Smart 3D*	Intergraph (미국)
NX	Siemens PLM Software (미국)

* 국내 조선소에서 사용하고 있는 CAD

초기 성능추정 프로그램은 기존에 건조된 유사한 선박의 주요 요목 자료와 선박 성능에 대한 데이터베이스를 구축하여 활용함으로써 초기설계 과정을 신속하고 정확하게 수행할 수 있으며, 결과적으로 설계하는 데 필요한 시간과 비용을 대폭 감축할 수 있게 지원한다. 이를 위하여 광범위한 선박 주요 요목 자료와 성능 특성을 조사, 면밀히 검토하여 정확한 데이터베이스를 구축하는 것이 중요하다. 유사 실적선이 없는 경우에도 중요 파라미터를 활용한 모델링을 통하여 주요 요목을 추정할 수 있도록 프로그램을 작성하는 경우도 있다.

선박설계 CAD 시스템은 2D 데이터를 활용하는 2D CAD 시스템과 3D 모델 데이터를 활용하는 3D CAD 시스템으로 분류할 수 있다. 현재, 국내 조선사에서 많이 활용되는 기본설계 시스템은 AVEVA Marine이다. 이 시스템은 본래 도면을 작성하기 위한 2D CAD 시스템으로 개발되었지만, 최근 3D 모델기반의 설계 시스템으로 확장되고 있다.

선박을 설계하는 과정은 크게 상류 Upstream 설계와 하류 Downstream 설계로 구분할 수 있다. 상류 설계는 선주가 요구하는 선박 사양을 비롯하여 국제협약을 포함한 각종 규정/규칙을 충족하는 성능 설계 과정으로, 보통 개념설계부터 상세설계의 일부를 포함한다고 정의할 수 있다. 하류 설계는 생산 정보를 적기에 생성하기 위한 설계 과정으로, 상세설계 후반부터 생산설계까지 포함한다고 정의할 수 있다.

국내 조선사에서는 상류 설계에는 대부분 2D CAD 시스템을 사용하여 데이터의 양을 적게 함으로써 시스템을 유연하게 운영하며, 하류 설계에는 상세한 3차원 형상 데이터를 표현할 수 있는 3D CAD 시스템을 사용하여 관련자들이 상세한 정보를 공유함으로써 설계의 정확도 및 생산의 효율성을 높이고 있다. 선박 3D 모델을 활용하면 선박 및 각종 부품의 3D 형상화 및 시각화, 구조성능 해석 FEM Finite Element Method 모델 생성, 구조 중량 및 용접장 정밀 계산, 선체 의장품의 효율적 배치 및 간섭 검토, 3D 생산설계와의 연동 등을 원활히 할 수 있는 장점이 있다.

선박 설계와 CAD의 역할

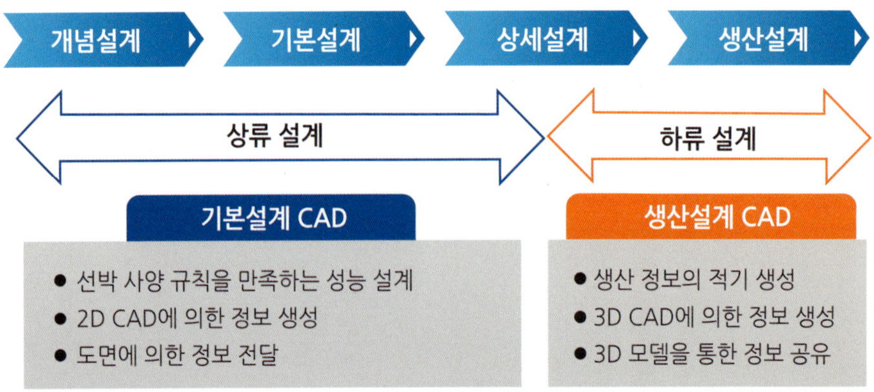

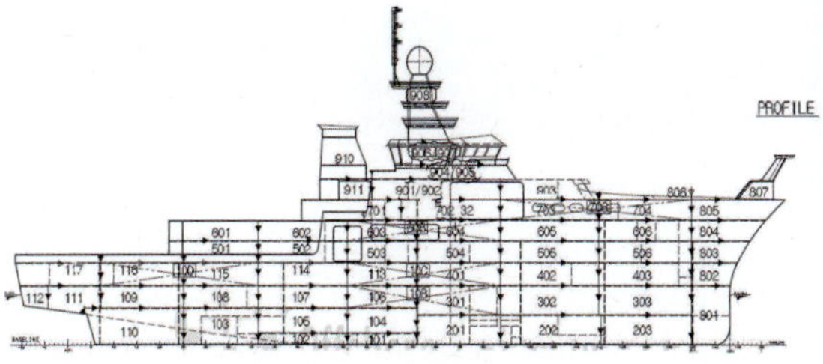

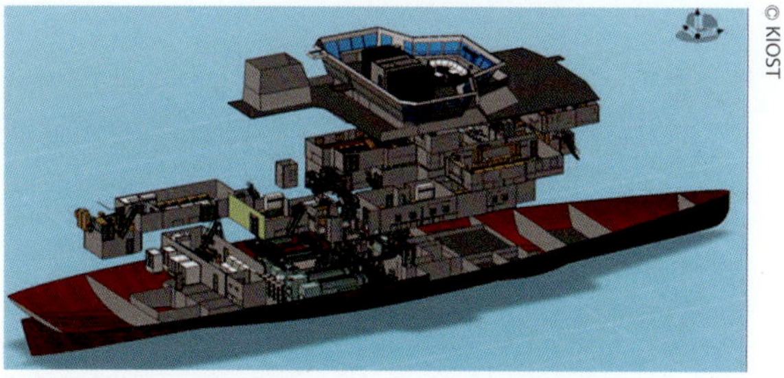

(좌) 이사부호 설계도
(우) 이사부호 입체 설계도

전통적인 선박 설계에서 CAD 시스템의 가장 중요한 역할은 2차원 도면의 작성이었다. 그러나 설계 단계에서의 효율 향상뿐 아니라 CAM 시스템과의 인터페이스를 활성화하기 위해서는 생산 및 구매를 위한 세부자료를 포함한 자료의 공유가 중요해졌다. 이를 위해 3D 데이터를 활용한 3D CAD 시스템의 필요성이 증가하고 있다. 이를 위해서는 조선 전용 3차원 CAD/CAM 시스템의 개발과 여러 설계 단계에서 생성되는 설계정보를 충돌 없이 원활하게 관리해줄 수 있는 설계정보 관리 소프트웨어 개발이 필수적이다.

정보기술의 발달과 컴퓨터 연산 능력의 획기적 발전은 선박 설계에서도 괄목할 변화를 이루어왔으며, 추후 인공지능 AI, 가상현실 VR 및 증강현실 AR, 빅데이터 Big data 기술, 디지털 트윈 Digital twin 등의 첨단 기술을 접목하여 선박 설계 및 생산에 많은 변화를 주게 될 것이다. 초기설계에서 생성된 자료가 생산설계 단계까지 활용될 수 있도록 일관된 데이터 체계를 유지하며, 생산된 데이터를 관련자들이 다양한 소프트웨어에서도 공유하기 위한 데이터 표준화가 진행 중이다.

선박 설계 및 생산 단계에서 생성된 3차원 CAD 데이터를 활용하고 선박의 운영 및 유지 · 관리에 이르기까지 라이프 사이클 Life cycle의 모든 단계에서 생성되는 데이터를 활용하여 디지털 트윈을 생성하는 기술이 활용되고 있다. 디지털 트윈을 활용하여 선박의 설계 및 건조과정을 시뮬레이션함으로써 설계 결과의 정확도를 높일 수 있으며, 건조 시 작업 순서를 결정하고 부품 간 상호 간섭을 확인할 수 있다. 또한 선박 운항 상태를 컴퓨터에서 재현함으로써 시운전 시 예상되는 문제점을 점검할 수 있으며, 선박 인도 후 운항 시 선행적 보수 관리를 수행할 수도 있다. 이러한 3차원 형상 정보 및 실제 운항 자료를 컴퓨터에 보관하고 시뮬레이션하는 작업을 디지털 변환 Digital transformation이라고 하는데, 이는 앞으로 꾸준히 발전하리라 예상된다.

선박의 건조

선박 건조는 강재를 제철소에서 조선소로 입고하면서 시작한다. 강재를 적치장에 보관하였다가 생산 순서에 따라 그룹별로 가공 공장으로 반입한 뒤, 설계된 부재로 제작하여 블록을 만들고, 블록을 조립하여 선체를 완성한 다음에 진수, 안벽에서 마무리 의장작업과 시운전, 명명식을 거쳐 선주에게 선박을 인도한다.

신종계 서울대학교 명예교수, 한국조선해양 기술자문

예측되는 고객군을 대상으로 설계하여 생산하는 일반기계, 자동차, 전자제품과 달리 선박은 장차 건조될 배의 주인인 선주의 주문에 따라 생산하는 제품이다. 조선소에서는 선주의 요구사항(선박의 종류, 크기, 항로, 속도 등)에 따라 개념설계 또는 초기설계를 하여 선주의 요구사항을 만족시키고, 납기, 가격, 지불 조건 등이 합의되면 건조계약을 체결하게 된다. 계약 후에는 기본설계와 상세설계를 수행하여 본격적으로 건조를 시작한다.

● 건조를 위한 설계 과정

선박의 설계 과정은 초기설계, 기본설계, 상세설계, 생산설계 등으로 구분할 수 있으며, 이러한 설계업무는 순차적으로 수행된다.

초기설계

선주가 제시한 요구사항, 즉 화물의 종류, 적재능력, 크기, 속도, 선체 구조강도, 예상 항로 등을 만족시키는 최적 선박의 개념을 도출하는 과정을 개념설계라고 한다. 그리고 이 개념설계에서 개발된 선박의 여러 성능을 과거에 건조된 선박의 실적, 계산, 실험 등을 통하여 입증하는 과정을 거친다. 이렇게 선박의 기본 성능과 주요 기자재의 사양을 확정하는 설계를 초기설계라 칭한다.

기본설계

초기설계가 확정되면 선박의 주요 성능은 이미 정해졌다고 할 수 있다. 이후에 이루어지는 기본설계는 선박 내 주요 기능의 일반 배치, 선체 중앙부와 선체 구조의 구체화, 주기관을 비롯한 기관실의 각종 장비 배치, 배관계통도, 전기장치의 배치, 전선계통도, 갑판장비 배치, 항해장비, 거주 설비 등을 구체적으로 정의하는 과정을 말한다. 즉 기본설계에서 선박의 주요 부분에 대한 구체적인 형상과 수치가 정해진다. 이 과정에서 도출되는 각종 도면과 계산서, 사양서 등은 선주의 승인을 받고, 안전성과 관련된 도면은 선급협회의 승인을 받게 되어 있다.

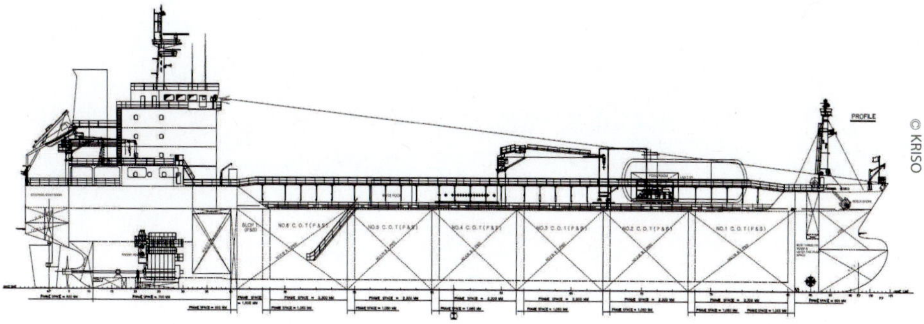

© KRISO

기본설계 단계에서 완성되는 일반 배치도 예

상세설계

기본설계가 확정되면 건조를 위한 준비단계로 들어간다. 전체 선박의 기본설계 결과는 각 구역 또는 구획별로 생산현장에서 이해할 수 있도록 도면을 만드는데, 이렇게 선박의 전 부분을 도면에 상세히 표현하는 과정을 상세설계라 한다. 상세설계가 완료되면 생산에 필요한 원자재와 기자재의 종류와 수량 등이 확정되어, 이를 바탕으로 필요한 자재를 발주하고 생산계획을 세울 수 있다.

생산설계

선박 전체에 대한 상세한 설계를 담은 상세설계 도면을 바탕으로 실제 생산작업에 필요한 도면을 작성하게 되는데, 이 과정을 생산설계라 한다. 철판을 절단하기 위한

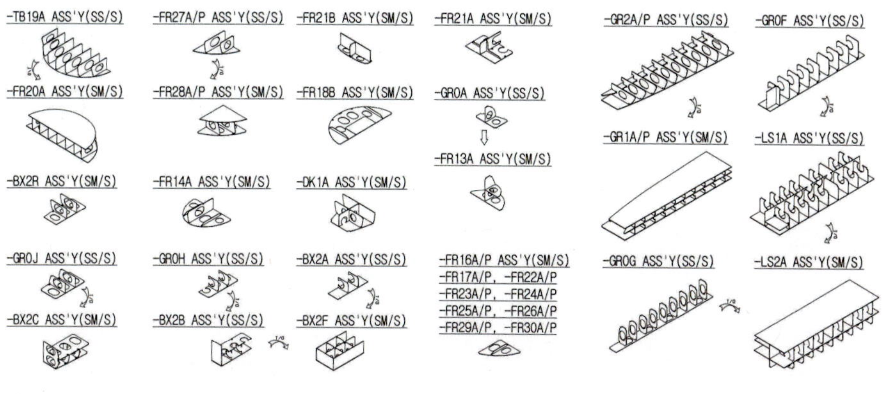

생산설계 사례 : 선체 조립도

절단도는 선체선도를 일대일 도면인 현도로 그리거나, 축척으로 그리거나, 전산 프로그램으로 처리하여 절단에 필요한 정보를 도면으로 제작하는 과정이다. 생산설계에서는 절단도 외에 조립 순서, 방법, 부재의 연결과 치수 등을 표시한 조립도, 각종 기계 장비의 부착 상세도면 등이 만들어진다.

● 블록분할과 생산계획

선박을 건조하는 과정은 크게 가공 - 조립 - 탑재 - 진수 후 안벽 의장작업, 이렇게 네 단계로 구분할 수 있다. 이 중 선박 건조를 준비하는 절차는 크게 두 가지로, 블록 분할과 생산계획이 그것이다.

블록분할과 네스팅

설계된 선박은 다수의 블록으로 나누는데, 후에 탑재공정에서 이 블록들을 합체하여 배를 만들게 된다. 블록분할은 전체 선박을 적정한 크기의 블록으로 분할하는 과정을 말한다. 블록의 크기와 형상은 조선소의 설비에 따라 정해지는데, 블록의 크기와 개수는 생산 효율에 큰 영향을 준다.

블록을 분할하면 각 블록뿐만 아니라 블록을 구성하는 판과 보강재 등이 결정된다. 선체를 구성하는 판은 평판과 곡판 Shell으로 나뉘는데, 곡판은 곡면전개기법을 통해 곡판에 상응하는 평판형상을 결정한다.

선박 블록

© KIOST

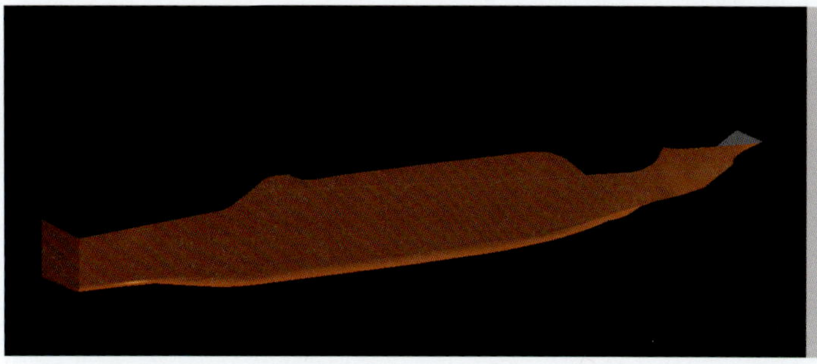

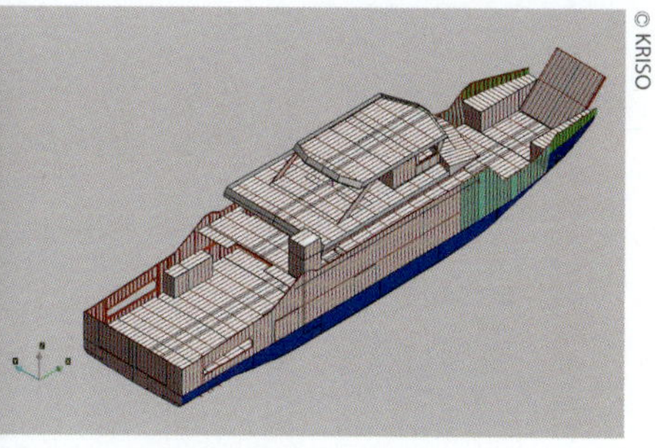

© KRISO

곡면 설계

평판과 곡면을 전개한 판들은 입고될 강재 원판에 맞추어 여러 개의 낱개 판을 큰 원판에 배치하는 작업인 네스팅 Nesting을 수행한다.

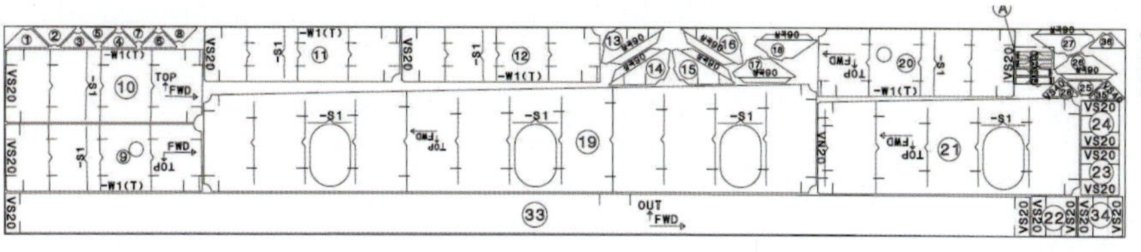

© KRISO

네스팅 도면

생산계획

조선소의 생산계획은 크게 선표, 중일정 계획, 실행 계획으로 구분된다. 선표(또는 대 大일정 계획)는 약 3년에 걸친 조선소의 장기 생산계획표로, 조선소에서 건조 일정을 선대 또는 도크 dock별로 구성한 것이다. 선박 수주가 확정되면 선표에 설계 착수, 첫 강재 절단, 탑재, 진수, 인도 등 주요 일정 key event을 표시한다. 연간 30척을 건조하는 조선소라면, 각 선박이 탑재될 도크를 중심으로 키 이벤트를 선표에

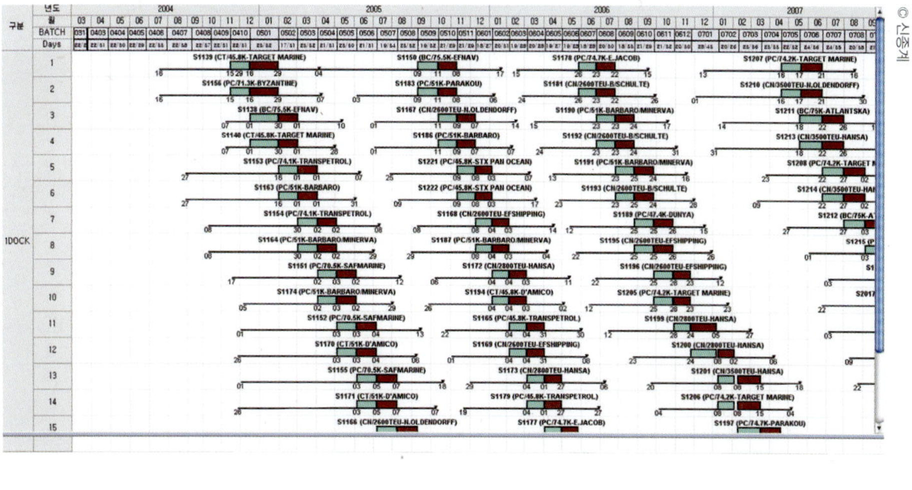

© 신종계

선표계획

나타낸다. 즉 선표는 조선소의 연간 계획이며, 선표를 보면 조선소가 추가 수주를 할 수 있는지도 알 수 있어 수주활동의 기본 자료이기도 하다.

중 中 일정 계획은 조선소 각 공정들의 작업 계획을 3개월 단위로 작성한 것으로 선박 건조의 중심이 되는 계획이다. 여기에는 주요 공정들의 작업 대상 블록, 작업 착수와 완료일을 표시한다.

실행계획(또는 소 小 일정 계획)은 1일~1주일의 단기 계획으로, 작업을 실행하기 위한 구체적인 계획을 말한다.

● 선박의 생산

선체를 구성하는 구조부재는 평면판, 곡면판, 직선형강 直線型鋼 및 곡선형강 등으로 구성된다. 이 부재들은 철강공장에서 만들어진 두께 6mm 이상의 평면 강판재와 특별한 형상의 직선 형강재를 절단하고 굽힘작업을 통하여 제작된다. 선박 건조는 우선 제철소에서 조선소로 강재를 입고하여 '강재적치장'에 보관하였다가 공사 순서에 따라 그룹별로 가공공장에 반입하고, 설계된 부재로 제작한다. 가공된 부재는 용접으로 조립하여 블록을 형성한다. 조선소의 설비에 따라 조립공장이 소조립, 중조립, 대조립으로 구성되기도 한다. 조립 공정에서 형성된 블록은 선대나 도크로 이동 및 탑재되어 선박을 완성하게 된다. 탑재 공정에서 탑재 블록의 수가 적으면 탑재 시간이 단축되므로, 많은 조선소에서는 조립블록 여러 개를 미리 조립한 선행탑재 Pre-erection 블록을 만들어 도크에서 탑재한다. 탑재 후 수밀 용접이 완료되면 배의 대부분이 완성되어 마무리 의장공사와 시운전을 위해 바다로 띄우는 진수를 하게 된다.

가공공정

구조부재를 만드는 과정인 가공공정은 전처리 작업, 절단, 곡판과 형강의 굽힘가공 작업을 포함한다.

전처리 작업이란 강재를 절단하기 전에 이루어지는 작업으로, 블라스팅작업 - 프라이머작업 - 마킹작업으로 구성된다.

블라스팅 Blasting 작업은 강재적치장에서 입고된 판과 형강의 표면에 있는 녹 또는 불순물을 제거하는 작업이다. 미세한 쇠구슬이나 블라스팅용 모래를 철판에 고압으로 분사하면 표면을 깨끗하게 처리할 수 있다. 블라스팅 작업이 완료된 판과 형강에 추가적인 녹이 발생하지 않게 특별한 페인트를 바르는데 이를 프라이머 Primer 작업이라 한다. 또한 향후 작업의 정확성과 효율성을 높이기 위하여 생산에 필요한 정보를 가공될 강재 표면에 선과 기호로 미리 표시하는 마킹 Marking 작업을 한다.

선체 각 부재들은 강판에 맞추어 네스팅 도면이 작성되어 있으며, 이 정보는 절단기로 전달되어 도면에 표시된 모양과 치수대로 부재가 절단된다. 강판 절단은 가위나 칼로 자르는 것과 달리 강판의 절단부위를 고온으로 가열하여 액체 상태로 만든 후, 고압가스로 이를 불어내어 판을 분리하는 형태이다. 고온으로 집중 가열하기 위해 절단작업에서 산소와의 혼합 가스(아세틸렌, 에틸렌, 프로판 등)나 플라즈마 Plasma 절단기를 사용한다. 플라즈마는 고온이어서 절단면이 깨끗한 장점이 있지만 적용 대상 강판의 두께에는 한계가 있어 약 30mm 이하의 판에 적용한다. 레이저를 이용한 절단기술을 실용적으로 강판에 사용하려면 기술개발이 필요하다. 강판의 두께에 따라 기계로 절단하거나 수작업으로 절단하기도 한다.

강판이나 형강을 곡면이나 곡선으로 굽히는 작업은 크게 냉간가공과 열간가공으로 구분된다. 냉간가공은 상온상태에서 기계적인 힘으로 재료에 소성변형을 일으키는 것이고, 가열 성형가공은 강재 일부를 가열한 뒤 냉각했을 때 국부적인 수축이 발생하는 성질을 이용하여 굽히는 것이다.

냉간가공 작업에는 유압을 이용한 다양한 벤딩프레스가 사용되는데, 대표적인 것이 벤딩롤러 Bending roller이다. 벤딩롤러에는 위에 1개, 아래에 2개, 총 3개의 롤러가 삼각형 형태로 배치되어 있다. 위 롤러와 아래 롤러 사이의 틈으로 강판을 넣고 윗부분의 롤러를 아래로 눌러 강판에 압력을 가하고, 롤러를 굴려 강판을 굽히고 밀어내면서 원하는 곡면이 형성될 때까지 여러 차례 반복 작업을 한다.

© KIOST

곡면가공을 위한 벤딩롤러

© 현대중공업

곡면가공 자동화 장치

벤딩롤러는 주로 선체 중앙부의 측면과 하면이 만나는 빌지 Bilge 부분의 외판과 같은 2차원 곡면판의 굽힘작업에 적합하고, 3차원 곡면판도 이 기계로 대략 굽힌 후 선상가열법 등으로 원하는 곡면이 되게 마무리 작업을 한다.

벤딩프레스는 강판을 직각으로 굽힐 때 사용하거나 완만한 곡이 심한 3차원 곡면판을 만들 때 사용한다. 상부와 하부에 다수의 유압 실린더가 배치되고 각 실린더의 깊이를 조정하여 원하는 곡면판을 찍어낼 수 있는 다점 프레스 Multi-point press 가 개발되어 일부 조선소에서 사용 중이다.

강재를 국부적으로 가열하였다가 냉각하면 그 부위가 수축하는 성질이 있다. 이 성질을 이용하여 강판을 굽힘가공하는 것이 열간가공인데, 단순곡면이 아닌 이중곡면인 경우에 사용한다. 곡면을 얻기 위해 평판에 선이나 삼각형으로 가열하기도 하므로 선상가열 Line heating 또는 삼각가열 Triangular heating이라고도 한다.

이중곡면은 먼저 냉간가공을 하고 잔여 변형만 열간으로 하는 것이 효율적이어서 많은 조선소에서는 냉간과 열간을 같이 사용한다. 열간가공의 핵심 기술은 가열선을 결정하는 것인데, 지금까지는 작업자의 경험에 의존해왔다. 그러나 최근에는 가열선을 공학적으로 계산하는 기술이 발달하여 자동화장치가 개발되었다.

선체 판에 붙은 보강재인 형강은 선체의 곡면형상에 맞추어 곡선으로 가공해야 한다. 형강재는 열간가공으로 곡형을 만들기도 하고, 프레스를 이용하여 냉간가공으로 만들기도 한다.

조립공정

가공공장에서 제작된 선체의 부재는 조립장으로 이송하여 판과 판을 조립하고, 판에 보강재를 붙이는 과정을 거쳐 작은 블록을 만든다. 작은 블록들은 서로 조립되어 생산계획에서 정해진 조립블록을 형성하며, 다시 블록을 완성하는 대조립 과정을 거치게 된다. 대조립된 블록은 경우에 따라 선행 탑재장에서 미리 더 큰 블록으로 조립되어 도크에 탑재되기도 한다. 이러한 조립공정은 판넬공정, 소조립, 중조립, 대조립으로 구분된다.

판넬공정은 선체의 중앙부에 해당하는 선저판, 선측판 등에 평판으로 구성된 선체를 만드는 공정으로 최대 크기의 평판과 평판을 조립한다. 조립된 평판에는 보강재가 조립된다. 용접하려는 부재들이 크고 단순하여 자동화 용접기가 많이 사용되며, 판이 커서 이동이나 상하반전 등을 위한 장치들이 크고 다양하다.

소조립은 내부판에 보강재나 브라켓 등 작은 부재들을 조립하는 과정으로, 다양한 형태의 부재를 용접하므로 인력에 많이 의존하고 있다. 여기서 완성된 부재는 중조립이나 대조립 과정으로 이송된다.

선체 외판재에 늑골을 붙이는 중조립은 소조립 블록을 용접하여 대조립 공정으로 보내는 과정이다. 대표적으로 곡외판 블록을 조립한다.

중조립된 블록은 다시 입체적인 블록을 형성하여 도크에서 탑재될 수 있는 정도의 크기로 조립된다. 조립공정에서 부재의 이동이나 블록의 이송에는 컨베이어, 크레인, 자주식 트랜스포터 등이 사용된다.

탑재공사

탑재작업은 선체공사의 마지막 공정으로, 조립공정에서 이송된 블록들을 선대나 도크에서 서로 연결하여 선체의 전체 형태를 구성하는 것이다. 탑재작업에서는 설계도에 제시된 선체의 형상이 완성되어야 하기 때문에 선체의 치수가 정확한지 점검해야 한다. 그리고 선체가 하나의 크고 무거운 구조물로 완성되면 수면에 떠야 하기 때문에 진수작업을 안전하고 쉽게 할 수 있도록 선대나 도크에서 조립작업을 해야 한다. 이러한 탑재공사에서는 가능한 한 많은 선행탑재 Pre-erection를 실행하고 최종적으로 선대 또는 도크에서 탑재를 마무리하는 방식이 일반적이다.

© 현대중공업

도크에서 하는 탑재작업

도크탑재에 의한 진수 작업

© KIOST

선행탑재란 대조립된 블록을 탑재하기 전에 도크 주변에서 더 큰 블록으로 조립하는 것을 말한다. 선행탑재 방식을 이용하면 도크에서 탑재할 블록의 수가 줄어들어 시간과 비용을 줄일 수 있다.

선대탑재는 경사진 해안에 배가 물에 들어갈 수 있는 선로 Rail를 설치하고, 그 위에서 수면과 일정한 기울기를 유지하면서 선체에 블록을 탑재하는 방식이다. 블록을 탑재할 때는 크레인을 사용하며, 탑재된 블록은 용접으로 견고히 접합한다. 수밀 작업이 완료되면, 선체와 선대 사이에 진수대를 설치하고 진수대에 기름 Oil을 발라 마찰계수를 낮추어 선체 스스로의 무게에 의해 경사진 진수대 위로 미끄러지게 하여 배를 진수한다. 이 방식은 종래에 많이 사용하던 방식으로, 아직도 소형 · 중형 선박의 탑재 및 진수에 채택하고 있다.

앞에 설명한 선대탑재 방식은 중소형 조선소에서 흔히 사용된다. 대형 조선소에서는 일반적으로 도크에서 선체탑재를 수행하는데, 물이 빠진 드라이 도크에 선체를 수면과 수평하게 탑재한다. 이렇게 하여 선체가 완성되면 도크에 물을 채워서 선체를 뜨게 한 다음 도크 밖으로 띄워 진수작업을 한다. 이 방식은 선체를 수평으로 탑재하므로 선체형상을 유지하기가 쉽고, 대형선박의 경우에는 진수작업에 위험요소가 거의 없다. 현대적인 조선소에서는 대부분 도크탑재 진수방식을 채택하고 있다.

의장공사

선박을 건조하는 과정에서 의장공사란 우선 운항에 필요한 주기관 및 각종 기계

장치, 전기장치들을 부착하고, 이 장치들을 하나의 시스템으로 연결하는 배관공사와 배선공사 등의 작업을 말한다. 종래에는 의장공사를 선체공사가 완료되는 시점이나 선대에 블록이 탑재된 이후에 수행하는 것이 관례였지만, 요즈음에는 선행의장 공사 방식을 많이 사용한다. 선행의장 방식이란 블록 조립작업부터 의장공사를 병행하여 블록의장을 시행하고 탑재작업이나 진수 후에도 의장공사를 시행하는 것이다. 이렇게 선대나 도크에서 또는 진수 후 수상에서 선체공사와 의장공사를 병행하여 추진함으로써 전체적인 공사기간과 의장 공사량을 줄여 종전의 방식보다 생산성을 높이고 있다.

또한 진수 후 안벽에서 마무리 의장공사를 하게 된다. 안벽 의장공사 기간이 길면 안벽 길이를 충분히 확보하여야 한다.

도장공정

도장공사는 선박 건조 진행과정에 따라 미리 정해진 계획대로 진행된다. 먼저 선체 재료를 가공하기 전에 첫 도장 Painting인 프라이머를 칠하게 된다. 그 후 블록이 완성되면 다시 블록 도장을 하고, 도크에 탑재하여 최종 용접작업이 완료된 후 진수작업 직전에 마무리 도장작업을 실시한다. 모든 도장공정에서 녹을 제거하기 위해 고압으로 녹 제거제를 살포하는 블라스팅, 구석 부분에 남아 있는 녹을 제거하기 위한 그라인딩 Grinding, 도장 후 말리는 작업을 한다. 환경오염을 줄이기 위한 친환경 도료 개발과 사용이 중요한 이슈이다.

이와 같이 현대적인 선박 건조방식은 선체공사, 의장공사, 도장공사 등 모든 공사를 최대한 병행 수행하여 건조기간을 단축하고 작업 편의성이 좋은 단계에서 수행한다. 이를 통합 선체의장도장 작업이라고 한다 IHOP, Intergrated Hull, Outfitting, and Painting. 즉 공장 내에서나 조립장, 선대, 도크에서의 작업을 앞당겨 함으로써 선박의 품질과 건조생산성을 높일 수 있는 방향으로 개선되고 있다.

시운전

선체공사를 마무리하고 의장공사를 완성하면, 선박에 설치된 각종 장비의 성능을 개별적으로 시험한다. 장비의 성능시험이 완료되면 선박 전체의 성능을 점검하고 설계할 때의 목표가 만족되는지 여부를 확인하기 위하여 선주와 선급기관의 입회하에 시험을 하게 된다. 이때 선박의 속력, 연료소비량, 조종 성능, 주기관과 추진기의 성능 등을 시험한다. 이 시험을 공식 시운전 Sea trial이라 하며, 이 시험에 합격해야만 비로소 선주에게 완성된 선박을 인도할 수 있다.

선박은 파도, 조류, 바람이 존재하는 해상을 항해할 때 설계 속력을 확보하고 계획된 설계 수명 동안 손상 없이 안전하게 운항할 수 있어야 한다. 따라서 선박의 저항, 추진, 추진기, 안정성, 내항성, 조종 성능, 구조강도 및 피로 수명 등을 예측할 필요가 있다.

선박의 이론

Ship Theory

선박의 저항과 추진 132
설계된 선박의 속력 성능은 시험수조에서 실선을 축소하여 만든 모형선을 이용한 저항·추진 실험을 통하여 확인한다.

선박의 추진기 162
추진기는 선박에 탑재된 동력장치에서 발생하는 에너지를 추진력으로 변환하는 대표적인 추진 장치이다. 동력원의 진화에 발맞추어 추진기의 설계 및 해석 기술도 비약적으로 발달하였다.

선박의 안정성 • 내항성 174
선박이 항해 중일 때 운항 안전을 위협하는 물리적인 현상들은 선박 설계 시에 고려해야 할 중요한 요소로, 안정 성능과 내항 성능으로 나누어 검토되고 반영된다.

선박의 조종 성능 188
항해사는 선박의 진로를 바꾸거나 위험한 상황을 피할 수 있어야 하는데, 건조 후 실제 해상에서 검사하여 선박의 조종 성능이 안전 기준을 충족하는지 확인한다.

선체의 구조 206
선박은 화물을 효율적으로 운송하고 필요한 장비를 운용할 수 있도록 공간을 구획하는 것 외에도 거친 해양환경 속을 안전하게 운항할 수 있는 충분한 구조강도 및 피로수명을 확보해야 한다.

선박의 저항과 추진

설계된 선박의 속력 성능은 시험수조에서 실선을 축소하여 만든 모형선을 이용한 저항 • 추진 실험을 통하여 확인한다.

김광수 선박해양플랜트연구소 책임연구원

● 선박의 저항

유체동역학에서 항력이란 물체가 "유체 내를 움직일 때 이 움직임에 저항하는 힘"으로 정의된다. 자동차, 비행기, 선박 등과 같이 공기 중이나 물속에서 움직이는 모든 물체는 그 진행을 방해하는 항력을 받으며, 그 움직임에 필요한 지속적인 에너지 공급이 없다면 그 물체는 정지하게 될 것이다. 축구경기를 하는 선수가 공을 차는 경우를 상상해보자. 만일 축구선수가 축구공을 차는 동일한 힘으로 축구공이 아닌 야구공이나 골프공을 찼다면 그 공들이 날아가는 거리는 아마 매우 다를 것이다. 또는 축구장이 아니라 물속에서 찼다면 어떻게 될까?

대양에서 항해 중인 선박

© HMM

이처럼 운동하는 물체에 작용하는 항력은 물체의 크기와 속도 그리고 움직이고 있는 공간의 물성에 따라 달라지기 때문에, 같은 물체라 하더라도 그 항력의 크기를 단순하게 비교할 수는 없다. 그러므로 항력계수라는 지수를 정의하여 움직이는 물체의 저항을 나타낸다. 항력계수는 저항에 유체의 밀도, 물체의 전방면적, 속도의 제곱, 상수 0.5를 곱한 값으로 나누어 무차원화한 상수이다.

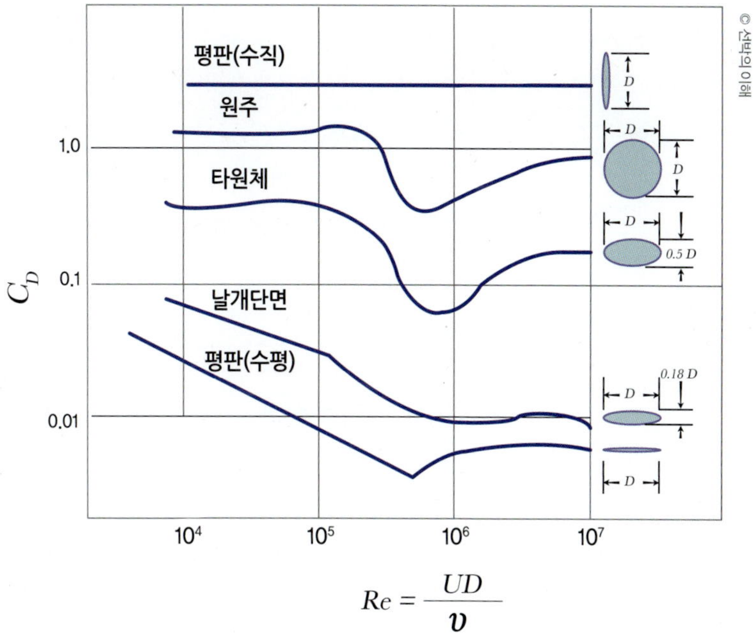

단면 형상에 따른 항력계수의 예

선박이 해수면 위를 일정한 속도로 전진할 때 선박은 진행하는 반대방향으로 항력을 받으며, 이 항력을 이길 수 있는 전진력이 제공되지 않으면 결국 선박은 정지할 것이다. 이때 선박에 작용하는 항력을 선박의 저항이라고 정의하며, 이 저항을 극복하고 일정한 속도로 운항할 수 있게 제공되는 전진력을 선박의 추진력이라 정의한다. 실제로 운항 중인 선박의 동력 공급을 중단하면 그 배는 자신 길이의 대략 50배의 거리를 지나서 정지하게 된다. 즉 그 배가 바닷물에 의해 그만큼의 저항을 받는다는 뜻이며, 계속 전진하기 위해서는 그만큼의 추진력을 공급받아야만 한다.

선박저항성분의 분류

선박의 저항은 서로 다른 요인에 의해 야기되는 매우 다양한 성분들로 구성되어 있으며, 복잡하게 상호 간섭을 일으킨다. 이 문제를 더욱 간결하게 설명하기 위해 거친 해상상태가 아닌 호수처럼 잔잔한 해상상태에서 선박의 전체저항은 통상 마찰저항, 조파저항, 와류저항, 공기저항의 4가지 성분으로 분류할 수 있다. 밀기 마찰저항은 선박이 운항하면서 물과 선체의 표면이 접촉함으로써 발생하는 저항성분을 말한다. 그동안의 연구 · 실험 결과에 따르면 새로 건조된 매끄러운 표면의 저속선인 경우에는 마찰저항이 전체저항의 80~85%에 달하며, 고속선박의 경우는 50~60%에 달하는 것으로 확인되었다.

조파저항은 선박이 진행함에 따라 수면상에 형성된 파계가 유지되도록 선박에 지속적으로 공급되어야 하는 에너지로 인한 저항을 말한다.

와류저항은 선체나 선체부가물의 형상이 유선형으로 되어 있지 않거나 흐름을 거스르지 않게 놓이지 못했을 때, 또는 선체의 형상이 급격히 변하는 경우, 물이 선체 표면을 따라 흐르지 못하게 되어 형성되는 소용돌이 같은 유동에 의한 저항을 말한다. 와류저항은 물체의 형상에 따라 변화하며, 같은 물체라도 흐름에 대한 자세에 따라 바뀌므로 '형상저항'이라고도 한다.

공기저항은 수면 상부에 노출된 주 선체와 선루가 공기 중에서 움직임으로써 발생하는 저항을 말한다.

이러한 저항성분 중 조파저항과 와류저항을 합하여 잉여 저항 Residuary resistance이라고 한다. 여기서 잠시 물 속에서의 저항만 고려하면 선박의 전체저항은 마찰저항과 잉여저항의 합으로 생각할 수 있을 것이다. 이와 같이 선박의 전체저항은 주요 구성 성분들의 단순 합으로 설명하는 것이 가장 손쉬운 방법일 것이다. 선박의 저항성분을 분류하는 대표적인 방법 몇 가지를 그림으로 나타내면 다음과 같다.

선박저항의 여러 가지 분류 방법

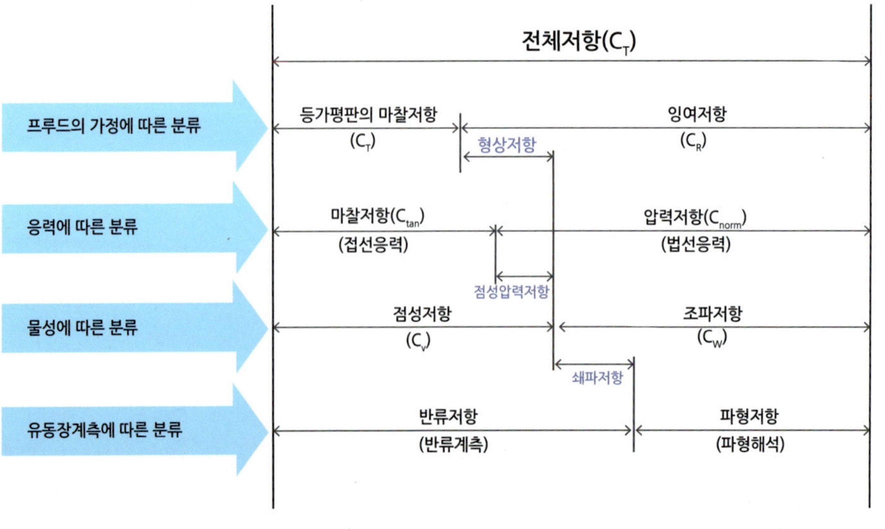

앞서 말했듯이, 윌리엄 프루드의 가정에 따르면, 선박이 정수 중에서 일정한 속도로 항해할 때 물로 받는 저항을 마찰저항과 잉여 저항의 합으로 나타낼 수 있다. 이때 마찰저항은 선체의 표면이 물과 닿는 면(침수표면 Wetted surface)과 길이와 표면적이 같은 평판(등가평판)의 마찰저항으로 단순화하였다. 또한 외부의 힘을 받아 물체의 표면에 발생하는 단위면적당 힘을 응력이라고 하는데, 물체에 작용하는 응력의 방향에 따라 접선방향의 응력을 마찰저항, 법선방향의 응력을 압력저항으로 표시하고 그 합을 전체저항으로 나타내기도 한다.

물이 가진 점성을 기준으로 선박의 저항성분은 수면에서 전진하는 선박이 일으키는 파도에 공급되는 동력에 해당하는 조파저항과 물의 점성 때문에 생기는 점성저항으로도 구분할 수 있다. 선박 주변의 유동장을 계측하여 선박의 저항을 나타낼 수도 있는데, 파형저항과 반류저항의 합으로 선박의 전체저항을 구할 수 있다. 파형저항은 선체로부터 제법 떨어진 곳에서 파형을 계측하여 구한 에너지에 해당하는 저항성분이다. 물처럼 점성이 있는 유체가 물체를 지나 흐르면 물체 앞쪽의 유체와 뒤쪽의 유체는 운동량에 차이가 생기며, 그 차이는 물체가 받는 저항에 상응한다. 이때 물체 뒤쪽의 운동량은 앞쪽보다 적으며, 이와 같은 운동량의 감소를 운동량 결손이라고 한다. 운동량 결손량은 반류장을 계측하여 얻을 수 있으며, 이 저항성분을 반류저항이라고 한다.

그 밖에도 선박이 받는 저항성분에는 선체에 부착된 부가물에 의한 부가물저항, 선박이 직선 항로를 유지하기 위하여 조타할 때 발생하는 조타저항, 고속선의

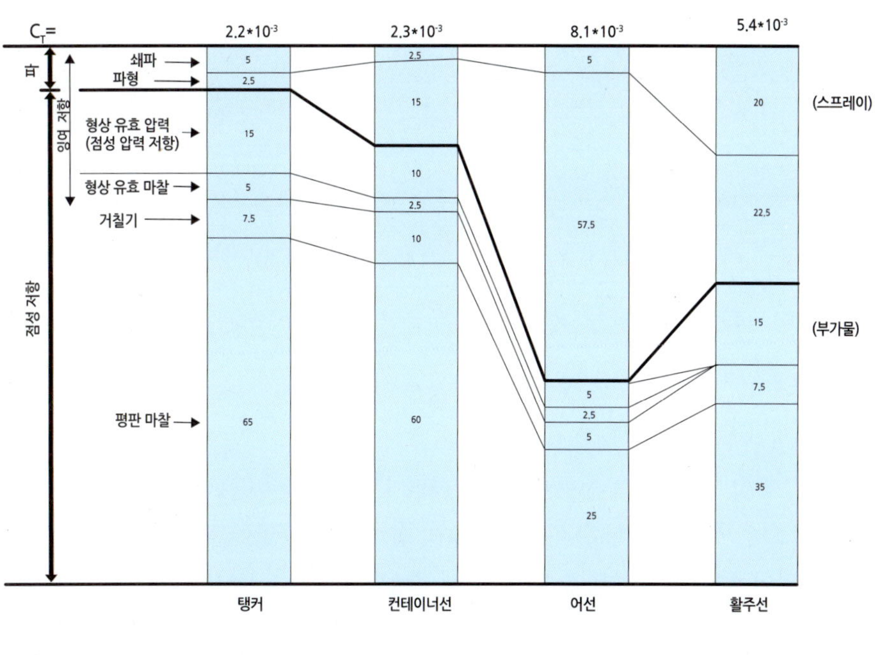

선종별 저항성분의 상대적 크기 비교

© Principles of Naval Architecture[SNAME]: Ship Resistance and Flow, 2010

선수부나 수중익선의 선체와 수중익을 연결하는 스트럿 Strut 등과 자유수면이 만나는 곳에서 발생하는 물보라 Spray 현상에 의한 물보라저항, 실제로 선박이 대양에서 항해할 때 파랑과 선체운동 등에 의한 부가저항 Added resistance 등이 있다.

일반적으로 선박저항의 대부분은 마찰저항과 조파저항 성분이 차지한다. 대형선박이며 선속이 느릴수록 전체저항에서 마찰저항 성분이 차지하는 비율이 커지며, 소형선박이고 선속이 빠를수록 조파저항 성분의 비중이 커진다. 선종에 따라 주요 저항성분들의 상대적 크기는 달라질 수 있다.

선박저항계수

선박의 저항은 앞서 항력에서 설명한 바와 마찬가지로, 그 선박의 형상과 치수 그리고 운항속도에 따라 달라진다. 그러므로 서로 다른 두 선박의 저항의 크기를 직접 비교하는 것은 무의미하기 때문에 항력계수와 유사한 저항계수를 정의하여 비교하게 된다. 항력계수의 경우에는 앞서 설명하였듯이 물체의 전방면적을 사용하지만 선박저항의 경우에는 선체가 물에 접하고 있는 면적, 즉 침수표면적을 사용한다. 일반적으로 선박의 전저항계수는 전저항에 해수의 밀도, 침수표면적, 속도 제곱의 곱에다 상수 0.5를 곱한 값을 나누어 무차원화하여 정의한다. 선박의 전저항은 마찰저항과 잉여 저항의 합으로 정의되므로 전저항계수 역시 마찰저항계수와 잉여저항계수로 나누어 생각할 수 있다.

특정한 선박 설계조건에 따라 저항성분들의 중요도가 달라지므로, 숙련된 조선기술자일수록 다른 설계조건들을 충족하면서 소모동력이 최소가 되도록 선체형상과 형상치수비를 결정할 때 성분별 중요도를 고려하게 된다.

설계된 선박의 추진 성능은 시험수조에서 작은 모형선을 이용한 저항 · 추진 실험을 통하여 파악한다. 선박의 저항과 관련하여 얻어진 수많은 자료들은 실험을 통하여 얻어졌으며, 사실상 여러 가지 저항성분에 관한 연구 는 실험의 도움 없이는 불가능할 것이다.

● 선형시험수조와 저항시험

19세기 이전의 선박저항 추진 기술

17세기까지만 하더라도 선형설계는 과학적 기술이 거의 없는 하나의 미적 예술로 간주되었으며, 선박의 저항은 이러한 예술의 한 단면으로 받아들여졌다. 18세기부터 뉴턴, 오일러, 다니엘 베르누이 등이 평판, 곡면판, 쐐기, 피라미드 등 단순한 형태의 물체에 대한 저항을 이론적 · 실험적으로 연구하였다. 1755년경 프랑스에서는 달랑베르 Jean-Baptiste d'Alembert, 1717~1783, 콩도르세 Nicolas de Condorcet, 1743~1794, 보슈 Charles Bossut, 1730~1814 등이 여러 가지 모형선에 대한 저항 비교실험을 하였다. 그 결과 선박의 저항은 대개 속도의 제곱에 비례하여 증가하며, 고속에서는 그 비율이 더 커지는 현상을 발견하였다.

이렇게 프랑스에서 시작된 선형 연구는 19세기에 접어들면서 유럽 각국으로 퍼져 나가고 모형시험 결과를 실제 선박에 적용하고자 하였다. 그러나 대부분의 결과가 실제와는 다르게 나타나곤 하였다. 그때까지 두 가지 제한조건이 모형시험 결과에 불신을 불러왔는데, 하나는 모형선이 실제 선박보다 상대적으로 큰 파도를 일으킨다는 점이고, 다른 하나는 모형선에서 물의 점성이 실제 선박에서와는 다르게 작용한다는 점이었다.

비교법칙의 발표

영국의 윌리엄 프루드는 영국 남부지방 토키에 중력식 모형선 실험수조를 지어 모형시험을 시작하였다. 그는 1867년에 두 가지 선형, 세 가지 축척비의 모형선 예인시험을 정밀하게 수행하여 "기하학적으로 상사한 실선과 모형선에서 속도가 치수의 제곱근에 비례한다면, 잉여 저항은 치수의 세제곱에 비례한다"는 비교법칙을 완성하였다. 이에 따라 속도에 중력가속도와 길이를 곱한 값의 제곱근으로 나누어 무차원화한 상수인 프루드수 Froude number에 맞추어 모형시험을 할 것을 제안하였다. 또한 모형시험으로부터 얻은 전체저항에서 모형선의 길이와 평균 폭이 같은 평판의 마찰저항을 뺀 치수의 세제곱을 곱하고, 다시 실선의 마찰저항을 더함으로써 실선 저항을 추정할 것을 제안하였다.

최초의 선형시험수조 건설

1868년 프루드는 재래식 예인수조 Towing tank에 한계를 느껴 새로운 방식의 예인수조 건설을 계획하고 시험수조 건설과 일련의 실험에 대한 계획을 제안하였다. 이 계획서에는 비교법칙과 대응속도 그리고 저항성분의 분리와 실선 저항성능 추정방법까지 포함되어 있었다. 당시 조선학계에서는 그 계획에 거의 모두 부정적인 견해를 보였다. 다행히 해군의 지원으로 1870년 6월에 수조 건설을 시작하여 이듬해에 수조가 완성되었으며, 첫 모형시험은 1872년 4월에 수행되었다. 프루드는 이를 시험수조 Experiment tank라 일컬었다. 이 수조에는 기계식 예인차가 있었으며, 수조의 길이는 278피트, 수면에서의 폭은 36피트, 중심선에서의 깊이는 10피트였다. 이 시험수조는 1886년까지 15년 동안 해군 수조로 역할을 이어갔다.

현대적 저항시험 수행과 오늘날의 예인수조

수조 건설 후 첫 번째로 모형시험을 한 배는 그레이하운드Greyhound호이다. 모형선 축척비는 1/16이었다. 프루드가 모형선 저항시험을 하면서 함께 해결해야 할 문제는 마찰저항을 아는 일이었다. 그는 이 수조에서 평판에 대한 예인시험을 통해 여러 경우의 마찰저항 값을 얻어 1872년과 1874년 두 차례에 걸쳐 발표하였다.

아울러 프루드가 중심이 되어 해군 측의 지원으로 실선 예인시험을 수행하였는데, 이 실험은 길이 172.5피트의 그레이하운드호를 이보다 큰 배로 끌면서 그 힘을 계측하는 실험이었다. 이 실선 실험은 바람, 조류, 수심, 속도 등을 정확히 계측한 것으로 실제 해상에서 수행하는 성능검증 시험인 실선 시운전의 고전이라 불릴 만큼 의미있는 계측이었으며, 실선의 마찰저항계수를 얻고 비교법칙을 확인하는 좋은 기회가 되었다. 그레이하운드호는 나무로 만들고 그 위에 동판을 씌운 배였다. 일련의 모형시험과 실선시험의 결과는 1874년 영국조선학회에 발표되었다. 프루드가 저항성능 추정을 위한 모형시험법과 시험결과의 실선 확장법을 제안하고 그 효과가 확인되자, 세계 각국에서 시험수조를 경쟁적으로 건설하였다. 현재 전 세계적으로 약 100여 개의 예인수조가 있으며, 대부분 ITTC International Towing Tank Conference의 회원 기관으로 가입하여 연구 교류를 활발히 하고 있다.

세계 각국의 주요 예인수조

기관명	수조제원(m) (길이×폭×수심)	최대예인속도(m/s)
Krylov SRI (러시아)	1324×15×7	20
NSWCCD (이전 DTMB, 미국)	575×15×5×6.7	10.3
CSSRC (중국)	474×14×7	15
INM (이전 INSEAN,이탈리아)	470×13.5×6.5	15
NMRI (일본)	400×18×8	15
CEHIPAR (스페인)	320×12.5×6.5	10
HSVA (독일)	300×18×6	8
MHI (일본)	270×13×5	5
SSPA (스웨덴)	260×10×5	10
MARIN (네덜란드)	250×10.5×5.5	9

국내 주요 시험수조의 제원

기관명	수조제원[m] (길이×폭×수심)	최대예인속도 [m/s]	완공 연도
서울대학교	26.6×3.1×1.5	1.2	1962년(1980년 폐기)
인하대학교	75×5×2.7	3	1971년
부산대학교	100×8×3.5 (건설 당시 87.3×5×3)	7 (건설 당시 5)	1974년(1989년 개축)
선박해양플랜트연구소 (KRISO)	210×16×7	6	1978년
서울대학교	110×8×3.5	5	1983년
현대중공업(HMRI)	188×14×6	7	1984년
삼성중공업(SSMB)	400×14×7	5, 18	1996년
국립수산과학원	85×10×3.5	3	2001년
대우조선해양(DSME)	300×16×7	8	2018년

© 《조선 기술 : 배 만들기의 모든 것》, 대한조선학회, 2011

우리나라에서는 1962년 서울대학교에 길이 26.6m의 중력식 수조가 최초로 건설되었다. 예인식 수조로는 1971년 인하대학교에 건설된 길이 75m의 수조가 처음이다. 1978년에 선박해양플랜트연구소에 길이 210m, 최대 예인속도 6m/s의 수조가 건설되었다. 그 후 현대중공업, 삼성중공업과 최근에는 대우조선해양에 차례로 상업용 수조가 건설되어 오늘에 이르고 있다(《조선 기술 : 배 만들기의 모든 것》, 대한조선학회, 2011에서 인용).

© KRISO

선박해양플랜트연구소(KRISO)에 설치된 현대식 예인수조

예인수조를 활용한 다양한 모형시험

예인수조에서는 가장 중요한 선박의 저항시험 이외에 다양한 계측 및 모형시험을 수행한다. 통상 선박의 속도 성능을 추정하기 위해서는 예인수조에서 저항 추진시험 이외에도 추진기 특성 시험을 수행하여 선박의 저항, 추진기의 추력, 토크 및 회전수 그리고 엔진의 소요 동력을 결정하게 된다. 이뿐만 아니라 선체 주위, 특히 선수, 선미 및 추진기 주위에서의 유동장 및 파형 특성을 파악하는 것 역시 효율이 우수한 선형과 추진기를 설계하는 데 매우 중요하다. 이를 위하여 선체 주위 유동의 압력과 속도벡터 등을 정량적으로 계측하고, 유동가시화 기법을 이용하여 국부 유동 특성을 파악한다.

추진기는 선미의 불균일한 반류 속에서 작동하지만 설계는 균일한 유동 속에서 작동하는 것으로 가정하여 설계한다. 따라서 선체와 프로펠러의 상호작용을 해석하려면 균일 유동장에서 작동하는 추진기 단독의 추진 성능, 즉 회전수와 선속 대비 추진기의 추력과 토크 성능을 계측할 필요가 있다.

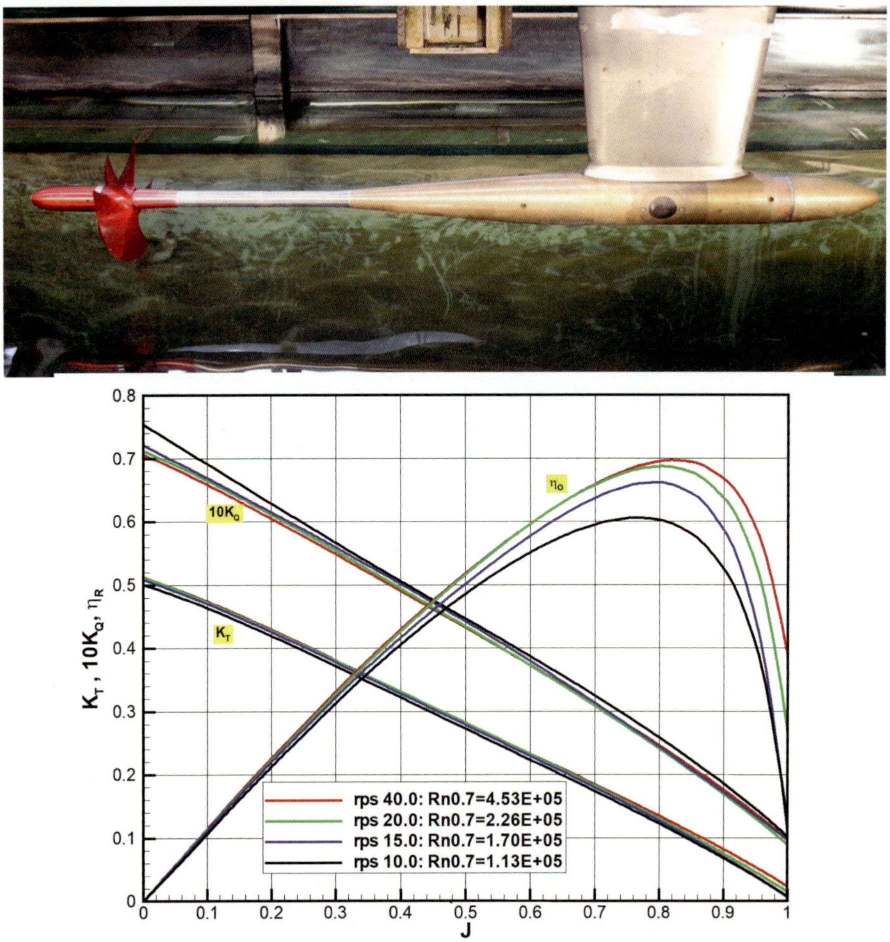

예인수조 추진기 단독시험 장면과 결과의 예시

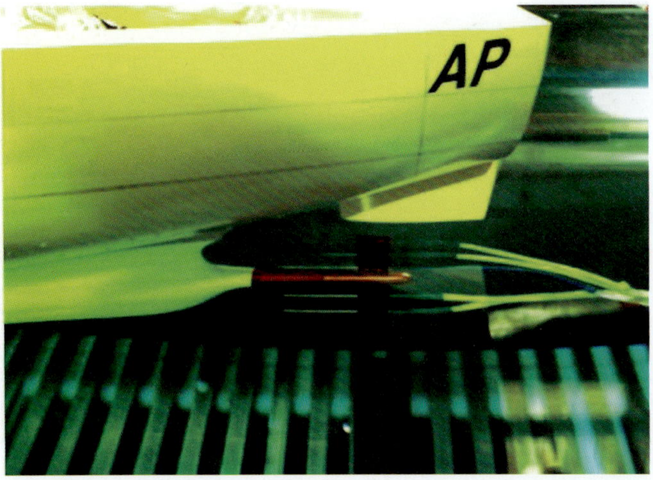

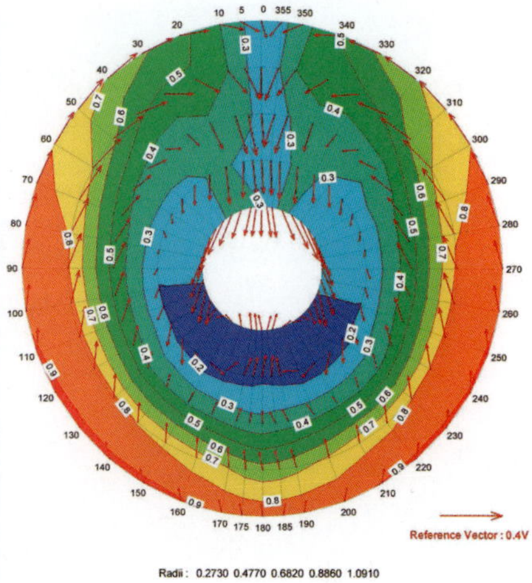

피토관을 이용한
반류분포 조사시험

선미의 프로펠러 평면에서 유동장의 반류분포는 선체의 효율뿐만 아니라 프로펠러 설계와 성능 해석에 매우 중요하다. 이러한 반류분포는 대개 예인수조에서 피토관을 이용하여 계측한다. 피토관이란 보통 5개의 구멍이 있는 반구형 또는 원추대형으로 제작된 얇고 긴 관으로, 구멍이 뚫린 수직방향 및 수평방향의 근접 홀에

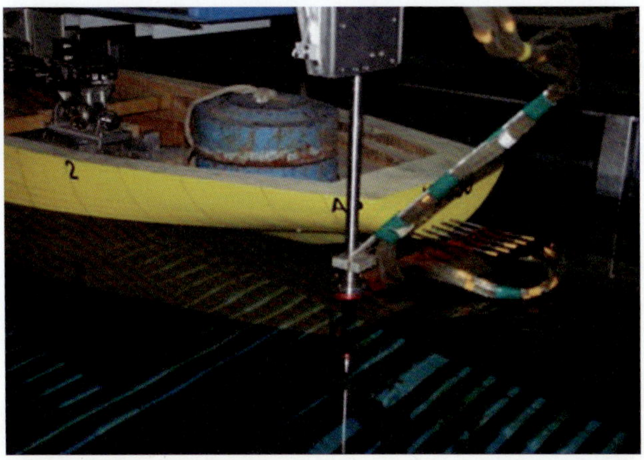

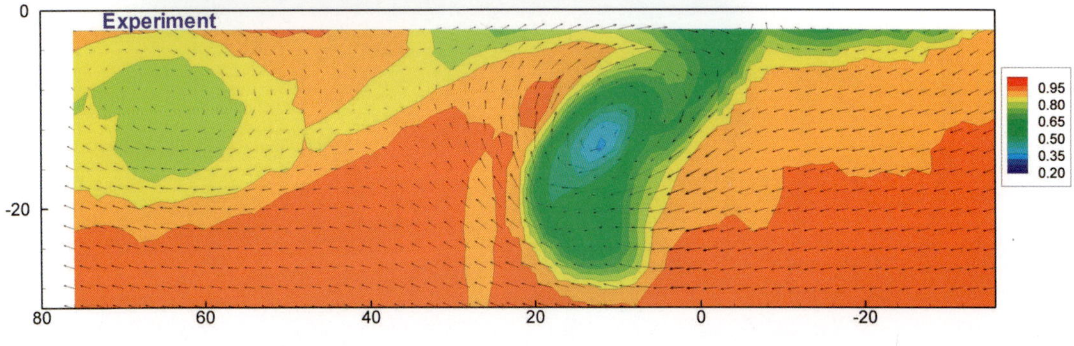

피토관을 이용한
사항상태 국부
유동장 계측시험

서 압력을 계측한 다음 그 압력차로 유동장의 유속과 방향을 계측할 수 있다. 이러한 피토관을 여러 개 배치하여 프로펠러면의 반류분포뿐만 아니라 사항상태의 복잡한 선체 주변의 국부 유동장을 계측하는 데 활용하기도 한다.

선체의 저항은 선체 형상과 밀접한 연관성이 있다. 선체 형상의 변화가 큰 선수 및 선미 만곡부에서 한계유선을 가시화하면 선체 주위의 유동 특성을 쉽게 이해할 수 있다. 선수부나 선미부의 유선방향을 확인하여 유선의 변곡점이 나타나는 지점을 추정하거나, 유선의 수렴상황을 파악하여 만곡부 보텍스 Vortex가 발생하는 지점을 확인할 수 있다. 이로써 선체 저항성능에 큰 영향을 끼칠 수 있는 거품박리의 위험성을 피하게끔 선형설계를 수정하는 데 활용할 수 있다.

예인수조에서 유선조사시험은 페인트, 염료, 기름 등을 사용하여 선체표면 가까운 곳에서의 한계유선을 가시화하는 벽 추적 Wall tracing법, 유동을 따라 흐르는 추적용 미세 입자나 염료를 주입하는 방법, 물체 표면에 실 모양의 술 Tuft을 부착하여 시간적으로 변하는 유동을 가시화하는 터프트 Tuft법 등이 있다.

앞서 언급하였듯이, 조파저항이란 선박이 진행함에 따라 수면상에 형성된 파계가 유지되도록 선박에 지속적으로 공급되는 에너지로 인한 저항을 말한다. 조파저항을 구하기 위하여 모형선이나 실선의 표면 압력을 직접 계측하고, 그 값은 선박 길이 방향 성분을 적분하면 조파저항을 구할 수 있다. 그러나 이러한 방법은 비실용적이므로 보통 선박(모형선)에서 충분히 떨어진 측면이나 후면에서 선박이 일으킨 파형을 계측하여 조파저항을 계산하는 방법이 이용된다. 또는 선체 표면에 발생하는 파정 Crest이나 파저 Trough를 계측하여 파고 Wave height의 차이를 비교함으로써 각 선형의 조파저항에 대한 우열비교를 수행할 수도 있다.

페인트를 이용한 한계유선 조사시험

© KRISO

파고계를 이용한 파형 계측시험

선측 파고 계측시험

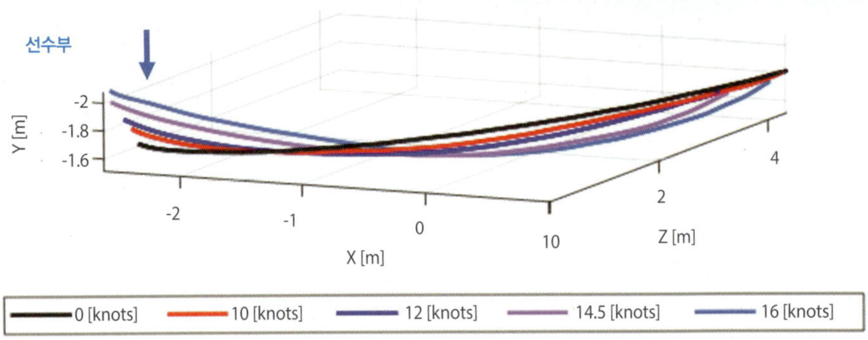

5가지 선속에 대한 3차원 곡선 비교(원근 시점)

선체 주변의 국부 유동장을 계측하는 방법에는 피토관을 활용하는 방법처럼 계측기를 물속에 넣어 직접 계측하는 방법과 광학장비를 이용한 비접촉 계측법이 있다. 앞서 반류분포조사시험에서 설명했던 피토관을 이용한 직접 계측법은 계측점 주위의 유동장을 교란한다는 단점이 있지만, 상대적으로 장비가 간단하고 저렴하며 계측이 쉽다는 장점 때문에 널리 사용되고 있다. 비접촉 계측법으로는 레이저 광선 Laser beam을 사용하여 계측점에서의 유속을 계측하는 LDV Laser Doppler Velocimeter, 얇은 레이저 시트를 이용하여 유동장의 한 단면을 동시 또는 순차적으로 촬영하고 그 영상을 디지털 방식으로 처리하여 유동장을 계측하는 PIV Particle Image Velocimetry 또는 PTV Particle Tracking Velocimetry 방법이 있다.

비접촉 계측법은 유동장을 교란하지 않고 시간평균적인 유속분포뿐만 아니라 난류 특성 등 더욱 자세한 유동정보를 계측할 수 있다는 장점이 있다. 반면에 장비의 구성이 매우 복잡하고 비싸며, 계측범위에 제약이 있고 예인수조에서의 정밀한 계측에 많은 어려움이 있다. 그러나 최근 들어 장비가 많이 소형화하고 있으며 국부 유동장에 관한 정밀하고 많은 정보를 얻을 수 있기 때문에 활용도가 점차 높아지고 있다.

PIV를 활용한 국부 유동장 가시화 시험

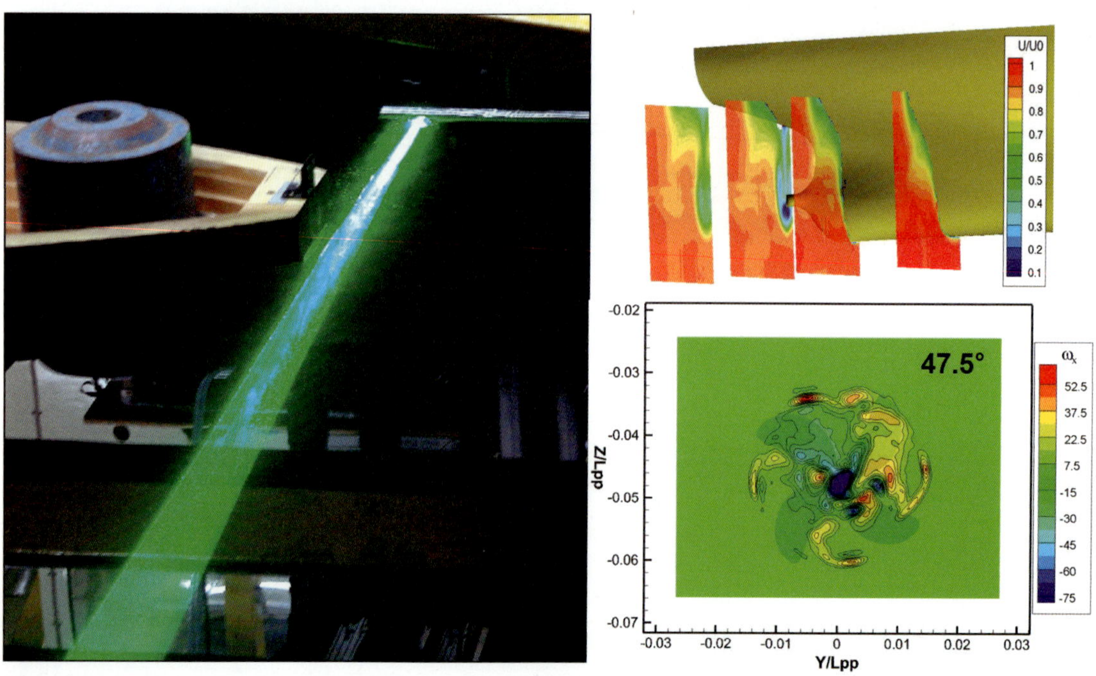

© KRISO

• 마찰저항

마찰에 관한 프루드의 실험

프루드는 잉여 저항의 법칙을 알아냈다. 그는 선박의 저항을 두 가지 성분으로 나눠야만 모형선으로부터 실선의 저항을 추정할 수 있을 것이라고 결론 내리고, 실험 수조에서 매끄러운 평판의 마찰저항에 관한 기초적 연구를 하였다.

평판 예인시험을 하면서 변수로 삼은 것은 전진속도, 표면 거칠기 상태, 평판의 길이 세 가지였다. 평판의 길이는 1, 1.5, 2.5, 5, 16, 28, 50피트였고, 폭은 19인치, 두께는 3/16인치로 동일하였다. 판의 전후는 금속으로 만들었고 한쪽 옆에는 납판으로 용골을 만들었다. 최대 예인속도는 짧은 평판의 경우 820ft/min(=4.17m/sec), 긴 평판의 경우 650ft/min(=3.30m/sec)이었다. 표면 거칠기는 수치화한 계수로 표시하지 않고 재질의 종류로 구분하였으며 니스 칠, 파라핀 왁스, 양철, 헝겊 및 세 종류의 모래 표면에 대해 실험을 하였다. 그는 실험을 수행한 것보다 긴 배의 마찰저항 값은 그레이하운드호의 실선시험 결과에서 얻은 값을 사용하였다. 그는 마찰저항은 배의 침수 표면 면적, 길이, 선체 표면의 상태, 전진속도에 상관하여 정해지는 값이라고 생각하였다.

다양한 실험을 통해 얻은 결과를 실선에 적용하기 위해서는 얻어진 마찰저항계수들을 더 긴 길이와 높은 속도에서 쓰이게끔 확장할 수 있어야 한다. 프루드의 보고서에서는 그와 같이 확장된 형태는 제시하지 않았지만 확장에 쓰일 수 있는 방법을 제안하였다. 그 뒤 이 곡선을 그의 아들인 로버트 에드먼드 프루드가 보완하여 366m까지 사용하게 되었지만, 15.2m 길이의 평판에 대한 1872년 실험결과 이상의 실험적 근거는 마련하지 못하였다. 그럼에도 그 결과를 오늘날까지 사용하는 수조가 있다.

레이놀즈(Reynolds)의 법칙 발표

레이놀즈 Osborne Reynolds, 1842~1912는 1883년에 관 내부에서 흐르는 유체의 유속을 관찰함으로써, 마찰저항에 관하여 프루드가 평판 실험을 통해 얻은 것보다 일반적이고 논리적으로 설명할 수 있었다. 그는 관 내부의 유체의 점성계수와 관 직경의 비율이 유속에 대응한다는 점을 발견하였다. 이 레이놀즈수는 그 뒤 모든 종류의 유체와 기체에 적용되었으며, 표면마찰을 다루는 논문들은 모두 레이놀즈수를 사용하여 나타내게 되었다.

프루드가 평판의 마찰저항을 계측한 것은 1872년이며, 레이놀즈가 파이프 내의 유체흐름을 통해 마찰저항의 법칙을 처음 밝힌 것은 그 11년 후인 1883년이다. 이 둘은 모두 영국조선학회 회원이었고 마찰저항을 연구하였지만, 두 연구의 접목은 이루어지지 않았다. 그 이후 몇몇 사람들이 파이프 내의 문제를 평판의 문제로 확대하여 다룬 바 있지만, 모두 그 유용성을 깨닫지 못한 채 윌리엄 프루드가 틀을 잡고 아들 로버트 에드먼드 프루드가 수정한 단순한 마찰저항식을 불편 없이 받아들이고 있었다. 1900년대 초까지만 하더라도 로버트 에드먼드 프루드의 마찰저항 값이 잘 맞았기에 별문제가 없었지만, 배의 길이가 커지면서 평판시험을 수행할 수 없는 길이의 배에서는 문제가 생겼다.

텔퍼 E. V. Telfer, 1897~1977는 1927년부터 프루드수에 맞는 모형시험 결과에 레이놀즈수에 따른 마찰저항을 더해주는 방법을 제시함으로써 모형시험 결과 해석에 새 장을 열어주었다. 또한 1929년에 파이프 내의 마찰실험 결과로부터 평판의 마찰저항계수를 도출하여 한 척의 저항시험 값으로부터 실선의 값을 추정하는 현재와 같은 방법의 첫 문을 열었다.

마찰저항식의 발전

블라시우스 Paul Richard Heinrich Blasius, 1883~1970, 프란틀, 슐리흐팅 Hermann Schlichting, 1907~1982, 쇤헤어 K. E. Schönherr 등의 많은 학자들은 이론적 · 실험적 연구에 기초를 두고 평판에 대한 마찰저항계수(C_F)를 레이놀즈수의 함수로 표현한 마찰저항 곡선식을 도출하였다. 1957년에 국제수조협회 ITTC, International Towing Tank Conference는 위의 결과들을 정리하여 ITTC 1957 Model-Ship Correlation Line을 정의하였다. 수식으로는 C_r=0.075/(logR_n-2)^{2}이다. 여기서 C_r는 잉여 저항 계수, R_n은 레이놀즈수이다. 그런데 이를 마찰저항곡선이라 하지 않고 모형선-실선 상관곡선이라고 한 이유는 이 식이 평판이나 곡면판의 실험에서 나온 것이 아니라, 모형선 실험결과를 실선으로 확장하기 위한 공학적인 목적을 위해 임의로 수정하여 만든 것이기 때문이다.

휴즈 G. Hughes는 1954년 영국조선학회에 발표한 논문에서 앞서 언급한 평판마찰곡선 외에 형상계수를 이용하는 3차원 해석법 (Hughes 해석법)을 제시하였다. 이로써 프루드가 제안한 이래 전 세계가 함께 써오던 2차원 해석법 (Froude 해석법)이 새로운 전환기를 맞았다. 모형선 결과를 실선의 값으로 확장할 때, 2차원 해석법은 전저항이 평판마찰저항과 잉여 저항으로 나뉜다는 가정에서 시작한 데 반해, 3차원 해석법은 전저항이 점성저항과 조파저항으로 나뉜다는 가정에서 시작하고 점성저항은 다시 평판마찰저항과 형상저항으로 나뉜다고 본 것이다. 이 형상저항의 평판마찰저항에 대한 비를 형상계수 k로 나타내었다. 수식으로 $C_r = C_\omega + C_{F0}\,(1+k)$와 같이 표현된다.

3차원 해석법이 처음 발표되었을 때는 선체 저항의 유체역학적인 모델을 상세히 반영한다는 장점은 있지만 형상계수(k)를 선정하는 과정이 모호하고 어려워 활용도가 낮았다. 그러나 전산시스템의 발달과 더불어 데이터 취득과정 및 후처리 과정들이 신속해졌고, 모형선 가공기술이 향상되면서 3차원 해석법을 활용하는 수조가 늘고 있다. 1978년 ITTC는 3차원 해석법을 정식으로 채택하여, 많은 수조들이 3차원 해석법을 활용하고 있다. 그러나 형상계수 *k*를 선정하는 방법은 잉여저항계수 곡선을 외삽하는 방법, 프루드수 0.1 이하인 아주 낮은 속도 구간 시험의 불안정성 등으로 인해 지금도 많은 논란이 있어, 2차원 해석법과 병행하여 사용된다.

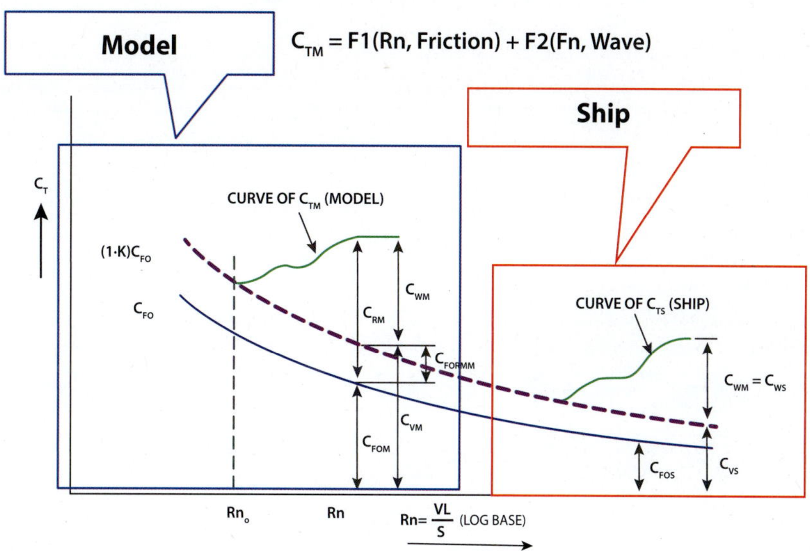

모형선 및 실선의 저항성분

● 조파저항

배의 파계(Ship wave system)

선박 주위의 파계가 어떻게 형성되는지를 최초로 설명하고자 한 사람은 켈빈 William Thomson, 1st Baron Kelvin, 1824~1907으로 추정된다. 그는 수면상에 놓인 직선을 따라서 움직이는 단일 압력점을 생각하였으며, 그것으로부터 형성된 파도들이 결합되어 특성적 형태의 파도를 형성하는 것으로 생각하였다. 이 파형은 압력점 뒤를 따르는 가로파계와 압력점으로부터 퍼져나가는 발산파계로 이루어지며, 모든 파계는 압력점을 지나며 압력점의 진행선에 대하여 19°, 28°의 각도를 이루는 두 개의 직선 사이에 놓이게 된다.

파계의 중심선을 따라서 압력점으로부터 뒤쪽으로 이어지는 가로파의 파정 높이는 뒤쪽으로 갈수록 줄어든다. 이 가로파는 중심선에서 어느 정도 벗어나면 뒤로 굽어지고 발산파와 만나 교차점을 이루며 이 교차점들은 파계에서는 가장 높은 점들이 된다. 이 교차점들의 높이는 압력점으로부터 뒤쪽으로 갈수록 줄어들지만 가로파보다는 느리게 줄어들기 때문에 압력점 뒤쪽으로 갈수록 발산파가 더욱 두드러지게 된다.

켈빈 파형은 선형파계의 여러 가지 특성을 잘 설명해준다. 선박의 선수 근처에서 가장 두드러지게 나타나는 파들은 발산파 계열의 파들로, 선수에서 큰 파도로 시작되고 비스듬한 편대를 이룬다. 양현 쪽으로 놓인 발산파들 사이에는 가로파가 형성되고 이들 가로파는 선체에 가까운 곳에서는 선박의 진행방향에 대하여 수직 방향으로 놓이지만, 발산파에 접근함에 따라 뒤로 굽어지면서 발산파와 합쳐진다. 가로파들은 중앙 평행부가 있는 선박이나 모형선의 선체평행부 또는 고속으로 항주하는 선박의 선미 후방에서 가장 잘 관측된다.

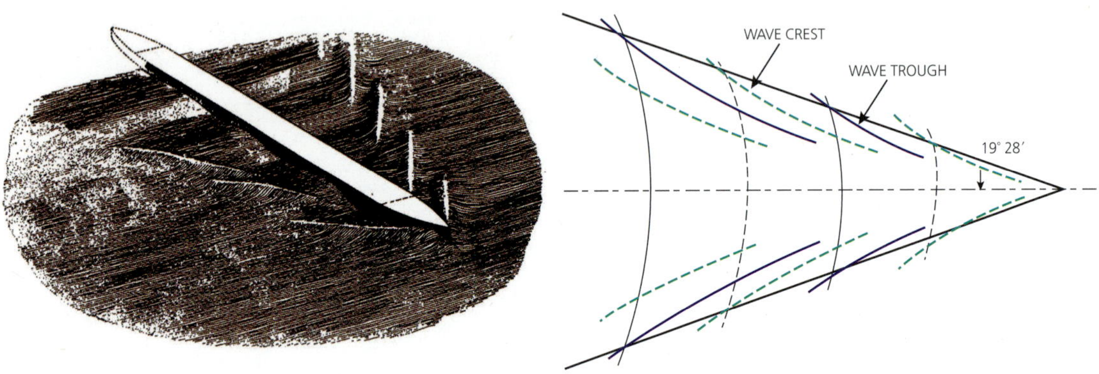

프루드가 스케치한 선박의 파형(좌)과 켈빈 파형(우)

© 선박의 이해

실제 선박에 의한 파형

© HMM

선박의 조파저항

낮은 속도에서는 선박으로 인해 만들어지는 파도가 매우 작고 저항은 거의 점성적 Viscous 특성을 띤다. 마찰저항은 속도의 제곱보다는 작은 비율로 변하기 때문에, 수평축에 프루드수를 잡고 수직축에 전저항계수를 잡아서 나타내면 처음에는 그 값이 속도가 증가함에 따라 줄어든다. 속도가 어느 정도 이상 증가하면 전저항계수 값은 점점 급하게 증가하고 프루드수가 0.45에 접근하게 되면 전체저항은 속도의 6승 이상으로 비례하여 급하게 변화한다. 그러나 전저항계수가 이와 같이 일반적으로 변화하더라도 저항계수곡선에는 몇 개의 봉우리와 골이 동반되어 나타난다.

선박의 속도가 증가하면 파장이 증가하고 파정과 파저의 상대적인 위치도 바뀌므로 파형 자체도 바뀐다. 이러한 과정에서 두 가지 파계 파정이 서로 중첩되는 속도와 별도로 두 가지 파계의 파정과 파저가 서로 상쇄하려 하는 속도가 반복해서 나타난다. 파계가 서로 중첩되는 상태에서는 파계가 높아지고 그 반대일 때는 낮아지며, 또 파계의 에너지는 파고의 제곱에 비례하기 때문에 속도가 변화함에 따라서 평균저항계수보다 높은 저항계수를 보일 때와 낮은 저항계수를 보일 때가 있다. 곡선에서 나타나는 봉우리와 골은 파계들 사이의 간섭효과에 의한 것이며, 훌륭한 설계에서는 운항속도에서 골에 도달하여 적합한 저항을 가지도록 속도가 선정되었음을 분명하게 강조할 수 있다. 이러한 봉우리와 골들은 프루드수와 관계가 있어서, 선박의 길이와 경제속도 사이의 관계가 밀접함을 짐작케 한다.

● 선박저항 감소 및 추진효율 향상을 위한 노력

마찰저항 저감기술

선박의 마찰저항을 감소시키기 위해서는 일차적으로 침수 표면적을 줄여주는 방법이 생각될 수 있으며, 이러한 방법 이외에는 유효한 감소방법이 특별히 알려져 있지 않다. 유체와 고체벽 사이에 일어나는 마찰저항은 선박 이외의 수송기계나 유체기계, 파이프를 이용한 유체수송 등에서도 에너지 손실의 주요한 원인이 되고 있다. 따라서 마찰저항을 유효하게 감소시킬 수 있는 방법이 실용화한다면 에너지 효율을 향상할 수 있는 것은 물론이고 나아가 지구온난화 방지에도 기여하게 될 것이다. 유체마찰을 감소시킴으로써 많은 경우에 유체소음을 감소시키는 효과를 얻게 되며 열 수송효율을 높여주는 등 부가적인 효과를 누릴 수 있다. 마찰저항을 저감하기 위해 탄성피막, 리블렛, 고분자 폴리머 용액, 공기윤활을 활용하는 방법 등이 있다.

1936년 영국의 생리학자 제임스 그레이 James Gray, 1891~1975는 15노트로 항주하는 선박을 쫓아오고 또 추월하기도 하는 돌고래 무리를 보고 놀랐다. 그래서 돌고래와 같은 크기의 모형을 제작하여 실험으로 저항을 계측하였다. 그리고 그 속도에서 돌고래가 수영에 필요한 단위중량당 근육에서 발생하는 추력을 추정해보니, 사람이나 육상 포유동물의 약 7배의 출력을 낸다는 사실을 알게 되었다. 이러한 현상은 생물학적으로 불가능에 가까우므로 의문을 품게 되었다.

그 후 크라머는 돌고래의 고속유영을 가능하게 하는 비밀이 피부조직에 있다고 생각하여 얇은 고무 막을 사용해 돌고래의 피부를 모방한 인공피부를 만들어 세장체의 표면에 씌우고 저항을 계측하였다. 그 결과 강체 모형보다도 최대 60%의 저항이 감소되는 사실을 확인하였다. 이것이 탄성피막 Compliant wall에 관한 연구를 시작하는 계기가 되었다. 그러나 크라머의 생각을 이어받은 연구들에서는 그의 고찰을 뒷받침하는 결과를 얻지 못하였기 때문에 이 분야의 연구는 침체되어 있는 상황이다.

유동의 조직적인 구조를 바꾸어줌으로써 마찰저항의 감소를 꾀하려는 장치로서 리블렛 Riblet은 벽면상에 흐름의 방향으로 작은 홈을 나란히 파준 것이다. 홈의 깊이나 폭이 일정 크기 이하로 작아야만 저항의 감소에 유효하며 그보다 큰 경우에는 역으로 저항의 증가가 나타난다. 마찰저항의 감소량은 최대 8%다. 실제 항공기나 선박에 적용하려면 홈의 배치방법, 표면 오손의 영향 등에 관하여 더 깊은 검토가 필요하다. 특히 선박의 경우에는 최적한 홈의 깊이나 폭이 0.1mm 정도가 된다. 이는 제작상의 문제점 및 해양 미생물 부착 등의 오염을 방지하기 위한 방오 대책 필요 등 현재의 기술로는 매우 어려운 상황이다.

고분자 폴리머 Polymer 용액은 수 ppm~수백 ppm의 희박농도 수용액에서 커다란 마찰저항 감소가 이루어진다고 알려져 있다. 이것은 발견자인 톰스 B.A. Toms의 이름을 따서 톰스효과로 불린다. 마찬가지의 효과가 계면활성제나 미세섬유의 첨가로도 얻어진다. 고분자 폴리머는 체인 형상의 고분자가 끊어지기 쉽고 일단 끊어지면 효과가 두드러지게 줄어들기 때문에 실용화에 어려움을 안고 있다. 현재 알래스카의 파이프라인에 이용되고 있다.

물고기의 근육에서 발생되는 동력으로부터 추측했을 때, 물고기의 저항이 아주 작은 것으로 나타나는데, 그 원인 중 하나는 물고기의 표피가 점액으로 덮여 있기 때문인 것으로 알려져 있다. 1970년경부터 물고기의 점액 조사를 시작하여 마찰저항을 감속시키는 효과가 있음이 밝혀졌다. 그 후 이러한 종류의 연구는 중단되기도 했지만, 최근 식물의 점액에 톰스 효과가 있는 것이 확인되어 최대 약 50%의 관내 마찰저항 감소가 보고된 바 있다. 수중에서 운동성능이 우수한 동물의 체형, 표피 구조, 비늘, 지느러미, 깃털 등이 저항의 관점에서 주목받고 있으며, 이와 같이 동식물의 생태구조에서 배울 점이 많으므로 앞으로도 이들 분야의 연구가 지속될 것이다.

공기윤활 Air Lubrication 기법은 선체의 침수 표면상에 공기를 주입하여 연속적인 공기층을 형성시켜서 선박의 마찰저항 감소 효과를 얻고, 이를 통하여 선박 운항에 필요한 에너지를 절감하고자 하는 기술이다. 연속적인 공기층이 선체 표면에 형성되면 공기층으로 덮인 선체 표면에서는 마찰저항이 공기와의 마찰저항으로 변환되어 마치 침수 표면적이 감소하는 것과 유사한 효과를 얻게 된다. 이러한 공기윤활 기법의 기본 아이디어는 19세기에 이미 제안된 바 있는데, 선체 표면을 공기층으로 덮는다는 기본 발상 자체는 얼핏 간단해 보인다.

그러나 공기층에 작용하는 부력, 파랑 중 선박의 운동과 선회 시 발생하는 선박의 자세 변화, 공기층 경계면에서 발생하는 교란으로 인하여 선체 표면을 덮는 공기층이 안정적으로 유지되지 못하고, 공기 덩어리들로 쪼개지면서 기포와 물의 혼합 유동 형태로 수면 위로 떠오르거나 주위로 흩어져버릴 수 있다. 따라서 대양을 항해하는 대형 선박에 이 기술을 적용할 때 해결해야 할 여러 가지 문제점이 있으며, 이로 인하여 공기윤활 기법은 일부 내수면용 선박이나 소형 선박에 제한적으로 적용되어 왔다. 그렇지만 온실가스 배출과 관련된 국제적인 환경 규제가 강화되면서 공기윤활 기법을 선박의 운항 에너지 절감을 통한 온실가스 배출량 저감 수단의 하나로 활용하려는 노력이 다시금 주목받고 있다.

공기윤활 기법을 적용한 선박을 개발하기 위한 연구는 유럽과 일본을 중심으로 활발히 이루어지고 있으며, 이미 실선 적용 개발 사례들이 발표되고 있다. 일본의 미쓰비시중공업(이하 MHI)에서는 1990년대부터 일본에서 수행된 선박의 마찰저항 감소 연구 성과를 토대로 MALS Mitsubishi Air Lubrication System라는 공기윤활 시스템을 개발하였다. 이 공기윤활 시스템은 선박의 선저부에 별다른 형상의 변화를 주지 않고

© 삼성중공업

국내 개발 공기윤활 시스템 "SAVER Air"

다수의 공기 공급구를 통해 공기를 공급함으로써 미소 기포가 아닌 몇 mm 크기의 기포들로 구성된 기포 - 물 혼합 유동, 또 이러한 기포 유동이 진전되면서 형성되는 공기층에 의하여 마찰저항 감소 효과를 얻는 것으로 생각된다. MHI에서는 2010년 NYK Line의 광폭 천흘수 선형 특성이 있는 Module Carrier들을 대상으로 MALS를 적용하고 실선 시운전을 수행하여 10% 정도의 운항 동력 절감효과를 얻었다는 결과를 발표하였다. 이후 컨테이너선, 벌크선 등 다양한 선종에 적용하기 위해 영업 활동을 전개하고 있다.

국내에서도 대형 조선소들을 중심으로 공기윤활 시스템이 개발되어 실선에 적용되고 있다. 삼성중공업은 독자적으로 개발한 공기윤활 시스템인 "SAVER Air"를 2015년 세계 최초로 대형 상용선인 160K CBM LNG 운반선에 적용하였다. 2018년에는 세계 최초로 23,000TEU급 초대형 컨테이너선에도 "SAVER Air"를 적용한다고 발표하였으며, 5% 정도의 연료 절감이 가능하다고 밝힌 바 있다. 대우조선해양도 자체 개발한 "DSME ALS" 공기윤활 시스템을 적용한 173K CBM LNG운반선을 2019년에 인도하였으며, 5% 정도의 연료 절감효과를 얻을 수 있다고 발표하였다. 2019년에는 현대중공업 역시 자체 개발한 "Hi-ALS" 공기윤활 시스템을 174K CBM LNG운반선에 적용한다고 발표한 바 있다.

구상선수와 조파저항

테일러는 돌출된 선수 모양에 의해 이차적으로 발생된 선수파가 일차적으로 발생된 파도를 상쇄시킬 수 있으리라는 생각으로 돌출형 선수를 수면 아래로 더 잠기게 만들고, 더 부풀린 형태로 만들어줌으로써 최초의 구상선수 Bulbous bow 선형을 설계하였다. 이와 같은 구상선수가 1907년에 전함 USS 델라웨어 Delaware 호에 붙여져서 뛰어난 성능을 나타냈다.

1928년에 해블록 Thomas H. Havelock, 1877~1968 은 유속이 일정한 흐름 속에 잠겨 있는 구 주위에서 나타나는 자유수면파를 계산하였다. 이 파형의 가장 중요한 특성은 구의 바로 뒤쪽에서 골이 나타난다는 것인데, 그러한 사실은 구를 선수 근처 수면 아래쪽에 달아주면 선체에 의하여 나타나는 선수파를 줄여줄 수 있는 가능성이 있음을 보여주었다. 위글리 W.C.S. Wigley 는 1935~1936년에 해블록의 방법에 따라 선측파형과 조파저항에 관련된 계산을 하여 구상선수와 관련된 구체적인 이론을 발표했다.

낮은 속도에서는 구상선수의 마찰저항과 형상저항 증가로 인하여 전저항을 증가시키게 된다는 것을 위글리는 발견했다. 고속에 이르면 선체와 구의 파계가 상호 간섭을 일으켜 조파저항을 줄여줄 수 있고, 적당히 배치되어 있다면 구로 인하여 나타나는 마찰저항이나 형상저항의 증가를 극복할 수 있어 궁극적으로는 전저항의 감소를 가져온다.

최근 대형 유조선이나 산적화물선처럼 낮은 프루드수에서 운항하여 조파저항이 상대적으로 적은 선박에 구상선수가 적용되고 있다. 저항 감소는 근사적으로 만재 상태일 때 약 3%이고 밸러스트 운항 상태일 때 약 5%에 이르는 것이 실험에서 확인되고 있다. 이와 같은 결과는 실선 시운전에서도 확인되며, 일반적으로 약 0.2~0.3 노트의 속도증가가 밸러스트 상태에서 확인되고 있다.

구상선수와 이에 의한 파도 발생

파랑중 부가저항(Added resistance in waves) 저감기술

앞서 선박의 저항성분을 분류할 때, 호수처럼 잔잔한 상태에서 운항할 때로 가정하고 저항성분을 분류한 바 있다. 실제 해상에서 운항하는 선박은 조파저항과 점성저항 외에도 거친 해상환경에 따라 파랑과 바람에 의한 부가저항을 받는다. 파랑에 의한 부가저항은 선박에 따라서 정수 중 운항하는 경우의 저항보다 15~30%까지 커지는 경우도 있으며, 실제 운항하는 선박의 성능을 파악하거나 적합한 추진 장치 설계를 위해서는 이를 정확하게 예측하는 것이 상당히 중요하다. 특히 국제해사기구는 최근 선박의 온실가스 방출을 규제하기 위해 에너지효율설계지수 EEDI, Energy Efficiency Design Index를 이미 도입하여 선박에너지 효율을 규제하고 있으며, 이 때문에 조선업계에서는 선박의 효율 문제가 주요 관심사가 되고 있다. 이에 따라 파랑 중에서 운항하는 선박의 저항을 감소시키려는 노력이 증대하고 있으며, 파랑 중 부가저항을 정확히 예측하고 이를 줄이고자 하는 방법에 관심을 기울이고 있다.

파랑 중 부가저항을 감소시키기 위한 노력의 일환으로 부가저항을 저감할 수 있

기존 저속비대선
선수 형상과
파랑 중 부가저항
저감형 선수 형상

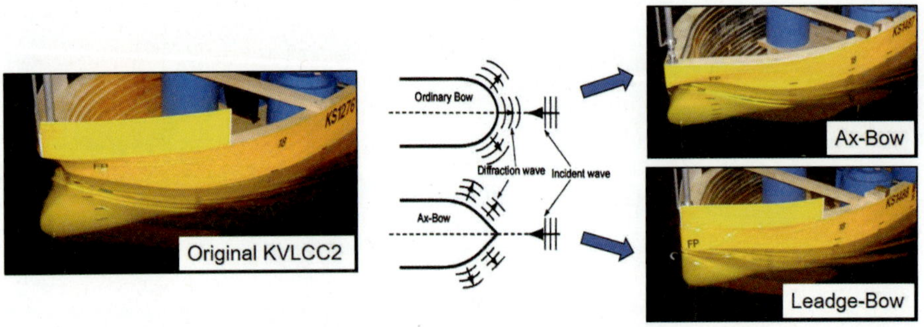

는 선형에 대한 연구개발이 2000년대 초 일본에서 적극적으로 시작되었다. 대표적인 부가저항 저감형 개념으로는 Ax-bow와 Leadge bow가 있다.

Ax-bow는 정수 중의 저항 성능을 저하시키지 않고 파랑 중의 효율을 높이기 위해 고안된 선수 선형이다. Ax-bow의 선수 부근 수선면 형상을 기존 저속 비대선의 선수 선형과 비교하여 보인다. 그림에서처럼 보통의 선수 선형은 입사파를 전방으로 반사하여 저항 증가가 크지만, Ax-bow는 전방이 아닌 좌우로 반사하여 파랑 중 저항 증가를 저감할 수 있게 고안되었다. Ax-bow는 정수 중의 저항 성능에 영향을 최소화하기 위하여, 만재흘수선 아래쪽의 선형은 그대로 유지하고 흘수선 위쪽의 선수 선형을 뾰족하게 설계하는 것이 핵심이다. 그림과 같이 Ax-bow의 흘수선 위쪽 수선면 형상이 보통의 선수 선형보다 뾰족하게 형성되는 것을 확인할 수 있다.

Leadge-bow는 Ax-bow의 파랑 중 저항 저감 효과를 좀 더 극대화하기 위하여 선수 벌브를 없애고, 선수 전체를 뾰족하게 만든 선형이다. Leadge-bow는 흘수선 아래쪽의 형상도 뾰족하게 만들어서 반사파의 영향을 Ax-bow보다 더 줄이는 효과가 있다.

선박해양플랜트연구소에서는 2015년 국책 연구개발사업을 통해 참여 조선소들과 협업하여, 파랑 중 부가저항 절감형 선형을 개발한 바 있다. 파랑 중 부가저항 절감을 위한 새로운 선수 선형 개발을 통해 파랑 중 부가저항 해석용 수치기법 개발 및 모형시험을 통한 성능평가기술을 확보하였으며, 기존의 해외 기술 Ax-bow, Leadge-bow을 VLCC 선박에 적용한 후 부가저항 감소효과를 검증하였다. 또한 국내 고유의 파랑 중 부가저항 절감형 선수 선형 KWP bow, KRISO wave piercing bow을 개발하여 KVLCC2 선형에 적용한 후, 해상 상태 6 기준 15% 이상의 파랑 중 유효마력 EHP저감효과를 검증하였다. 동일 기술을 20,000TEU 초대형 컨테이너선과 Supramax급 벌크선에도 적용하여 해상 상태 6 기준 각각 6%, 9% 이상의 파랑 중 유효마력 저감효과를 예인수조 모형시험을 통해 검증하였다. 이 검증결과는 국내 조선소에서 실제 실선을 설계 및 건조할 때 파랑 중 부가저항 절감 선형 개발에 참고자료로 활용되고 있다.

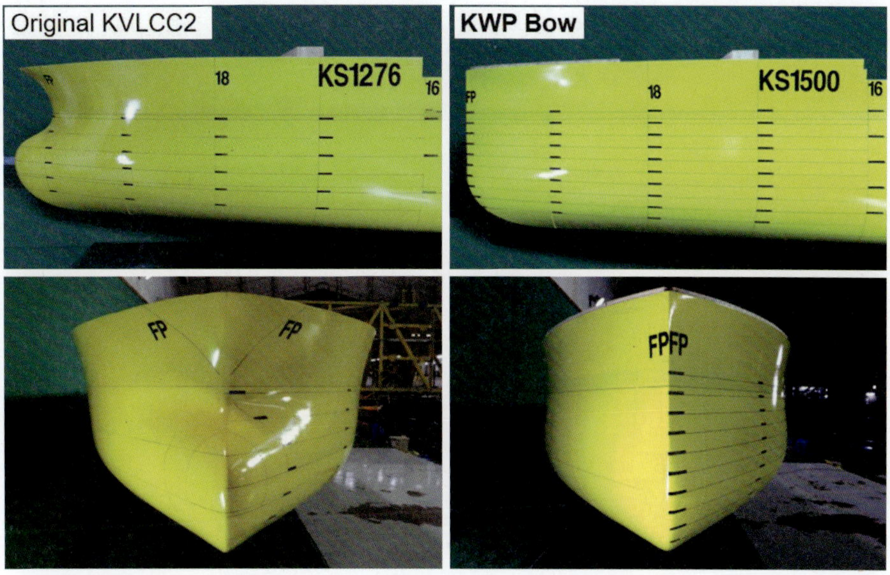

© KRISO

파랑 중 부가저항 절감형 선수 선형-KWP Bow

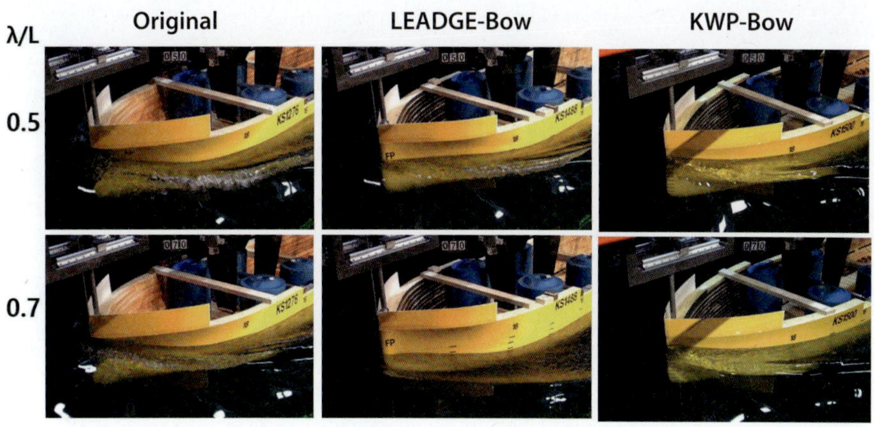

© KRISO

예인수조 시험을 통한 파랑 중 부가저항 성능 검증

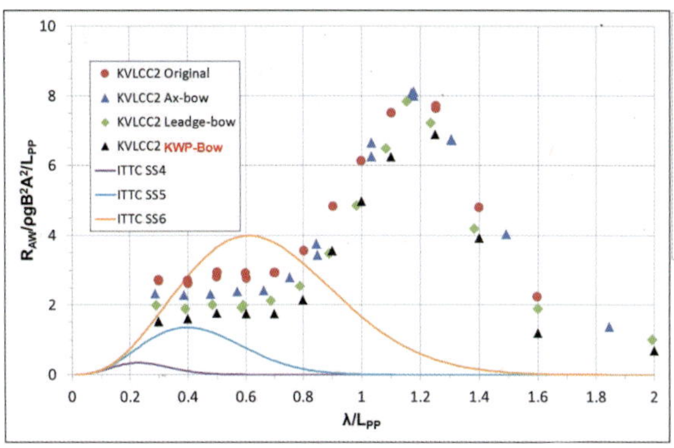

<Added Resistance in Waves>

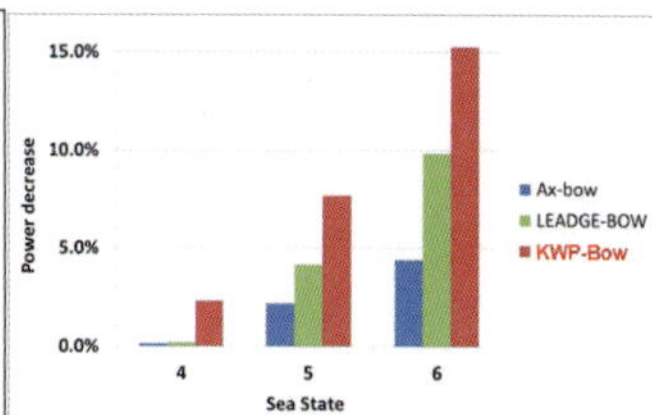

	Ax-Bow	LEADGE-Bow	KWP-Bow
SS4	0.2 %	0.2 %	2.3%
SS5	2.2 %	4.2 %	7.7%
SS6	4.4 %	9.8 %	15.3%

<EHP reduction>

© KRISO

해상 상태 별 파랑 중 부가저항 저감효과 비교

추진효율 향상을 위한 에너지 절감장치

앞서 언급하였듯이, 최근 국제기구의 다양한 환경규제로 조선업계에서는 선박의 효율문제가 가장 큰 관심사로 떠올랐다. 선박의 저항을 감소시키기 위한 노력과 별도로 선박 추진기를 중심으로 추진효율을 향상하기 위한 다양한 연구개발이 이루어지고 있다. 선박의 저항 추진효율을 직접적으로 향상하기 위하여 선미 혹은 추진기 주변에 다양한 에너지 절감형 부가장치 ESD, Energy Saving Device를 설계하고 개발하는 관련 기술에 대해서 일본, 유럽 등의 선진국에서는 지속적인 투자와 연구개발이 이루어지고 있으며, 국내에서도 대형조선소를 중심으로 적극적인 노력을 기울이고 있다.

선박의 ESD는 다양한 장치들이 개발되고 있는데, 대체로 추진기를 중심으로 추진기 전방 혹은 선미에 부착되는 전류고정형과 추진기 후방이나 타에 탑재되는 후류고정형 등으로 구분할 수 있다. 전류고정형은 선미에 부착되는 핀 Fin이나 추진기 전방에 부착되는 고정자 Stator 혹은 덕트 Duct형 등이 대표적이다. 선박이 운항 중에 선체의 점성 저항을 감소시킬 뿐만 아니라, 빌지와류를 프로펠러 면으로 유도하여 추진 시 반류율을 개선하기도 하고, 프로펠러 작동에 의해 장치 자체가 추력을 발생시키기도 하여 추진 성능에 기여한다. 후류고정형에는 프로펠러 회전류 손실을 회수함과 동시에 프로펠러 면의 반류이득을 발생시키는 원리를 활용하는 장치들이 많다. 때로는 이 장치들을 복합적으로 적용하기도 한다.

이러한 에너지 절감장치 관련 기술은 조선소 및 제작, 설계기업 등이 특정 지식재산권으로 기술보호 체계를 형성하고 있다. 해외에서는 유럽(Becker, H. Schneekluth, Kort, BMS, Mecker, Mewis, Rolls-Royce, Wärtsilä, MAN 등), 일본(Sumitomo, Mikado, MHI, Kawasaki 등)을 비롯한 선진국에서 기술 소유권을 보유하고 있으며, 오랜 연구를 통한 기술집약형 부가물 설계 기술이라고 할 수 있다.

1990년대에 Sumitomo, IHI, MHI 등 일본의 조선소들이 개발하기 시작한 프로펠러 전류고정형 또는 후류고정형 에너지 절감장치들은 통상 3~4%의 추진에너지를 절감할 수 있고, 선체 진동과 소음을 감소시키는 것으로 알려져 있다. 국내 조선소들도 최적선형 개발을 통한 저항감소와 에너지효율 향상 기술에 많은 투자를 하고 있으며, 각 대형조선소별로 추진기 전후의 유동 개선을 위한 부가물에 대한 연구개발을 실시하여 실선에 탑재하고 있다.

대우조선해양의 경우, 선미 프로펠러 앞부분에 장착되는 "전류고정날개 Pre-Swirl Stator"를 개발하여 초대형 유조선 VLCC에 설치, 5%가량의 연료 절감효과를 보았다고 발표한 바 있다. 이 장치는 프로펠러 바로 앞부분에 4개의 고정날개를 부착해 프로펠러로 유입되는 물의 흐름을 균일하게 해주는 역할을 한다고 소개하였다.

삼성중공업의 경우, 초대형 유조선 등의 선미 선체 외판에 세이버 핀 SAVER Fin을 개발하여 부착한 바 있다. 이 장치는 가로 2.5m, 세로 0.5m 크기의 홑겹 철판을 선체 외판에 지느러미 형태로 부착한 것으로, 선박 연료 3~5% 절감, 선체 진동 50% 이상 감소 효과가 있다고 알려졌으며, 선박 운항 시 안정성을 개선하는 효과도 누릴 수 있다고 소개한 바 있다.

현대중공업의 경우, 장치의 양력을 활용해 선미 중량을 줄이고, 추력을 증가시키는 효과가 있는 "추력날개 Thruster Fin"를 방향타에 부착한 개발 결과를 소개하였다. 프로펠러 후방의 방향타에 부착된 이 장치는 추진기의 회전으로 인해 발생되는 와류를 회수함으로써 추진효율을 향상하고, 선박의 방향타에 좌우로 별개의 날개가 있는 형상으로 비행기 날개와 같은 양력을 선박 진행방향으로 발생시켜 선박의 추진효율을 향상시키는 원리이며, 약 4~6%의 연료 절감효과가 있는 것으로 소개되었다.

선박해양플랜트연구소에서도 국책 연구개발사업을 통해 참여 조선소들과 협업하여 한국형 에너지 절감장치의 개발노력의 일환으로 덕트 Duct와 핀 Fin을 복합적으로 적용한 부가장치인 "K-Duct"를 개발한 바 있다. "K-Duct"는 예인수조 모형시험을 통해, 탱크선형인 KVLCC2에 적용하여 3~5%, KSUPRAMAX 벌크선형에 적용하여 약 6%의 전달마력 절감효과를 검증하고, 향후 실선에 적용하기 위한 기초기술을 확보한 바 있다.

이 밖에도 전 세계적으로 매우 다양한 ESD 개발 사례들이 있다. 현재 선박에 적용되는 ESD 중 높은 점유율을 차지하는 Becker Marine사의 "Mewis Duct"는 프로펠러 전방에 덕트와 덕트 내부핀에 의해 프로펠러로 유입되는 물의 흐름을 최적화하여 프로펠러와 러더의 효율을 높임으로써 약 3~7%의 연료 절감효과를 보인다고 발표

© 삼성중공업

SAVER Fin

© 현대중공업

© KRISO

(좌) Thruster Fin
(우) K-Duct

되었다. MOL사의 PBCF Propeller Boss Cap Fin는 프로펠러 뒤에서 생기는 허브 볼텍스로 인한 손실을 복구하여 연료를 절약하는 원리의 장치로, 설치 및 탑재가 간편하여 인기 있는 ESD 중 하나이다. Kawasaki사의 RBS-F Rudder Bulb System with Fin는 타에 부착된 벌브로 추진기 유입류의 원활한 흐름을 제공하고, 핀은 프로펠러 회전에 의해 생성된 흐름에 추력을 발생시키는 장치로, 선주로부터 인기 있는 ESD 중 하나이다.

현재 선박 ESD 개발은 다양한 기존 에너지 절감 개념을 복합적으로 적용하려는 노력을 바탕으로 선박의 운항 상태에 따라 능동적 제어 Active type ESD가 가능한 형태 등 연구개발과 투자가 지속적으로 이루어지고 있으며, 다양한 개념으로 진화하는 중이다.

● 전산유체역학(CFD)

전산유체역학 개요

전산유체역학 CFD, Computational Fluid Dynamics은 유체의 물리적 움직임을 수학식으로 표현한 편미분방정식 또는 적분방정식들을 컴퓨터를 이용하여 수치적 방법으로 풀어 해를 얻는 학문이다.

우리 생활 주변을 포함해서 자연에서 일어나는 모든 물리적 현상을 해석하는 방법은 관찰 또는 현상을 재현하는 실험적 방법, 수학적 언어를 사용하여 그 현상을 표현하는 방정식을 만들어 해석하는 방법, 사람의 수작업 등으로 간단히 구해지지 않는 복잡한 유동현상에 대한 유체운동 방정식을 컴퓨터를 이용하여 시뮬레이션하는 방법으로 나뉜다. CFD는 이 마지막에 속하며, 물리현상을 해석하는 이러한 세 가지 방법은 서로 밀접한 관계가 있다. 유체 움직임에 대한 수학 방정식을 만들려면 탁월한 물리적 직관이 필요하며, 실험을 통해서 나타난 유체운동 현상에 대한 물리적 법칙을 발견하고 이해할 수 있는 바탕이 있어야 한다. 현재 사용하고 있는 유체운동 방정식들은 지난 역사 속의 물리학자, 수학자, 공학자들의 끊임없는 실험적 · 이론적 노력과 발견에서 나온 산물이라고 할 수 있다.

컴퓨터가 발달하면서 모형제작, 측정기술의 어려움과 함께 비용과 시간의 제약을 받는 실험적 방법과 고전적인 수학적 유체운동 방정식 해석법으로 풀기 어려운 실제적 문제들의 해답을 CFD를 통해 구할 수 있게 되었다. CFD를 이용하면 실제로 우리가 알고 싶은 선박, 자동차, 항공기 주위와 내부 그리고 다양한 기계, 화학공업장치, 전자기기 내부에 대한 복잡한 유동현상에 대한 시뮬레이션이 가능하다. 이러한 점에서 CFD는 시간을 절감할 수 있는 경제적인 방법이며, 시뮬레이션 과정에서 대부분의 유체운동 정보를 모두 얻을 수 있어서 효과적인 방법이라고 할 수 있다.

최근에는 수학자들에 의해 유체운동 방정식을 더욱 효과적이고 정확하게 수치적으로 풀 수 있는 방법과 수학적 모델링들에 대한 많은 연구가 수행되고 있다. 그리고 난류유동처럼 아직 완전하게 밝혀지지 않은 유체운동 현상에 대해서도 수치 해석을 가능하게 해주는 물리적 모델링들이 많이 개발되어 CFD 발달에 깊이를 더해가고 있다.

전산유체역학 적용 분야

CFD 해석법을 적용하고 있는 여러 분야의 연구들을 개략적으로 살펴보면 다음과 같다.

에너지 절감 선박을 개발하기 위해 선박 주위에서 일어나는 파형 및 난류유동 해석 그리고 고효율의 선박추진기 개발을 위해 프로펠러 주위, 워터제트 추진기의 유체운동 현상을 해석하는 데 사용되고 있다. 잠수함의 경우 잠수함 설계 전반에 걸친 유동해석뿐만 아니라, 유체에 의해 발생하는 소음을 예측하여 소음에 의한 추적 원인을 제거하는 데 적용되고 있다. 거친 파랑 중에 운항하는 선박을 CFD 시뮬레이션하여 선박의 운동 형태와 파도에 의해 작용하는 매우 큰 유체력 등을 예측함으로써, 안정적이고 구조적으로 신뢰할 수 있는 선박을 설계하는 데 사용하고 있다.

자동차의 경우 엔진소음 분야의 소음 수준이 많이 감소함에 따라 고속에서 발생하는 주요 공력소음에 대한 연구, 연소해석, 자동차 엔진 실린더 헤드 내의 회전유동 해석 등에 CFD가 적용되고 있다.

전자제품에 CFD가 적용된 예로는 잉크젯을 설계하는 데 부품이 작아서 실험이 어려운 잉크 액적의 생성, 크기, 형상해석과 컴퓨터의 냉각장치해석 등이 있다.

항공분야에서는 무중력 상태에서의 연소특징 해석에 CFD를 이용하며, 연료탱크Fuel tank에서 연료 흐름과 항공기와 우주선이 받는 추진력과 토크의 크기해석, 연료혼합

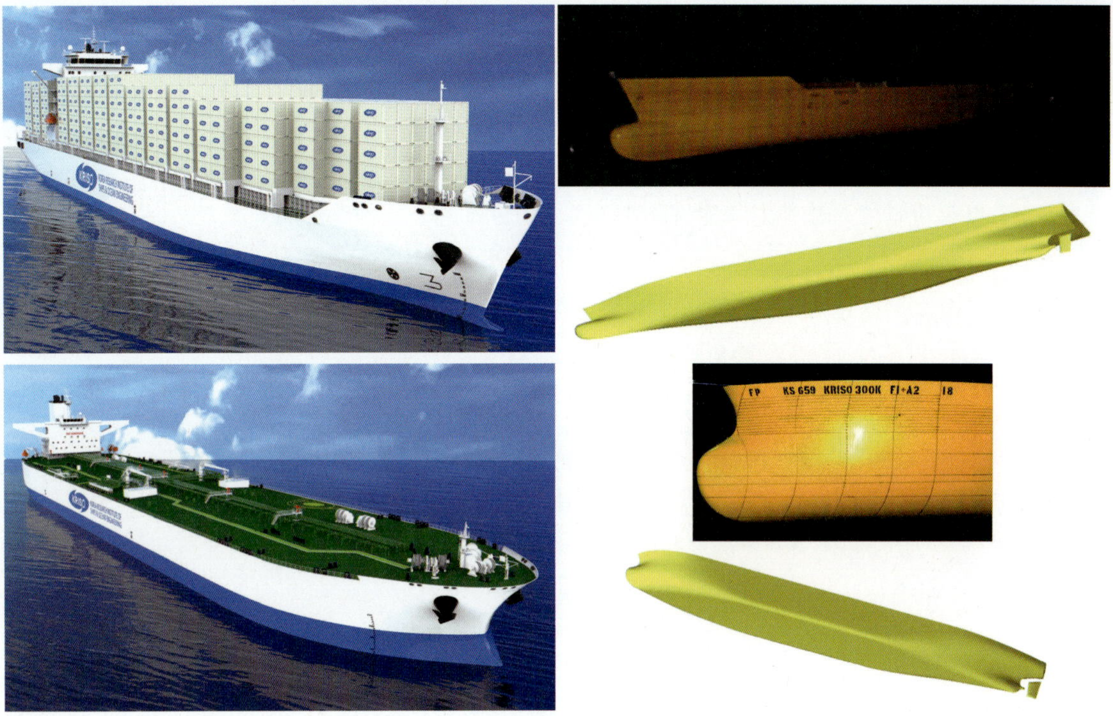

KCS (KRISO Container Ship) 선형(위)

KVLCC2 (KRISO 300K VLCC) 선형(아래)

문제해석 등에도 적용되고 있다. 이 밖에 CFD 해석법은 자연과학분야 등 여러 분야에서 다양하게 이용되고 있다.

전산유체역학 적용 예

선박해양플랜트연구소에서 개발한 선체 주위 유동 수치해석시스템 WAVIS을 적용하여 선박의 조파현상과 국부 유동장을 계산한 예를 소개한다. 2000년대 초 선박해양플랜트연구소에서는 선박의 유체성능을 파악하고 CFD 해석의 벤치마크 자료를 제공하기 위하여 컨테이너 선형 KCS, KRISO 3600TEU Container Ship과 탱크 선형 KVLCC2, KRISO 300K VLCC tanker을 개발하고 선형자료와 함께 모형시험 결과를 공개한 바 있다. 이 자료는 국제학회(A Workshop on CFD in Ship Hydrodynamics, 2005 Tokyo, 2010 Gothenburg, 2015 Tokyo)에서 CFD 해석 결과를 검증하기 위한 벤치마크 케이스로 채택되었으며, 지금까지도 전 세계의 많은 연구기관과 대학에서 활용하고 있다.

모형시험과 달리 CFD 해석법은 선박의 정확한 형상 데이터를 컴퓨터에 입력하여 이 문제에 적합한 유동 방정식을 풀 수 있도록 선체와 유동 영역을 수치적분 또는 미분하기 좋은 형태로 수치격자계를 만들어 방정식을 푼다.

이러한 과정을 통하여 얻은 수치해석 결과를 모형시험 결과와 서로 비교하여 수치해석 결과의 신뢰성을 검증할 수 있다. 다음에 볼 그림에서는 모형시험에서 계측된 파형과 CFD의 결과를 함께 볼 수 있는데, 수치해석 결과가 물리현상을 매우 잘 묘사하고 있음을 볼 수 있다. 또한 VLCC 선형의 프로펠러 면에서 국부 유동장을 계측한 결과와 수치해석 결과를 서로 비교하여 보여주고 있는데, 선미 후류의 저속 영역을 잘 모사하고 있음을 알 수 있으며 CFD의 유용한 면을 확인할 수 있다.

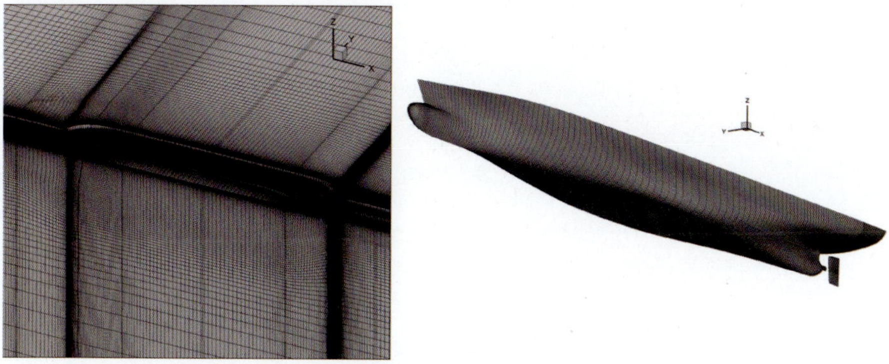

© KRISO

CFD 해석을 위한 수치격자계 생성 예 - KCS 선형

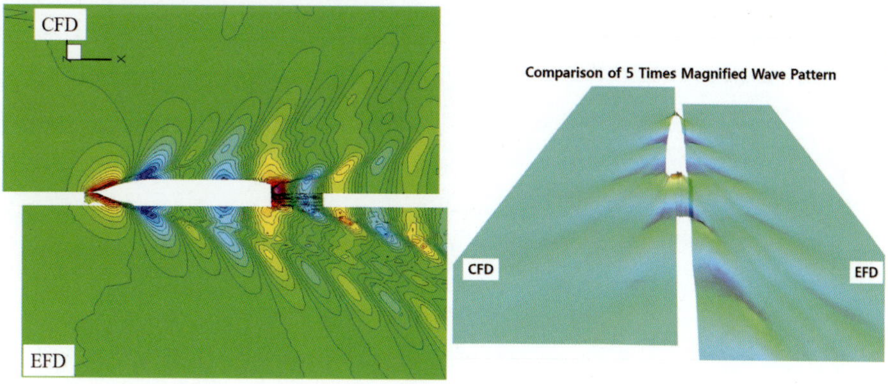

© KRISO

KCS 선형의 모형시험과 수치해석에 의한 파형 비교

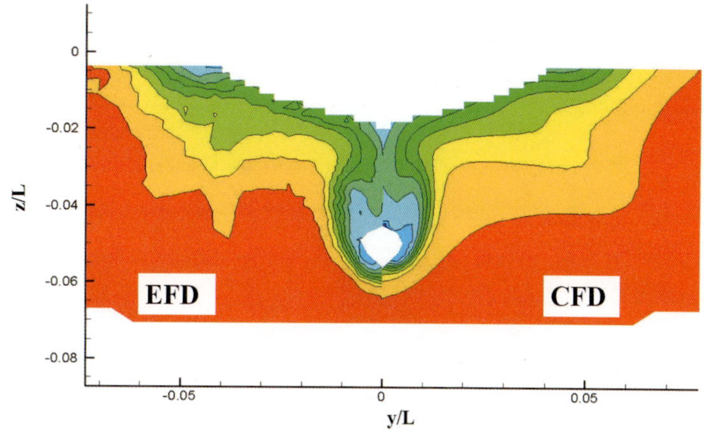

© KRISO

KVLCC2 선형의 모형시험과 수치해석에 의한 추진기면 반류분포 비교

선박의 추진기

추진기는 선박에 탑재된 동력장치에서 발생하는 에너지를 추진력으로 변환하는 대표적인 추진 장치이다. 동력원의 진화에 발맞추어 추진기의 설계 및 해석 기술도 비약적으로 발달하였다.

문일성 선박해양플랜트연구소 책임연구원

선박 추진원리

추진기는 선박에 탑재된 동력장치에서 발생하는 에너지를 추진력으로 변환하는 대표적인 추진 장치이다. 동력원과 동력 전달방식에 따라 추진원리가 차이가 날 수 있지만, 이 글에서는 오늘날 많이 사용되는 탄소연료를 동력원으로 하는 일반 상선 추진기(고정피치 추진기)를 기준으로 선박 추진원리를 설명하고자 한다.

추진기 기하학

추진원리를 이해하기 위한 첫 단계로 추진기의 형상에 대하여 알아보도록 한다. 추진기는 일반적인 기계장치의 형상을 표현하는 3차원 정의와 달리 약간 독특한 형상 정의를 사용하고 있다. 추진기는 형상을 표현하는 변수를 정의하고, 정의된 변수를

추진기의 형상 변수 및 특성

형상 변수 명	특성
피치(pitch, P)	추진기가 1회전 했을 때 각 반경위치에서의 날개 단면이 축 방향으로 전진하는 거리 * 피치각[$\phi = \tan^{-1}(\frac{P}{2\pi r})$]: 반경 r의 위치에서 피치를 각으로 표시한 것
레이크(rake, X_G)	각 반경위치에서 추진기 기준선으로부터 제작 기준선까지의 축방향 직선거리
스큐(skew, θ_m)	날개단면 기준점이 추진기 기준선과 추진기 축심으로 이루어지는 평면과 이루는 각
코오드(chord, c)	각 반경위치에서 추진기 날개단면의 직선거리
캠버(camber, f_0)	각 반경위치에서 추진기 날개단면의 코-꼬리선으로부터 날개두께의 중점까지의 거리
두께 (thickness, t)	날개단면의 두께

이용하여 추진기의 3차원 형상을 도출하는 방식을 사용한다. 대표변수는 피치 Pitch, 레이크 Rake, 스큐 Skew, 코드 Chord, 캠버 Camber, 두께 Thickness로 분류되며, 각각의 변수는 추진기의 성능과 매우 밀접한 관계가 있다. 즉 추진기의 형상을 나타내는 변수는 추진기의 3차원 형상뿐 아니라 추진기의 설계 및 성능분석에도 사용된다.

다소 복잡한 형상의 조합으로 이루어진 것처럼 보일 수 있지만, 형상변수를 이용하면 수학적으로 추진기의 3차원 표면정보를 도출할 수 있기 때문에 매우 체계적이고 정확한 표현 방법이다.

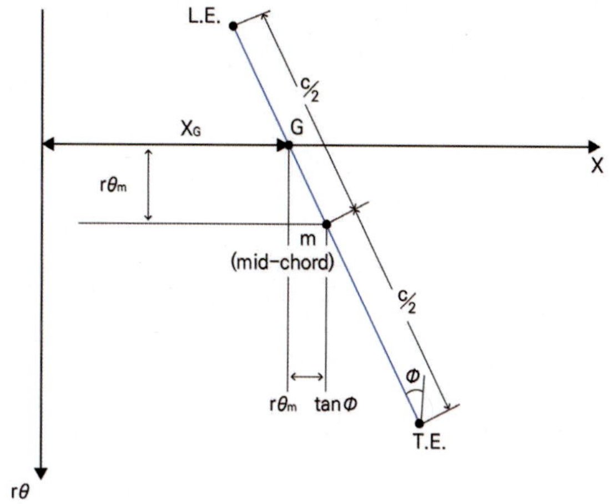

원통좌표계에서의 추진기 기하학 표시

Geometric representation of the propeller in cylindrical coordinates

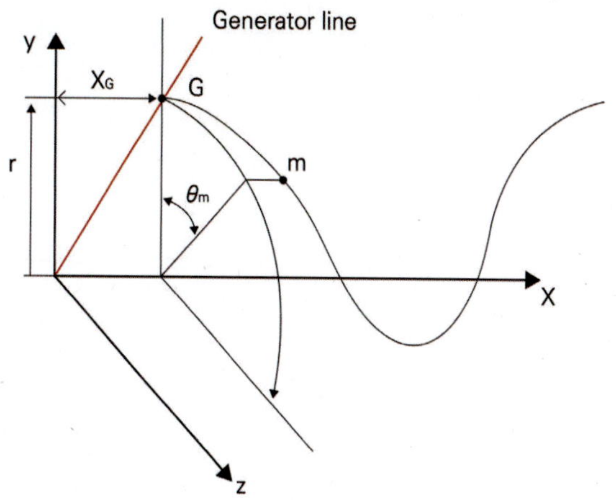

직교좌표계에서의 추진기 기하학 표시

Geometric representation of the propeller in Cartesian coordinates

● 선박의 저항과 추진

선박이 앞으로 전진할 때 선박의 진행을 방해하는 힘이 발생하는데, 이 힘을 저항이라고 한다. 선박의 저항은 물, 중력, 공기, 관성력 등에 의하여 발생하며, 저항을 이기면서 선박이 전진하게 하는 힘을 추진력이라고 한다.

선박에서 추진력은 주로 추진기에서 발생하며, 회전하는 추진기가 선박의 전진 방향으로 추력을 내는 원리를 힘의 벡터로 표시하면 164쪽의 그림과 같다.

선박의 저항과 추진에 대한 특성

명칭	선박(Ship)	저항(Resistance)	추진(Propulsion)	동력기관(Engine)
특성 및 형태	화물 및 여객 수송	▶ 선박의 진행을 거스르는 힘 ▶ 물에 의한 힘(표면력) ▶ 중력, 관성력 등	▶ 선박을 진행하게 하는 힘 ▶ 스크류, 물 제트 등	▶ 추진력의 근원 ▶ 디젤엔진, 가스터빈, 풍력 등

선박의 추력과 토크의 원리

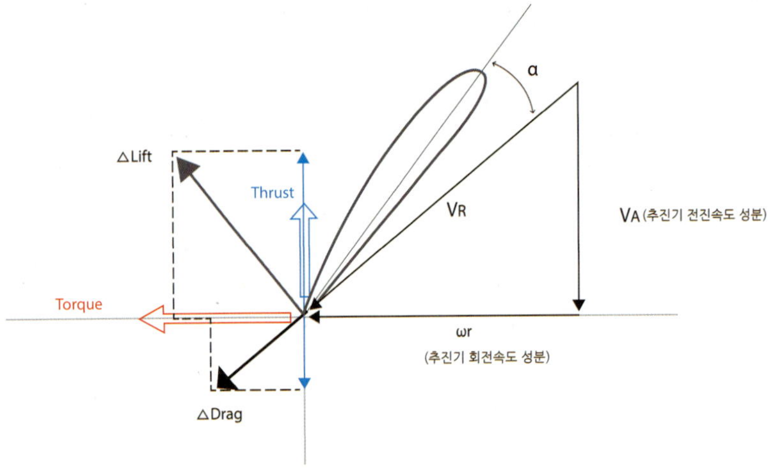

© KRISO

추력 발생의 원리를 이해하면, 추진기의 최적 설계는 최대한 추력을 많이 내고 항력을 최소화하는 방향이 적합함을 알 수 있다. 다만 현재의 추진기는 효율적인 측면과 더불어 추진기에서 발생하는 캐비테이션에 의한 소음, 진동, 변동압력과 같이 추진기에 의한 선체 피해 또는 수중 해양환경 보호의 측면도 고려해야 한다.

● 추진기의 종류와 특성

추진기의 종류는 추진원리, 추진기 동력원, 추진기 형상 등에 따라 분류한다. 즉 추진기의 분류는 학술적으로 크게 의미 있는 내용이 아니고, 추진기의 특성을 설명하기 위한 것이다. 따라서 아래 내용의 분류도 학술적으로 정의된 분류는 아니며, 단지 추진기의 다양한 종류를 보여주기 위한 분류로 이해하여야 한다.

다양한 추진기 및 에너지 절감장치 종류

고정피치 추진기(FPP)

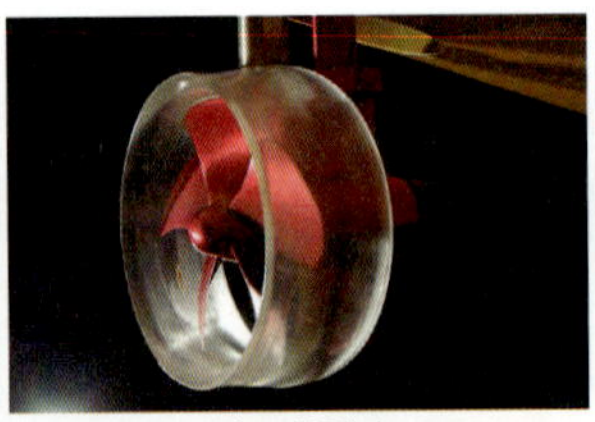
덕트 추진기

물분사 추진 장치

© KRISO, 현대중공업

복합소재 추진기

에너지 절감장치(전류고정날개)

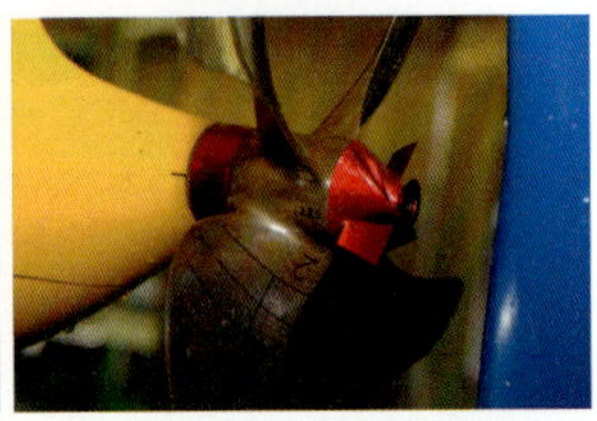
에너지 절감장치(KCap)

고정피치 추진기

회전축과 연결되는 허브 Hub 부분에 날개 Blade들이 일체로 고정되어 있어서 고정 피치 추진기 FPP, Fixed Pitch Propeller라고 한다. 앞에서 설명한 추진기의 피치를 변화시킬 수 없는 추진기로, 축이 회전하면 허브와 날개들이 일체가 되어 동시에 회전하게 된다. 고정피치 추진기는 소형 어선을 비롯해 고속함정, 초대형 컨테이너선, 초대형 유조선 등 선박의 크기와 종류를 막론하고 쓰이고 있다. 또한 구조적으로도 비교적 간단하여 제작비 측면에서도 다른 종류의 추진기보다는 유리하다.

가변피치 추진기

고정피치 추진기는 날개가 허브에 고정되어 있는 반면 가변피치 추진기 CPP, Controllable pitch propeller의 날개는 선박의 운항 조건에 따라 날개축을 중심으로 회전시켜 날개 자체의 피치각을 조정할 수 있다. 허브에 연결된 축계 내부가 비교적 복잡하게 구성되며, 유압으로 날개의 각도가 제어된다. 축에 연결된 엔진의 회전수를 일정하게 한 상태에서 추진기 날개의 피치각도를 조절하여 추력과 선속을 조절할 수 있다. 이 추진 장치는 엔진 등의 추진 관련 기계장치를 가속과 감속을 하지 않고도 추력을 미세하게 조정할 수 있기 때문에 선박의 조종 성능과 위치제어성능을 우수하게 한다. 여객선, 페리선, 예인선 및 해양작업선 등에 많이 사용한다.

덕트 추진기

덕트 추진기 Duct propeller는 노즐 내부에 추진기가 있는 형태로, 가속형과 감속형 덕트 추진기가 있다. 각각의 형상은 부하가 큰 추진기의 효율을 증가시키는 수단이나 추진기에서 발생하는 캐비테이션의 지연을 목적으로 적절하게 선택하여 주로 사용한다.

상반회전 추진기

상반회전 추진기 CRP, Contra rotating propeller는 동일 축상에 회전방향이 반대인 2개의 추진기가 장착되는 형태이다. 추진축은 동일 축상에 있으면서 안쪽에서 회전하는 것과 바깥쪽에서 회전하는 것으로 구성된다. 1개 추진기의 경우에는 추진기를 통과한 물의 회전운동에너지가 손실로 작용하지만, CRP 추진 장치는 전방 추진기와 후방 추진기의 유체역학적인 상호작용을 이용하여 회전운동에너지의 손실을 최소화할 수 있다. CRP 추진 장치는 한 개의 일반 고정피치 추진기에 비하여 추진효율을 약 6~7% 향상할 수 있다고 알려져 있다. 그러나 이중구조로 이루어진 회전축 시스템의 복잡성과 신뢰성, 초기 투자비가 크다는 단점이 있다.

물분사 추진 장치

물분사 추진 장치 Water-jet propulsion는 선체 내부에 추진기와 유사한 임펠러가 장착되어 물을 흡입하고 분사할 수 있다. 물분사 추진 장치는 고속으로 운항할수록 추진효율이 증가할 뿐 아니라 임펠러가 유도관 내부에서 회전하므로, 고속선에서 사용되는 일반 추진기에서 문제가 되는 캐비테이션 제어 관점에서도 매우 유리한 추진 장치이다.

선회식 전기추진기

일반적인 추진시스템의 동력전달체계 및 추진방식인 "동력원-축계-추진기" 시스템에서 전기 동력원의 장점 및 선회식 추진 장치의 특성이 반영된 "동력원-발전기-제어기-전동기-추진기"의 시스템으로 구성된 추진 장치이다. 추진 장치 자체가 회전하므로 조종 성능이 향상되고, 축계 및 타가 필요치 않아 기존 선박의 축계에 의한 동력전달 방식의 제한에서 벗어날 수 있다. 따라서 주기관 등 선체 내부 장비 배치의 유연성 증가로 최적설계에 유리하며, 선체저항 및 추진기의 성능 향상을 기대할 수 있다.

복합소재 추진기

복합소재 추진기는 탄소섬유를 강화재로 하는 플라스틱계 복합소재로 제작된 추진기를 의미한다. 복합소재는 고강도와 고탄성의 경량 구조재로 성형성이 뛰어나며, 기존 추진기에 많이 사용하는 동합금에 비하여 매우 가벼워서 선박을 경량화하여 효율 증가에 기여할 수 있다. 반면에 작동 중 동합금에 비하여 추진기 휨의 정도가 클 수 있으므로 설계단계에서 이를 고려한 설계기법이 연구되고 있다. 이를 적용한 유연 추진기 Flexible propeller의 경우 연비, 효율, 캐비테이션 성능에서 기존 추진 장치에 비하여 동등 이상의 성능을 보여준다.

추진기 효율 향상 장치

전통적인 추진기의 형상을 변화시키지 않고 추진기에 유입되는 유동을 개선하거나 추진기에서 발생하는 손실에너지를 회수하는 다양한 장치가 있다. 대부분의 에너지 절감장치는 선박의 효율을 증가시켜 운항에 필요한 에너지 절감 및 환경오염을 저감하는 것을 목적으로 한다. 대형 조선소를 중심으로 SAVER Fin, 전류고정날개 추진 장치, 추력날개 등이 개발되어 선박에 적용되고 있다.

● 추진기 설계 및 해석 기술

추진기를 표현하는 수학적 이론

추진기를 수학적으로 표시하는 이론은 1952년에 럽스 Hermann W. Lerbs, 1900~1968의 양력선 Lifting line 이론이 발표된 이후 양력면 이론까지 발달하여 추진기의 성능해석 및 복잡한 형상의 추진기를 설계하는 단계까지 실용화되었다. 과거 추진기 이론은 균일류에서 작동하는 추진기의 성능계산을 위한 포텐셜 유동해석이 주류였지만, 이후 기하적인 비선형 효과를 다루는 이론이 개발되고 발전하여 추진기 표면 압력계산이 정교하게 이루어지고 있다. 발전된 이론을 기반으로 최근에는 설계단계부터 추진기의 성능을 실선과 매우 유사하게 추정할 수 있으며, 과거에 알지 못하던 물리적인 특성을 분석하여 최적의 추진 장치 개발이 이루어지고 있다.

❶

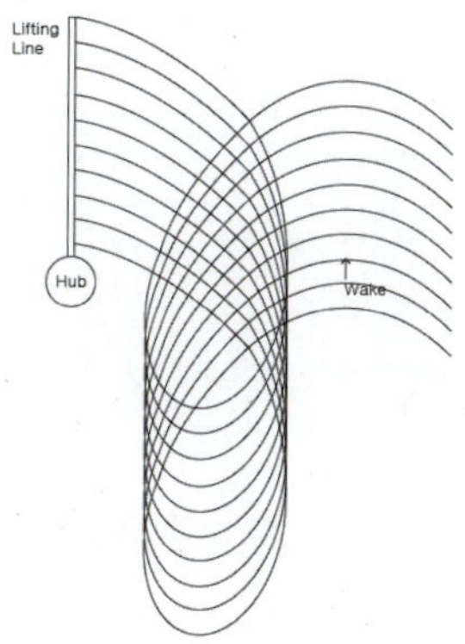

❷

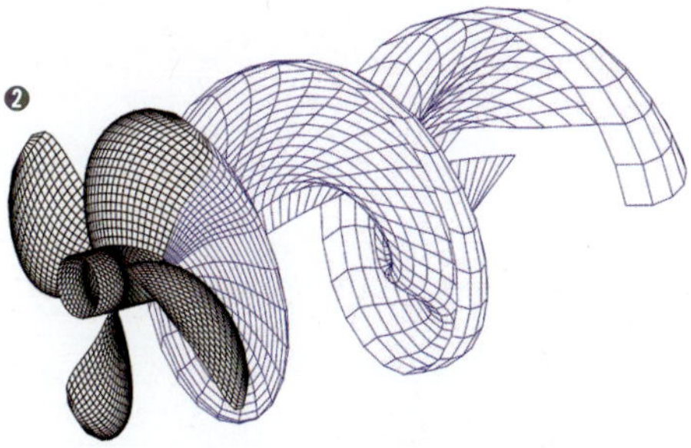

❸

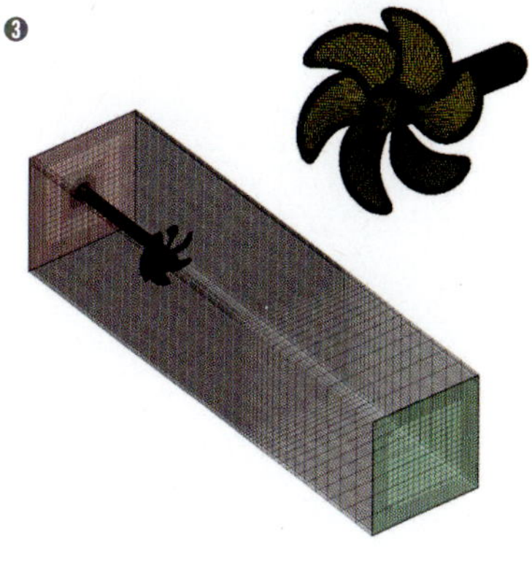

© KRISO

수학적 이론의 개념도
❶ 양력선이론
❷ 양력면이론
❸ CFD

이론기술은 유효반류 분포, 선체표면 기진력 추정, 추진기의 수학적 모형화, 새로운 날개단면 개발, 추진기 날개응력, 추진기 설계 등 다양한 분야에서 개발되었으며, 최근에는 추진기 소음해석 분야의 개발이 시도되고 있다. 다양한 이론기술 중에 연구결과와 문헌에 많이 소개된 이론기술들은 더 이상 설명하지 않고, 최근에 개발되고 있는 추진기 소음해석에 대하여 좀 더 알아본다.

추진기 소음은 공동소음(캐비테이션 소음)과 비공동소음(비 非 캐비테이션 소음)으로 나눌 수 있다. 일반 선박의 경우, 추진기에 캐비테이션이 발생하면 소음레벨이 급격히 증가하여 공동소음이 중요하다. 그렇지만 캐비테이션이 발생하지 않는 환경에서 운항하는 선박(잠수함처럼 수심이 깊은 위치에서 움직여서 높은 정수압 때문에 캐비테이션이 발생하지 않는 경우)은 비공동소음 또한 매우 중요하다.

추진기 소음에 대한 접근 방법은 경험식과 실험적 방법에 많이 의존하고 있다.

계열 추진기 및 실험데이터 (KRISO 시리즈 중심으로)

최근 기술이 비약적으로 발달하여 더욱 정밀한 유동 현상을 모사하는 것이 가능해졌다. 이를 바탕으로 한 추진기 소음수치 예측 연구가 관심을 받고 있지만, 아직까지 해석결과의 신뢰도는 낮은 것으로 판단된다. 더욱이 최근에 개발되는 추진기는 과거에 개발된 경험식만 사용하기 힘든 경우가 많아 정교한 실험이 요구되며, 정밀도 높은 모형시험이 가능한 저소음 대형 캐비테이션 터널이 건립되어 활용되고 있다.

© KRISO

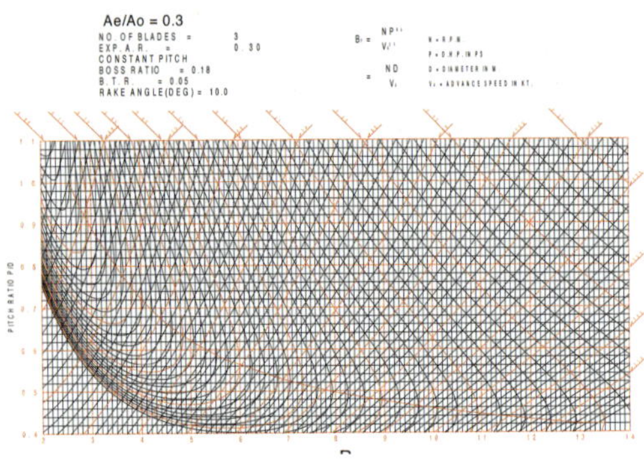

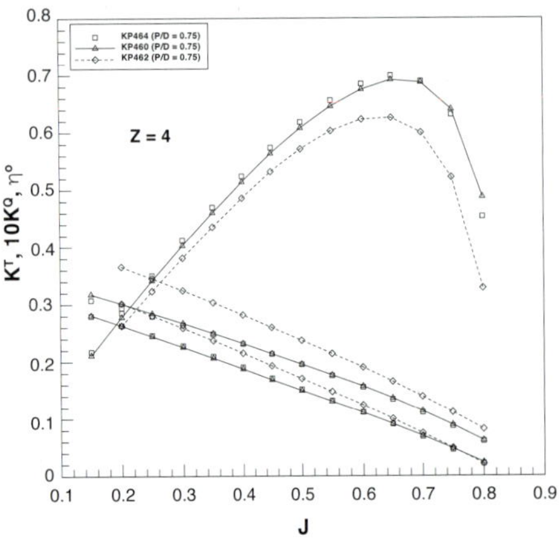

추진기 설계 기술

최적의 추진기 설계는 추진기 분야의 모든 지식과 설계자의 노하우를 포함한 방대한 분량을 설명해야 하지만, 여기에서는 간략하게 과거의 설계기술과 현재의 설계기술의 변천에 대하여 알아본다.

추진기 설계의 목적은 과거부터 현재까지 크게 변하지 않았다. 다만 현재 직면한 문제에 대응하기 위하여 에너지, 환경, 안전 등이 추가로 요구되고 있다. 선박의 속도에 중점을 둔 설계에서 에너지 위기에 대응하기 위한 고효율추진기의 설계와 환경을 보호하기 위한 에너지절감형 또는 저소음추진기의 설계로 변모하고 있다. 그러나 추진기의 근본적인 역할인 선박 추진 장치로서의 성능은 항상 우선적으로 고려해야 할 항목이다.

과거 이론개발과 더불어 전산기의 개발이 저조했던 시기에는 방대한 모형시험결과를 이용한 계열추진기 자료와 경험식을 이용한 설계가 대부분이었다. 계열추진기 자료는 추진기의 초기설계 단계에서 가장 중요한 날개수, 확장면적비, 피치비 등을 결정할 수 있으며, 대표적으로 B-Series, MAU-Series, K-Series 등이 있다. 계열자료를 이용한 설계방법은 전산화하여 최근에도 초기설계 자료로 사용하고 있다.

최근에는 앞에서 설명한 이론개발과 더불어 정밀도 높은 수치해석 프로그램이 개발되어 설계에 활용됨으로써 실선 추진기의 성능을 매우 유사하게 추정하면서 설계하기 때문에 더욱 발전된 고성능 추진기 개발이 가능해지고 있다.

추진기 성능을 추정하기 위한 모형시험 시설

이론개발과 고성능 전산기를 이용한 수치계산 기술이 발달하여도 아직까지 실제 유체 현상을 완벽하게 재현할 수 있는 기술은 없다. 특히 선박처럼 환경변화가 심한 자연의 바다에서 운항하는 경우의 선박 성능을 추정하는 것은 불가능하다. 다만 이론적인 지식을 기반으로 하여 바다에서 운항하는 선박의 성능을 최대한 유사하게 추정할 수 있는 기술이 모형시험 기술이다. 모형시험은 실제 선박과 형상이 동일한 축척 모형을 이용하여 이상적으로 만들어진 시험장비에서 시험하여 성능을 추정하는 기술로, 오래전부터 시험장비와 시험기법에 대한 연구가 이루어져온 덕분에 지금은 실선의 성능을 매우 정교하게 추정하는 단계에 있다.

우리나라는 세계 1위의 조선강국으로 세계 10위 안에 꼽히는 조선소가 대부분이며, 시험시설도 선박해양플랜트연구소를 중심으로 세계적인 수준으로 구축되어 있다. 다양한 시험시설 중 원천기술개발을 위한 중형 캐비테이션 터널, 3차원 선박모형을 이용한 캐비테이션 시험이 가능한 대형 캐비테이션 터널이 선박해양플랜트연구소에 있다. 이 중에서 대형 캐비테이션 터널은 세계적인 규모의 터널로 일반상선과 함정의 추진기 성능시험이 가능하며, 깊은 수심에서 작동하는 몰수체 沒水體, Submerged body에 대한 시험이 가능하도록 구축되었다.

실선 추진기에 발생하는 캐비테이션 현상은 선체 진동 및 소음, 추진기 날개 침식 등의 문제를 일으킬 우려가 있으므로 선박 건조 이전인 설계단계에서 축소 제작한 모형선을 이용하여 캐비테이션 성능시험을 시행한다. 모형시험을 통해 추진기의 캐비테이션 발생 거동을 파악하고, 선체 진동의 원인이 되는 추진기 주변의 선체 표면 변동압력 등을 계측할 수 있다. 모형시험에서는 실선 추진기에 발생하는

(좌) 대형 캐비테이션 터널
(우) 중형 캐비테이션 터널

© KRISO

추진기 성능모형시험 절차

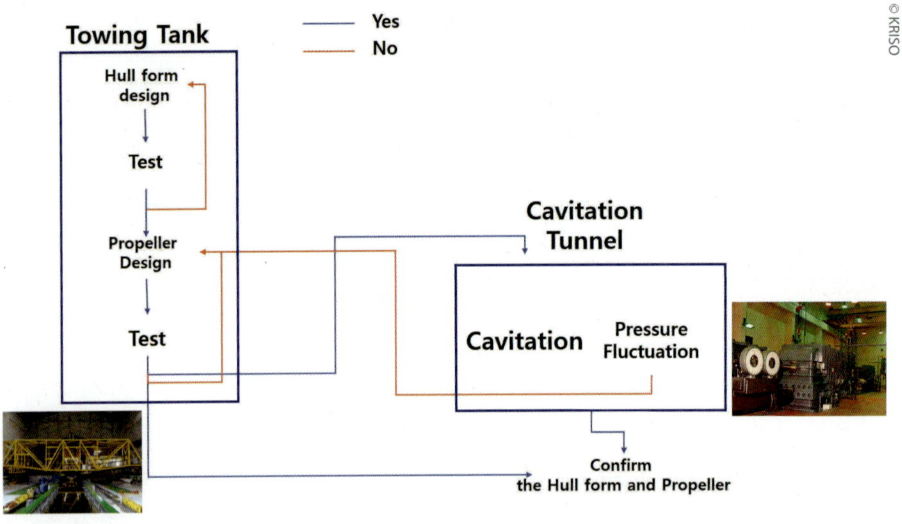

캐비테이션 현상을 최대한 유사하게 재현하는 것이 중요하기 때문에 추진기로 유입되는 유동장 분포, 추진기 작동 시 추력 발생 조건, 압력 환경 조건을 동일하게 하는 것이 중요하다.

과거에는 캐비테이션 터널의 크기가 작아 시험부에 추진기만 설치하고 평균적 방법으로 유동장 분포를 재현하는 방식을 사용했기 때문에 정확한 유동장 재현에는 한계가 많았다. 이러한 문제를 극복하기 위해 선박해양플랜트연구소에서는 10m 정도 길이의 모형선 전체를 그대로 시험부에 설치할 수 있는 시설인 대형 캐비테이션 터널을 건설하였다. 대형 캐비테이션 터널에서는 모형선, 추진기, 방향타, 각종 부가물 등을 실선과 동일하게 설치하기 때문에 정확한 유동장 재현이 가능하다.

대형 캐비테이션 터널은 모형선 전체를 시험부에 설치 고정하고, 물을 채운 뒤 일정하게 흐르게 하여 마치 선박이 전진하는 것과 같은 상황을 만들 수 있으며, 시설 내부의 압력을 가압 또는 감압할 수 있는 압력 조절 기능을 갖추었다. 대형 캐비테이션 터널에서는 모형시험 시 고속카메라, 변동압력센서, 소음계측장비 등을 사용하여 정밀한 캐비테이션 현상을 촬영 분석하고 유기되는 압력 변화 및 소음 발생을 측정한다.

추진기 성능을 추정하는 모형시험

추진기 성능을 추정하는 모형시험은 분석하고자 하는 물리량에 따라 매우 다양하며, 동일한 성능을 분석하더라도 시험 기법을 다르게 적용할 수 있다. 추진기의 대표적인 성능을 나타내는 것으로 추력, 토크, 효율, 캐비테이션, 소음 등이 있지만, 열거된 항목 또한 일반 상선을 설계하고 건조하기 위하여 수행하는 기본적인 성능에 불과하다. 따라서 추진기 성능을 분석하기 위한 모형시험을 모두 열거하려면 너무 방대하므로, 주로 일반 상선을 설계하는 데 필요한 대표적인 모형시험만을 들자면 단독성능시험, 캐비테이션 성능시험, 수중방사소음계측시험이 있다.

추진기의 단독성능은 프로펠러가 무한 유체장에서 작동할 때 추진기에서 발생하는 추력 및 토크의 특성을 무차원화한 상수로 표기하는 것을 말하며, 선박의 자항성능을 추정하는 데 매우 중요한 기본적인 성능특성이다. 단독성능시험은 위벽효과를 최소화할 수 있는 수조에서 주로 수행하며, 단독성능시험을 위한 전용 동력계에 추진기를 장착하여 원하는 전진계수에서 추진기의 추력과 토크를 계측한다. 수조에서 계측된 추력과 토크는 ITTC에서 표준방법으로 채택하는 방법을 사용하여 실해역에서의 추진기 성능을 계산한다.

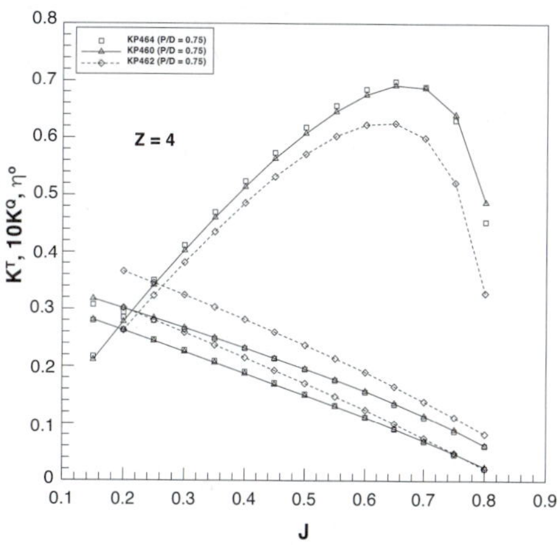

단독성능시험 및 추진기 단독성능 곡선

캐비테이션이란 일정한 온도에서 유체의 운동 등에 의하여 물체 표면의 압력이 증기압 이하로 떨어질 때, 물의 상태가 기체로 변하면서 빈 공간이 형성되는 것을 가리킨다. 추진기가 회전하면 추진기 날개면에서 유속은 선박의 진행속도와 다르게 국부적으로 고속으로 변하며, 이에 따라 압력강하가 일어나서 날개면의 유체가 기체로 변한다. 이때 발생하는 공동현상을 캐비테이션이라고 한다. 과도한 캐비

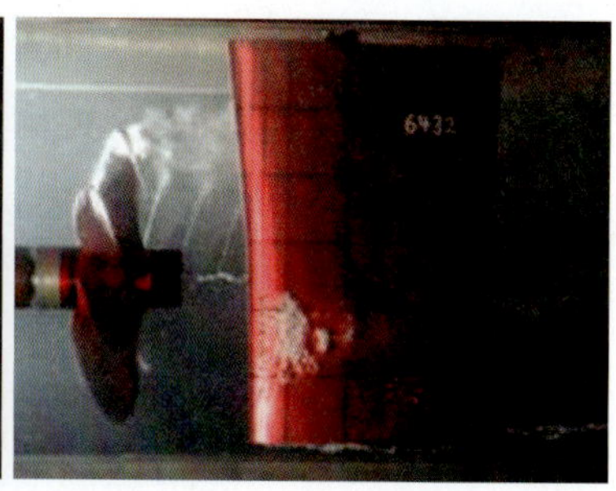

추진기의 각종 캐비테이션 현상

테이션은 추진효율 감소, 추진기 침식, 선체 변동압력 증가, 방사소음 증가의 문제로 이어진다. 특히 일반 상선의 경우, 추진기 침식으로 운항 중 추진기 기능이 상실되는 큰 문제가 발생할 수 있기 때문에, 설계단계부터 추진기에 발생하는 캐비테이션의 특성 및 문제점을 분석하여 설계에 반영해야 한다.

호화여객선은 선실에서 안락한 것이 중요하며, 군에서 사용하는 함정은 적에게 탐지되는 것을 피해야 하기에 최대한의 정숙이 필요하다. 특히 함정의 경우, 캐비테이션이 생성되고 붕괴될 때 발생하는 수중방사소음으로 인하여 적에게 쉽게 탐지된다. 또한 소음의 형태로 함정의 형상을 추정하기 때문에 생존성을 높이기 위해서는 소음저감이 필수적인 항목이다. 1970년대에 들어 해양에서 벌어지는 석유 및 가스 채취활동으로 발생한 수중소음이 해양생태계에 미치는 영향에 관심을 기울이기 시작하여, 정부 및 석유업계를 중심으로 관련 분야에 대한 연구가 시작되었다. 연구결과 수중소음은 해양생물에게 직접적인 상해를 입히고, 면역체계 · 먹이활동 · 번식활동에서 문제를 발생시키며, 해양생물의 행동양식을 변하게 한다고 알려져 있다. 특히 수중소음의 주요원인으로 상선에서 발생하는 소음이 주목받으면서 현재 국제사회에서 주된 규제대상으로 논의되고 있다.

선박의 수중방사소음은 발생 원인을 고려할 때 크게 기계류 소음 Machinery noise, 추진기 소음 Propeller noise 그리고 유체동력학적 소음 Flow noise의 3가지로 나뉘는데, 이 중에서도

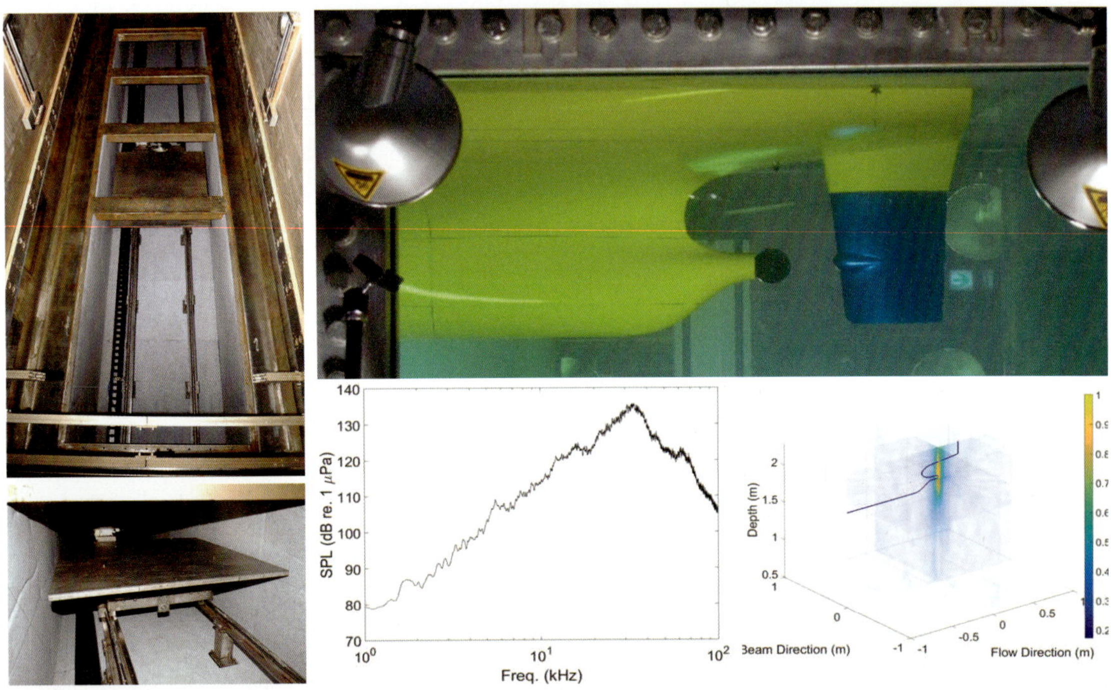

대형 캐비테이션 터널의 음향계측부 및 계측 사례

추진기 소음은 매우 중요한 변수에 해당한다.

모형시험에 의한 추진기 수중방사소음 추정법은 주로 캐비테이션 소음을 추정하기 위해 활용되며, 모형시험을 통한 추진기 소음예측은 함정이나 민간 목적의 선박 모두 설계 및 기초 연구단계에서 활용하기 위하여 가장 효율적인 방법으로 알려져 있다. 모형시험은 주로 추진기의 캐비테이션을 모사할 수 있는 캐비테이션 터널 Cavitation tunnel과 감압수조 Depressurized towing tank에서 수행된다.

● 미래 추진기

과거에는 선박을 운항하기 위하여 사람의 힘을 이용하거나 바람을 이용하는 범선이 대부분이었지만, 17세기에 증기기관의 등장과 함께 선박의 추진 장치가 개발되어 사용되기 시작하였다. 18세기 초에 나타난 동력선은 증기기관을 동력원으로 하는 외륜선 外輪船이 대부분이었다. 즉 배의 양쪽 또는 뒤편에 장착된 커다란 물레방아 같은 바퀴를 증기기관의 힘으로 돌려서 추력을 얻는 방식이었다. 외륜선 방식의 증기선은 강이나 해안의 가까운 거리를 운행할 때는 그 나름의 이점이 있었지만, 먼 바다를 항해할 때는 그다지 적절하지 않았다. 커다란 바퀴를 배의 바깥에 부착하였기 때문에 여러모로 불편한 점이 있었고, 배의 속도를 높이는 데에도 한계가 있었다.

이후 1839년 영국의 발명가 스미스에 의하여 스크류 형태의 추진기를 장착한 선박이 출현한 이후 지속된 연구와 개발을 통해 현재에 이르러서는 선박의 대표적인 추진 장치로 사용되고 있다. 물론 초창기의 추진기는 효율이나 에너지 문제를 고려하지 않았다. 구조적인 문제점을 해결하고 선속 船速을 증가시키기 위하여 탄생한 추진기였지만, 최근에는 선속과 더불어 에너지 절감과 해양 환경보호를 위한 추진 장치에 대한 연구도 진행되고 있다.

환경보호 측면에서 화석연료를 사용하면 온실가스 및 환경오염물질이 해양 대기로 배출된다. 따라서 근본적인 문제를 해결하기 위하여 천연가스, 수소, 원자력, 풍력 등을 동력원으로 이용하기 위한 연구를 진행하고 있다.

동력원의 진화와 발맞추어 추진기의 기술도 비약적으로 발전하고 있다. 과거의 추진기와 달리 추진기의 효율을 극대화하기 위한 에너지 절감장치와 최적설계 기술이 지속적으로 개발되어 스크류 형태의 추진기는 최고의 효율을 갖춘 추진 장치로 각광받고 있다.

그럼에도 과거의 사례에서 보듯이 언젠가는 현대의 추진기와 개념이 다른 새로운 추진 장치가 개발되어 친환경에너지를 이용해 최고의 효율을 보여주는 추진 장치가 탄생하리라는 기대를 품어본다.

선박의 안정성 · 내항성

선박이 항해 중일 때 안전을 위협하는 물리적인 현상들은 선박 설계 시에 고려해야 할 중요한 요소로, 안정 성능과 내항 성능으로 나누어 검토되고 반영된다.

홍석원 선박해양공학협동조합 이사장

바다를 항해하는 선박은 바람, 파랑, 해류 같은 해양환경의 영향을 받아 끊임없이 동요하면서 운동을 하게 된다. 태풍과 같은 해양환경을 만나면 심한 움직임으로 화물 손상, 인명 사상, 선체 손상이 발생하고 심한 경우에는 선박이 침몰할 수 있다. 따라서 선박의 운항 중 안전을 위협하는 이러한 물리적인 현상들은 선박 설계 시에 중요한 설계요소로, 크게 안정 성능 Stablity performance과 내항 성능 Seakeeping performance으로 나누어 검토되고 반영된다.

© Wikipedia

● 안정 성능

모든 선박은 평형상태에서 조금만 기울어져도 다시 중심을 유지할 수 있는 복원력을 갖추게끔 설계된다. 선박의 안정 성능을 논하기 위해 진자의 운동 Pendulum motion을 살펴보자. 진자의 추가 평형점에서 좌측이나 우측으로 이동하면 다시 평형점으로 돌아가려고 하는 힘이 작용하는데, 이것이 바로 선박 복원력의 원리이다. 진자운동의 경우 평형점으로 돌아가려는 복원력은 진자추에 작용하는 중력과 장력이 합쳐진 힘에 의하여 발생한다.

모든 선박은 물 위에 떠 있어야 하기 때문에 수압에 의해 부력을 받으며, 선체중량과 화물중량을 합친 자체 중량이 있기 때문에 당연히 중력을 받게 된다. 선박의 평형점은 중력과 부력의 크기가 같고 그 작용점이 같은 선상에 일치한 상태이다. 바람도 없고 파도도 없는 정수 중에 떠 있는 선박의 상태가 평형점에 있는 상태이다.

진자운동 시 복원력

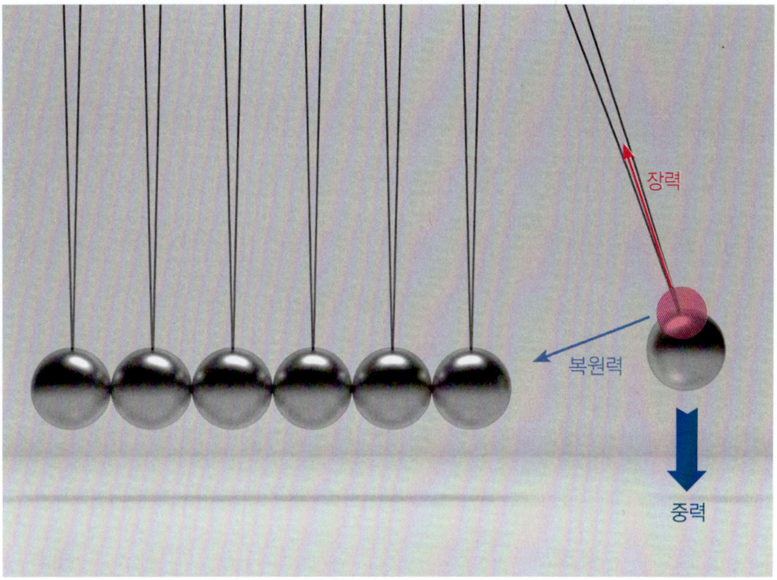

© Pixabay

그러나 해양환경에 노출된 선박은 해양환경에 의한 힘, 즉 환경외력을 받게 되며 이로 인하여 경사가 발생하여 평형점을 벗어나게 된다. 경사가 발생하면 부력의 작용점이 이동하여 중력의 작용점과 어긋나게 된다. 이로 인하여 선박이 평형점으로 되돌아가려고 하는 복원력이 발생한다. 복원력의 크기는 선박의 설계형상과 선체중량 및 화물중량 분포에 따라 결정되는데, 이는 선박의 안정 성능을 나타내는 지표이다. 즉 복원력이 환경외력보다 커서 원래의 평형점으로 돌아가면 안정성이 있는 것이고, 복원력이 부족하고 불안정하여 경사가 더 진행되면 위험한 상황이 된다. 선박의 경사는 기울어진 방향에 따라 횡경사 Heeling와 종경사 Trim로 나누어볼 수 있다. 횡경사란 선체의 길이방향을 축으로 하여 회전하는 경사를 말하고, 종경사란 선체의 폭방향을 축으로 회전하는 경사를 뜻한다.

일반적인 선박은 선체의 폭이나 높이에 비하여 선체의 길이가 상당히 크기 때문에, 환경외력에 의하여 발생하는 횡경사가 종경사보다 훨씬 위험하다. 그 이유는 횡경사 때의 복원력이 종경사 때의 복원력에 비하여 현저히 작기 때문이다.

횡경사 안정 성능

선박에는 화물이 실리기 마련인데, 이 화물이 어떻게 실리느냐에 따라 무게중심의 높이를 뜻하는 G의 위치가 달라진다. 횡경사(φ)가 발생하면 수압이 작용하는 수면 아래에서 선체의 형상이 변하고 이에 따라 부력의 작용점이 이동한다(B → B'). 선박이 경사하게 되면 무게중심의 높이 G는 고정되지만 부력의 작용점은 이동하는 것이다. 경사가 시작되는 초기에는 G를 중심으로 복원력(복원모멘트)이 작용하며, 그 크기는 복원모멘트팔(GZ)과 부력의 곱으로 주어진다. 이때 부력의 작용선이 선체의 중심축과 만나는 점(M)을 메타센터라 하며, 초기 경사 때 선박은 이 메타센터를 중심으로 기운다. 부력 작용점의 이동은 경사각의 크기에 따라 달라진다.

선박의 횡경사와 종경사

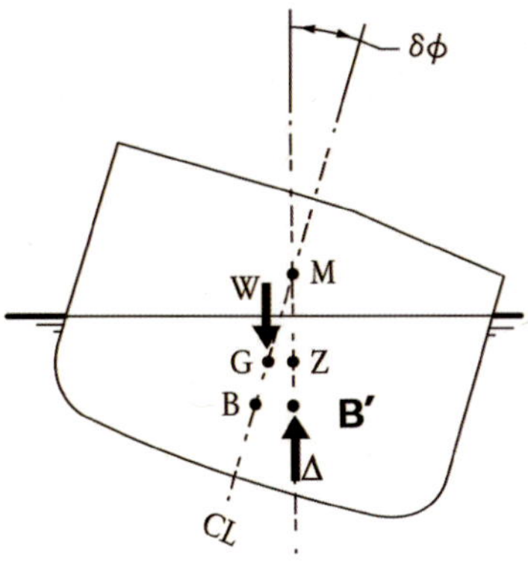

횡경사

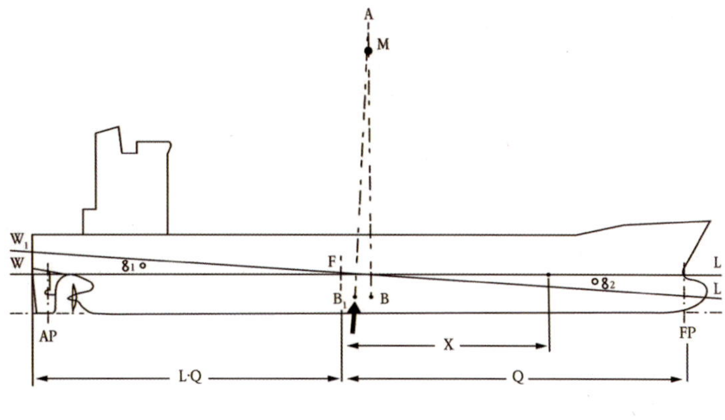

종경사

GM은 메타센터 높이를 뜻하며 선박의 안정 성능을 평가하는 주요 지표가 된다. 즉 메타센터 M이 무게중심 G보다 위에 있으면 GM은 양의 값이 되고 아래에 있으면 음의 값이 된다. GM은 선박의 무게중심 높이, 부력중심 높이, 배수량 그리고 수선면의 형상에 따라 달라진다. 선체의 경사각이 적을 때 횡경사에 의한 복원모멘트는 GM의 크기에 비례하는 함수이다. 그러나 경사각이 점점 증가하면 물에 잠기는 부분의 형상은 좌우 대칭이 되지 않고 복잡하게 변한다. 이러한 경우에는 복원모멘(또는 부력 중심의 위치 변화)를 추정하는 데 수치계산식이 사용되며 이로부터 GZ 값을 구하게 된다.

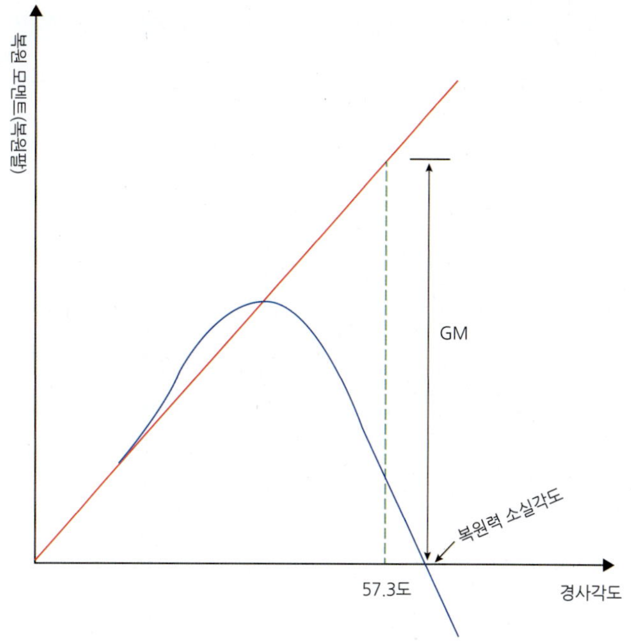

© KRISO

경사각에 따른 복원력 곡선

그림은 경사각에 따른 GZ를 보여주는 그림으로 이를 복원력 곡선이라 한다. 따라서 경사각이 0 근처인 초기 경사 때의 복원력 곡선의 기울기는 GM 값이 된다. 안전하게 설계된 선박의 경우 GM은 통상적으로 양의 값이며, 이 값이 클수록 횡경사 안정성이 우수한 선박이라 할 수 있다.

복원력 곡선은 통상적으로 경사각이 커지면 그 크기가 증가하다가 일정한 경사각보다 더 커지면 그 크기가 감소하며, 더욱 큰 경사각에 이르면 마침내는 음의 값이 되어 전복에 이르는 경사각이 된다. 이를 결정하는 추가적인 요소로는 수면과 선박의 갑판 사이의 수직거리인 건현 높이, 선박 환기창처럼 선박이 기울어질 때 바닷물이 침투하여 침수가 시작되는 침수 경사각 등이 있다.

선박에 실리는 화물의 양이 달라지면 무게중심의 위치 및 배수량이 달라지기 때문에 복원력 곡선도 달라진다. 특히 유조선 같은 선박들은 화물을 가득 채우고 운항할 때(만재 시)와 화물을 비우고 운항할 때(공선 시) 배수량의 차이가 매우 크므로 전혀 다른 복원력 곡선이 생겨나며, 따라서 설계할 때 이에 대해 별도로 검토하여야 한다.

한편, 선체의 무게중심이 많이 올라가 있거나 선체 손상 또는 화물 이동에 따라 초기 복원력의 지표가 되는 GM 값이 음이 되는 경우가 있다. 이러한 선박은 환경외력의 영향이 없어도 경사각이 ϕ_L(또는 $-\phi_L$)이 될 때까지 경사하게 되며, 동적인 환경외력이 작용하면 이 각도를 평형점으로 운동하게 된다. 이러한 평형점 ϕ_L을 횡

정지각 Angle of loll이라 한다. 이러한 상태가 되면 전복의 위험성이 매우 크며 이를 해결하는 유일한 방법은 무게중심의 높이를 낮추는 것이다.

통상적으로 복원력 곡선을 바탕으로 선박의 안정성을 평가하는 기준들이 만들어져 있다. 즉 특정한 경사각에서의 GZ의 최소값이나, 복원력 곡선이 최고점일 때의 경사각, GZ 값이 음이 되기 시작하는 최대경사각 등을 선박의 종류별로 규정하고 있다.

그러나 실질적으로 배가 복원력을 잃고 전복되는 과정을 살펴보면, 파랑과 같은 해양환경에 의해서 시간에 따라 변하는 외력이 지속적으로 작용하면서 선박의 경사운동이 증폭하고 경사각도가 급격히 커지면서 발생한다는 것을 알 수 있다. 이러한 경우를 고려하여 선박의 안정성을 평가하는 것을 선박의 동적 안정성 평가라 한다. 통상적으로 선박을 전복시키려 하는 환경외력에 의한 전복에너지와 안정한 위치로 돌아가려고 하는 복원 에너지의 상호작용을 고려하여 평가하게 된다.

음의 초기 복원력을 가지는 경우 복원력 곡선

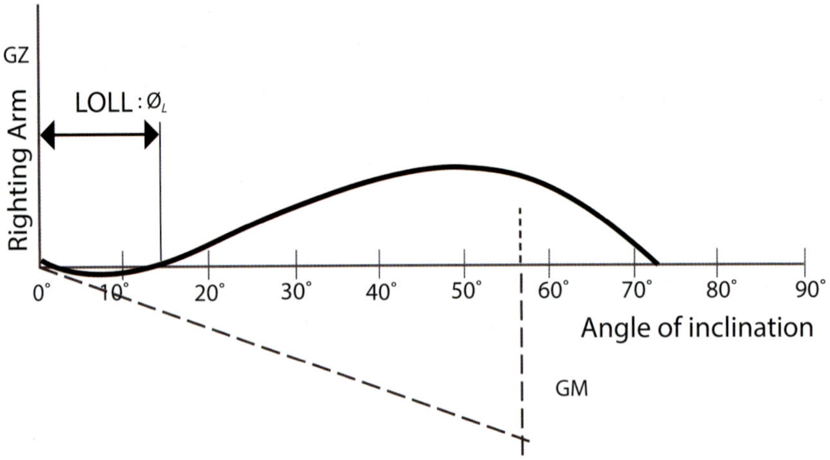

횡경사 동적 안정 성능 평가

선박의 횡경사를 일으키는 주요 환경외력으로는 바람, 조류, 화물이동 그리고 선박의 선회 시에 발생하는 횡경사모멘트 등이 있다. 바람에 의한 힘인 풍력은 풍속함수로 결정되는 풍압과 이 풍압이 작용하는 작용면적의 곱으로 구할 수 있다. 풍압의 작용면적은 선박 수면 윗부분의 형상을 수직면상에 투영한 투영면적이다. 특히 선박이 선회운동을 할 때 발생하는 원심력은 횡경사모멘트를 만든다.

선회에 의한 횡방향모멘트는 횡방향 원심력과 모멘트팔(ℓ_c)의 곱으로 구한다. 따라서 무게중심점이 흘수 절반 위치보다 위에 있는 경우 선박은 회전방향 밖의 방향으로 경사하게 된다. 반대의 경우는 반대방향으로 경사하며 경사하는 정도는

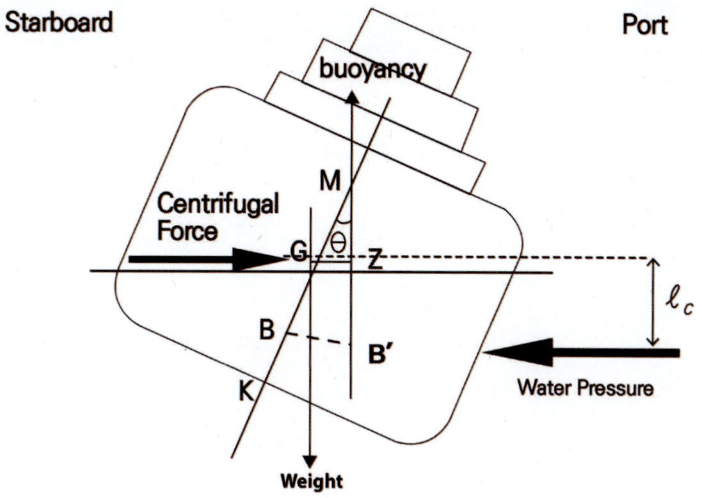

© KRISO

선회 시의 원심력과 유체반력

회전속도가 클수록 커짐을 알 수 있다. 선박이 선회할 때 발생하는 횡경사모멘트가 복원력이 주는 복원모멘트보다 커지면 선박이 전복할 수 있다.

복원력 곡선 GZ Curve 과 바람에 의한 경사모멘트팔 곡선 HA Curve을 동시에 그려보면 그림상의 A점에서 두 곡선이 교차하게 된다. 이 경우 선박은 A점 경사각을 중심으로 횡경사운동 Rolling을 하게 된다. 파도의 작용으로 발생하는 주기적인 횡경사운동에 의하여 선박이 바람 방향으로 C점까지 경사한 후 횡경사모멘트에 의하여 경사운동을 하여 A점을 지나 D점까지 경사운동을 하게 된다. 이때 운동 시 발생하는 에너지 손실을 무시하면 C와 A 사이의 빗금면적 크기와 A와 D 사이의 빗금면적이 동일해지는데, 이 면적은 전복에너지 또는 복원에너지와 관련되어 있다. 전복에너지가 복원에너지

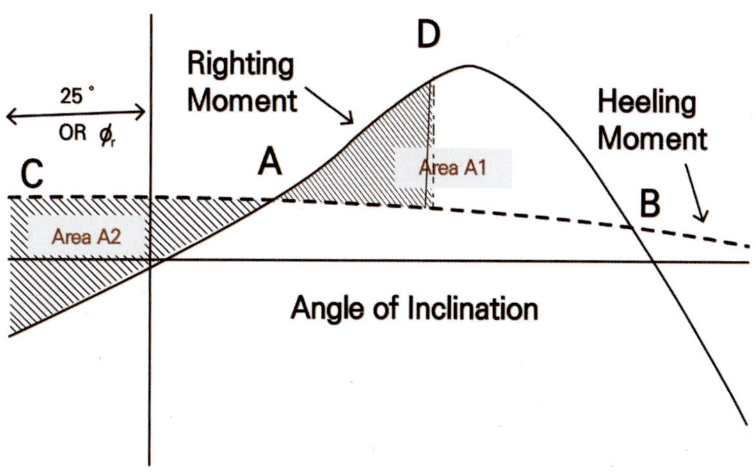

© KRISO

바람경사모멘트와 복원모멘트

보다 많이 커지면 선박은 B점을 지나면서 경사하여 선박이 전복에 이르게 된다.

통상적으로 동복원력 안정성 관련 규정은 그림과 같이 바람경사모멘트와 복원모멘트 곡선을 기준으로 판단할 수 있다. 예를 들어 미국 해군에서 적용하고 있는 바람과 파도중의 동복원력 규정은 다음과 같다.

- C점의 경사각은 복원력 곡선의 최대값이 주어지는 경사각 값의 1/6보다 작아야 한다.
- 그림상의 ADB 사이의 면적 A1은 AC 사이의 면적 A2의 1.4배보다 작아서는 안 된다. 이때 면적 A2는 -25도 또는 실험에서 계측한 횡 경사각 φ_r까지의 복원력 곡선 면적이다.

종경사 안정 성능

종경사의 경우도 횡경사와 마찬가지로 미소 경사 시에 종경사 메타센터높이 GML를 기준으로 회전하게 된다. 통상적으로 종경사의 GML은 횡경사 GM에 비하여 큰 값이 된다. 따라서 종경사 복원력은 횡경사 복원력에 비하여 훨씬 크다. 즉 선박의 전복이 종경사에 의하여 발생하는 경우는 극히 드물다. 한편, 폰툰형 해양구조물처럼 선박과 전혀 다른 형상의 부유식 해양구조물의 경우는 특성이 전혀 다르기 때문에 설계 시에 종경사 복원력도 심도 있게 검토해야 한다.

● 내항 성능

선박이 운항하면서 바다에서 만나는 환경요소 중 선박의 운항효율과 안전에 가장 큰 영향을 미치는 것은 파도이다. 파도는 수면상에 발생하는 파동현상으로, 해상에 부는 바람이 수면과 마찰하면서 발생하며 지구중력의 작용으로 세기가 커진다. 파도는 또 먼 거리로 전파되는 특성이 있다. 이러한 파도가 치는 중에 운항해야 하는 선박은 파도로 인해 지속적으로 동요운동을 하게 된다. 이러한 동요운동으로 선박의 운항효율이 나빠지고 안전운항이 어렵기도 하다. 이러한 성능을 선박의 내항 성능이라 하며 선박을 설계할 때 반드시 검토해야 할 중요한 성능이다. 내항 성능을 검토하려면 선박이 운항 중 자주 만나게 되는 파도의 특성을 설정해야 하는데, 이를 설계파랑이라 한다. 또한 이러한 설계파랑 중을 운항하는 선박의 운항속도를 설계운항속도라 한다.

파도의 특성

파도가 발생하고 그 크기가 커지면서 전파되는 과정은 매우 복잡하다. 해수면상에 발생한 파도의 파면을 수면상의 한 지점에서 관측하면 불규칙하게 변동하는 특성을 볼 수 있다. 아래 그림에서 보여주듯이 파면이 음의 값에서 영점을 지나 양의 값으로 교차되는 점 Zero up-crossing과 다시 음의 값에서 양의 값으로 교차되는 교차점과의 시간 간격을 '단위파주기 Wave period'라고 하며, 그 한 주기 동안 최고점과 최저점의 거리를 '단위 파고'라 한다. 파도는 불규칙하게 변동하는 특성이 있기 때문에 매 순간 단위 파고와 단위파주기의 크기는 변동한다. 이렇게 계측한 여러 개의 단위파고와 단위 파주기를 통계적으로 처리하면 평균파고, 평균파주기를 결정할 수 있다.

내항 성능 해석을 위해 평균파고보다는 유의파고 Significant wave height를 파랑특성치로 사용하는데, 유의파고는 파고 계측치를 파고가 작은 것부터 크기순으로 재배열한 다음 가장 큰 계측치로부터 상위 1/3의 계측치를 합하여 평균을 취한 값이다. 한편, 파고 계측치에 대한 확률밀도 함수는 계측 샘플이 충분히 큰 경우 레이라이 분포 Rayleigh distribution를 따르는 것으로 알려져 있으며, 이를 가정하면 그 확률밀도함수로부터 평균 파고와 유의파고를 계산할 수 있다.

불규칙 파형과 파진폭, 파고, 파주기의 정의

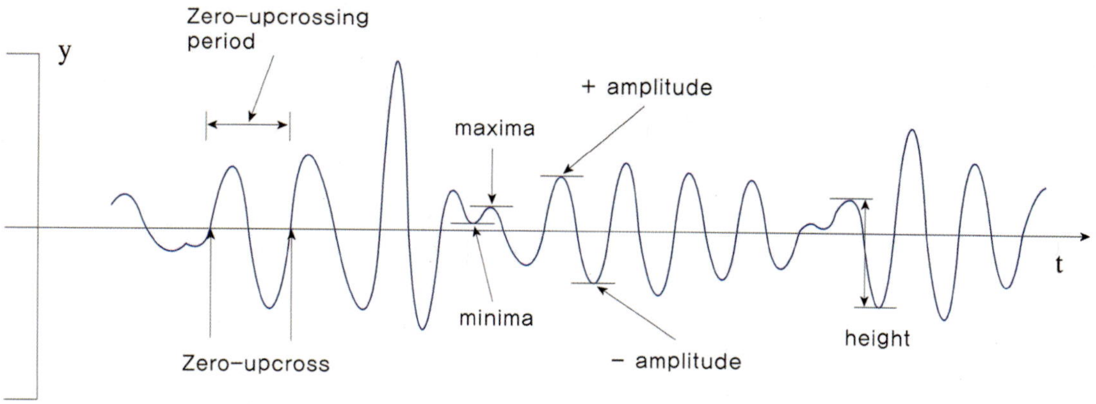

이러한 파도의 불규칙한 특성을 수학적으로 모델링하는 다른 방법으로 선형중첩 이론 Linear superposition theory이 사용된다. 즉 일정한 주기와 파고를 가진 선형 규칙파 여러 개를 합성하면 실제 해상에서 발생하는 불규칙한 파도를 표현할 수 있다는 가정이다. 여기서 각각의 선형 규칙파는 사인 함수 또는 코사인 함수 Cosine function의 형태이다. 주기가 긴 규칙파의 전파속도가 주기가 짧은 규칙파의 전파속도보다 빨라지는 특성이 있다. 해저지진에 의한 지진해일 Tsunami의 주기가 발생지점에서 20~30분 정도이므로 지진해일이 시속 200km 이상의 매우 빠른 전파속도로 해안에 접근한다는 것을 알 수 있다. 참고로, 지진해일은 해안에 가까워오면서 주기와 전파속도가 감소하는 대신 파고가 매우 크게 증폭되어 큰 피해를 가져온다.

한편, 실제 해상에서 만나는 파도가 주기가 다른 여러 개의 규칙파의 중첩으로 구성되어 있다고 가정하면 각 규칙파의 진행속도가 다른 특성으로 인하여 파면의 형상이 지속적으로 변화한다. 이러한 불규칙한 파도를 운항하는 선박의 운동특성을 다루려면 파도를 수학적으로 모델링할 필요가 있다. 이를 위하여 파도에너지 스펙트럼 Wave energy spectrum이라는 것을 사용한다. 이는 불규칙한 파도의 상태가 갖고 있는 각 주기별 파고의 분포를 에너지의 형태로 표현하는 방법이다. 즉 여러 개의 규칙파를 선형적으로 중첩하여 실제 해상의 불규칙한 파를 표현할 수 있다고 가정하는 방법이다. 여기서 실제 해상의 불규칙파를 구성하는 규칙파들을 성분 규칙파라 한다. 불규칙한 파도의 각 성분 규칙파가 가지고 있는 단위 길이당 에너지는 각각의 파고의 제곱에 비례한다. 이 에너지를 파랑에너지 스펙트럼이라 하며 물의 밀도, 중력가속도, 성분 규칙파의 원진동수의 함수인 파의 진폭(파고의 반)을 서로 곱하고 여기에다 상수 0.5를 곱하여 정의한다.

ITTC 스펙트럼과 JONSWAP 스펙트럼 비교

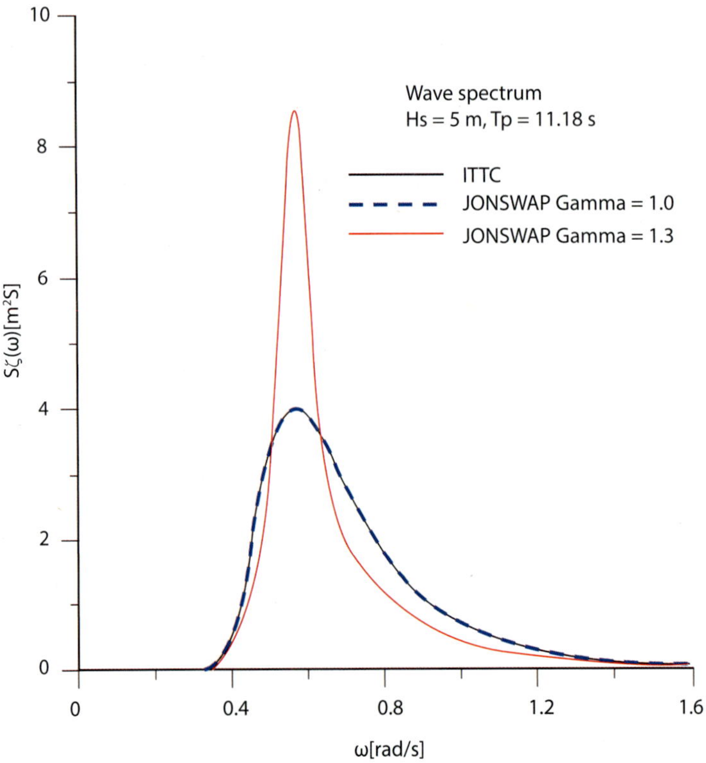

특정한 해역에서의 불규칙한 파도를 구성하는 각 성분파가 가지고 있는 파고와 파진동수 특성으로 파랑에너지 스펙트럼을 정의할 수 있게 된다. 오랫동안의 연구를 통하여 특정 해역의 파랑에너지 스펙트럼을 표준화하여 사용하는데, 대표적인 스펙트럼으로 ITTC 스펙트럼과 JONSWAP 스펙트럼이 있다. 다음 그림은 유의파고 Hs=5m, peak 주기 Tp=11.18초일 때의 ITTC 스펙트럼과 JONSWAP(γ=1.0, 1.3) 스펙트럼을 보여준다. 파랑에너지 스펙트럼을 알면 불규칙한 해상을 대표하는 평균과 진폭, 유의파고, 평균주기, 피크주기를 계산할 수 있다.

한편, 실제 해상에서 만나는 파도는 하나의 방향으로 진행하지 않고 주 진행방향을 중심으로 여러 방향으로 진행하는 특성이 있다. 이러한 특성을 수치적으로 표현하기 위하여 다방향파 스펙트럼을 도입하여 사용하기도 한다. 즉 파랑에너지 스펙트럼이 파의 원진동수와 파 방향 함수로 표현되는데, 주로 다방향파 스펙트럼을 나타내기 위해 코사인 함수의 제곱 Cosine-squared에 비례하는 분포 형태로 가정한다.

파도 중 선박의 운동과 내항 성능 지표

선박을 하나의 강체 Rigid body로 보면 일반적으로 강체의 운동을 정의하는 방법으로 선박의 운동을 정의할 수 있다. 즉 3차원 공간을 표시하는 3개의 좌표축 방향으로 3개의 병진운동과 각 좌표축을 중심으로 회전하는 3개의 회전운동, 전체 6개의 운동으로 선박의 운동을 정의할 수 있다. 일반적으로 선박의 중량 중심점을 지나는 수직선과 수면이 만나는 곳을 좌표원점으로 정하며 선박의 길이방향을 x축, 폭방향을 y축, 수직방향을 z축으로 정한다. 60쪽의 그림 '배의 6가지 운동모드'는 통상적으로 사용하는 선박의 6가지 운동 성분(6자유도 운동)을 표시한 것으로 병진운동 3개 성분으로 surge, sway, heave, 회전운동 3개 성분으로 roll, pitch, yaw를 정의한다(제2장 '과학으로 본 선박' 참조).

수면 위를 운항하는 선박의 경우, 평형상태란 파도가 없는 상태의 잔잔한 해수면 정수면, Still water 위를 일정한 속도로 전진하는 것이다. 따라서 선박의 운동은 이 평형상태를 기준으로 발생하며, 표류운동과 같은 비선형적인 요소를 제외하면 선박의 6자유도 운동은 그 시간 평균값이 zero가 되는 zero-mean process가 된다. 즉 0의 값을 중심으로 변동하는 운동이다.

선박이 운항하는 해상상태와 또 선박의 운항속도가 정해지면 내항성이론 Seakeeping theory을 통하여 선박의 6자유도 운동 특성이 정해진다. 또한 선박의 안전운항 여부를 결정하는 내항 성능 평가 항목들은 선박의 6자유도 운동으로부터 도출할 수 있다. 일반적으로 내항성이론은 방사문제 Radiation problem와 산란문제 Diffraction problem를 정식화하여 푸는 자유표면파 포텐셜이론 Free-surface wave potential theory에 근거하고 있다.

파랑에너지 스펙트럼은 규칙파의 중첩으로 구한다. 이 같은 원리로 규칙파 중 선박의 6자유도 운동을 구하면 이를 중첩하여 불규칙 해상에서의 6자유도 운동 특성과 이로부터 도출된 평가항목들에 관한 특성을 알 수 있다. 이는 내항 성능 평가의 지표이다. 결과적으로 특정한 해상상태, 즉 특정한 파랑에너지 스펙트럼이 결정되면 선박의 내항 성능을 정량화하여 평가할 수 있다.

선박의 중요한 중량물이 탑재되는 구역의 기초설계를 하려면 설계하중이 필요하다. 이를 추정하기 위해 중량물 탑재위치의 수직가속도를 알아야 하며, 이는 중요한 설계 요소가 된다. 예를 들면, 선수 건현이 선체의 운동으로 인하여 침수될 확률을 지표로 선정하여 수직운동변위와 입사파의 파고의 상대적인 운동변위가 건현을 넘을 확률을 계산할 수 있다. 이는 내항 성능 평가의 주요 지표 중의 하나가 된다.

운항 중 선박의 선수 부분이 물 밖으로 나왔다가 다시 물에 잠기는 과정에서 일정 속도 이상의 큰 속도로 파도의 수면과 부딪치면서 발생하는 충격현상을 슬래밍이라고 한다. 슬래밍이 발생할 때 선체는 큰 충격하중을 받기 때문에, 선박을 설계할 때는 슬래밍이 일어날 확률을 최소화하여야 한다. 슬래밍이 일어날 확률은 갑판침수와 유사한 방법으로 구할 수 있다. 먼저 선수의 바닥면이 수면에 노출될 확률을 구하고, 그곳에서 파면과의 상대운동속도가 설계치를 넘을 확률을 구하면 된다.

프로펠러로 추진하는 선박의 경우, 운항 중 프로펠러는 항상 물속에 잠겨 있어야 추진력이 확보된다. 그러나 프로펠러 위치에서의 수직운동응답이 일정한 수준을 넘으면 프로펠러가 물 밖으로 노출되면서 Racing 추진력이 급격히 감소할 뿐만 아니라, 프로펠러 자체에 캐비테이션 현상 등이 일어나 파손될 수 있다. 따라서 설계할 때 이를 검토하여야 한다.

최근 지구온난화 문제 해결을 위한 노력의 일환으로 선박에서 배출되는 탄소량을 규제하고 있다. 이에 따라 선박에 설치되는 엔진의 마력도 제한을 받고 있다. 제한된 마력을 가진 선박이 큰 파도 속에서 운항하면 프로펠러 레이싱 문제뿐만 아니라 부가저항, 즉 선체운동에 의해 선체 저항이 증가하는 일이 발생한다. 프로펠러 자체의 추력 손실과 부가적인 저항 증가가 생기면 선박의 운항속도는 느려진다. 이 경우 선박의 조타 능력이 크게 저하되면서 조난에 이를 수 있는 상황이 되기 때문에 부가저항 및 추력손실을 정확히 예측하고 이를 설계에 반영해야 하는데, 이는 중요한 내항 성능 지표가 되고 있다.

운동제어장치

선박의 내항 성능을 향상하고자 하는 노력은 오랫동안 지속되었고 지금도 진행 중이다. 이를 위해 주로 운동을 감쇠시킬 수 있는 장치나 설비를 선박에 부착하는 방법들이 개발되었는데, 여기서는 운동을 감쇠시키는 원리별로 개발된 운동제어 장치를 소개하기로 한다.

선박의 횡동요 운동을 감쇠시키기 위한 장치로 선박 빌지의 좌현과 우현에 선체 길이 방향으로 좁고 긴 판을 부착하는 것은 전통적인 방법으로, 횡동요 운동 시 저항력을 발생시키기 위해 지금도 거의 모든 선박에 빌지 킬 Bilge keel을 적용하고 있다. 빌지 킬은 선체의 저항에 큰 영향을 주지 않도록 선측을 흐르는 유속의 방향과 일치하게 설치하는 것이 좋다.

© KRISO

빌지 킬

횡동요 감쇠 핀인 횡동요 저감용 핀 Anti-rolling fin은 빌지 킬과 같은 개념의 장치이지만 크기가 크다. 선체의 일부분에만 설치하는 대신에 비행기 날개와 같은 핀이 선체 밖으로 돌출되어 있다. 이것은 핀이 횡동요 운동을 감소시킬 수 있게 유압제어 장치로 능동적으로 제어하는 고가의 장비이다. 주로 함정과 같은 고속선박에 적용되며 작동 정지 시에는 선체 내로 끌어들일 수 있게 설계하는데, 저속으로 운항할 때는 효과가 떨어지는 단점이 있다.

측면 부력 탱크 Side buoyancy tank는 주로 어선에 사용되는 것으로 선측 좌우현 상단에 길이 방향으로 설치된 부력 탱크 모듈이다. 이것은 과도한 횡동요 운동이 발생하면 추가적인 부력이 발생하게 하여 복원력을 키워준다. 남태평양 제도의 어선에서 전통적으로 사용하는 부가선체와 같은 역할을 한다고 보면 된다.

라이드 제어시스템 Ride control system은 주로 공기부양선에서 사용하는 운동제어장치로 선박의 선수(또는 선미)에 설치된 공기실에 압축공기를 강제적으로 주입 또는 배기하는 제어장치이다. 주로 선박의 과도한 피치 운동을 제어하는 목적으로 설치되는 장치이다. 공기압력에 의한 추가적인 피치 복원모멘트를 발생시키는 개념이다.

© Wikimedia-Commons

횡동요 감쇠 핀

오픈사이드탱크 Open side tank는 주로 작업선박의 좌우현 측에 부가적으로 설치하는 공기챔버이다. 선박의 횡동요 운동 발생 시 공기챔버의 압축효과로 추가적인 복원력이 발생하는 것을 이용하는 장치인데, 수동형과 능동형이 있다.

횡동요 감쇠를 위해 선박 내부에 U자형 물탱크를 폭 방향으로 설치한다. 이를 횡동요 감쇠 탱크 Anti rolling tank라고 한다. 선박이 횡동요 운동을 할 때 U 탱크 내의 물이 이동하면서 복원모멘트를 발생시켜 횡동요 운동을 감소시켜주는 원리를 이용한다. 이 장치는 선내의 공간을 많이 차지하고 파도의 주기에 따라 성능이 크게 변동한다는 단점이 있다.

부유식 해양플랜트처럼 한자리에서 장시간 운용하는 경우는 파도 속에서 원래 위치를 유지하는 것이 매우 중요하며, 이를 위하여 DP 시스템 Dynamic positioning system이 사용된다. 이 시스템은 주 추진기 이외에도 선수부 및 선미부에 부가적인 스러스터 Thruster를 부착하고 이 여러 개의 추진시스템을 연동하여 제어하는 장치를 활용하여 자기의 위치를 유지한다. 현재 대부분의 석유시추선이나 부유식 석유/가스 생산시설에서 도입, 운용되고 있다.

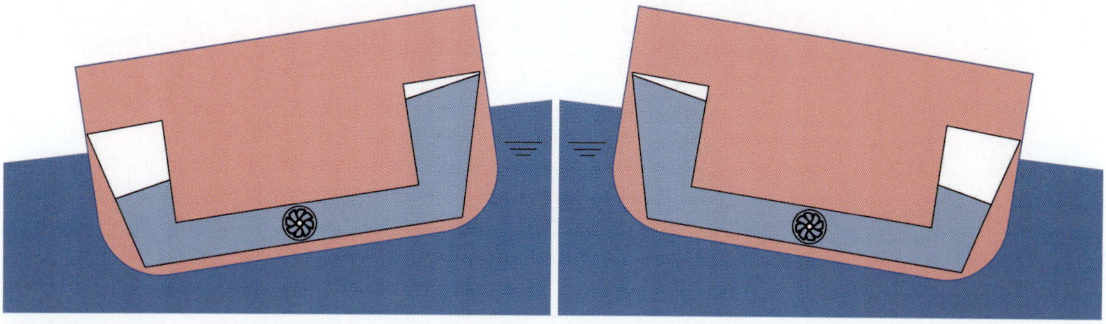

횡동요 감쇠 탱크

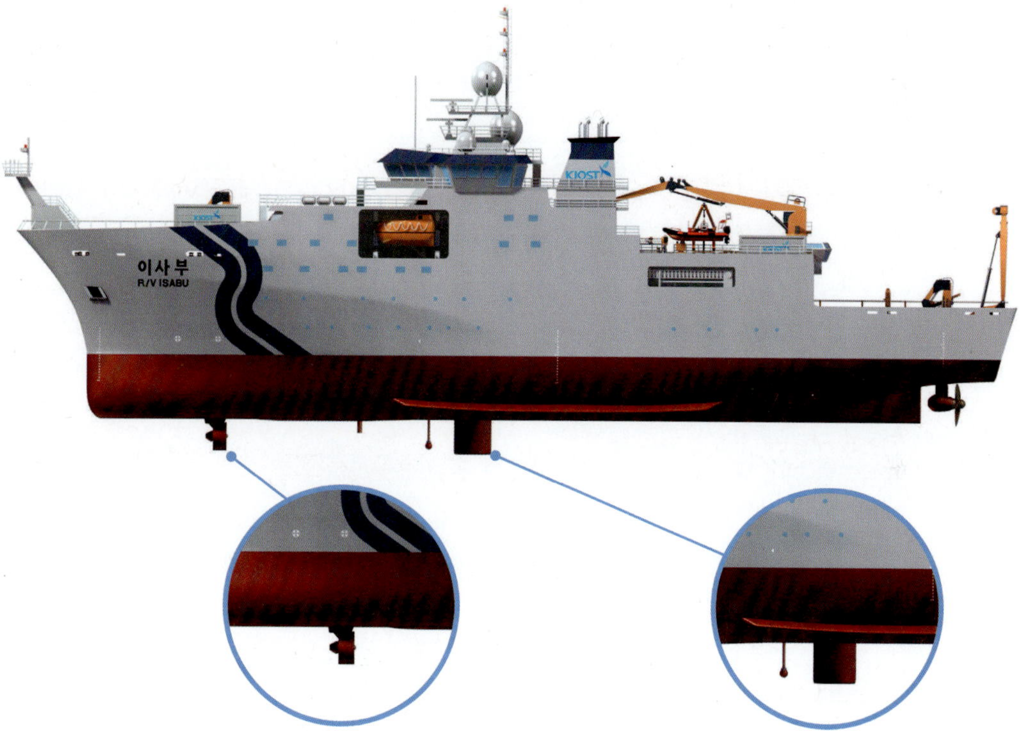

이사부호 DP시스템 DP (Dynamic positioning system)

선박의 조종 성능

항해사는 선박의 진로를 바꾸거나 위험한 상황을 피할 수 있어야 하는데, 건조 후 실제 해상에서 검사하여 선박의 조종 성능이 안전 기준을 충족하는지 확인한다.

김연규 선박해양플랜트연구소 책임연구원

선박의 조종 성능은 영어로는 'Maneuverability'(유럽과 영국에서는 'Manoeuvrability' 라고도 함)이라 하는데, 일반인들에게는 낯선 용어이다. 그러나 자동차를 주행하려면 여러 도로 상황에서 운전하는 사람이 차로를 바꾸거나 좌회전, 우회전, 정지를 잘해야 사고가 발생하지 않는 것과 마찬가지로 선박도 사고 발생 없이 항구를 출발해서 목적하는 항구에 도착하려면 항해사가 바다 위의 길(항로)을 따라서 선박의 방향을 바꾸거나 위험한 상황을 피할 수 있어야 한다. 자동차가 방향을 제대로 바꾸지 못하거나 앞에 장애물이 있을 때 제대로 정지하지 못하면 사고가 발생할 확률이 증가하며, 이러한 자동차는 안전검사에 탈락하여 주행하지 못하게 될 것이다. 마찬가지로 대형 선박(길이 100m 이상의 선박)과 위험물(유류, 가스, 화학제품 등) 운반선은 선박이 건조된 후 실제 화물을 싣고 운항하기 전에 실제 해상에서 검사하여 조종 성능이 안전 기준을 충족하는지 확인하게 된다. 이것을 선박의 실선 시운전이라고 한다.

조종 성능 안전 기준은 국제해사기구에서 규정으로 정하고 있다. 이 기준을 충족하지 못하면 선박이 운항할 수 없기 때문에 설계를 확정하기 전에 조종 성능을 추정하여 기준을 충족하는지 미리 확인한다. 만일 자동차의 운전자가 핸들을 꽉 잡고 있는데 직진을 못하고 좌우로 움직인다면 사고 발생 가능성이 증가하는 것처럼 선박도 직진성능이 좋아야 한다. 또 자동차는 앞에 있는 장애물을 피해가기가 어렵다면 정지해야 한다. 그러나 비가 와서 노면에 물기가 있으면 정지거리가 증가하는데, 선박은 물에서 움직이므로 정지하는 데 매우 긴 거리가 필요하다.

대형선박의 경우, 정지거리에 대한 안전 기준은 선박 길이의 15배 이내이다. 즉 100m 길이의 선박이 정지하는 데 필요한 거리는 기준을 충족하더라도 1.5km가 될 수 있다. 즉 앞쪽 1km 거리에 장애물이 있어도 충돌할 수밖에 없다는 것이다. 이를 방지하기 위하여 선박은 정지보다는 선회를 선택하는 것이 방법이 될 수 있다. 선박이 선회할 경우 진행방향의 최대 전진거리는 안전 기준에는 선박 길이의 4.5배 이내로 되어 있어서, 100m 길이의 선박의 경우 450m 이내에서 선회가 가능하다. 따라서 앞에서 언급한 예처럼 앞쪽 1km에 장애물이 있더라도 피할 수 있다. 그런데 이것도 좁은 해역에서는 불가능할 수 있다.

선박이 선회하는 데 필요한 폭 방향 거리 기준은 선박 길이의 5배 이내라서 최소 반경으로 선회할 경우 100m 길이의 선박은 적어도 500m 폭의 해역이 필요하다. 만일 선박의 길이가 100m보다 길면 더 큰 공간이 필요하므로 사고를 막기 위해서는 장애물이 없는지 미리 확인해야 한다. 선박에는 이를 위하여 레이다 같은 안전 항해 장비가 설치되어 있고, 항해사는 장애물이 없는지 수시로 확인해야 한다.

선박의 조종 성능이 안전한 기준을 충족하는지 평가하기 위해 실선 시운전에서는 선회시험, 지그재그시험, 정지시험 등을 수행한다. 그러한 결과들을 모두 포함해서 선주가 요청한 성능을 충족해야 선박이 선주에게 인도되어 항해를 시작하게 된다. 해군 함정과 잠수함의 경우 항해와 관련된 성능 이외에도 무기의 성능 등을 포함해서 평가하는 항목이 매우 많기 때문에, 건조된 이후 해군에 인도되기까지 1년 이상이 소요되기도 한다.

일반적으로 선박이 대양에서 항해할 경우에는 길(항로)이 정해져 있지 않아 연료 소모가 가장 적은 길을 택해 운항하지만, 항구 근처처럼 복잡한 곳(항계 안쪽이라고 함)에는 해도에 항로가 표시되어 있어서 항로를 따라 운항해야 한다. 선박이 항로에서 운항할 경우 자동차와 마찬가지로 우측통행을 하며, 항로를 나타내기 위해 항로표지(부표, 등대 등)가 설치되어 있다. 야간에 운항할 때 항로가 육안으로 잘 보이도록 항로표지에는 등이 설치되어 있고, 위험 지역과 육지 및 방파제 주변에는 등대를 설치해서 선박이 충돌하지 않게 안내해준다. 안개가 끼거나 시야가 좋지 않아서 잘 안 보일 때는 소리로 주의를 주게 되어 있다. 요즘에는 자동차에 설치된 내비게이션 장치처럼 선박에 전자해도 시스템이 설치되어 있어서 현재 내 선박이 어디에서 운항하고 있는지 모니터 화면에 보여주어 사고를 방지하게 해준다. 전자해도는 기존의 종이해도를 대체하는 신규 IT 장비로, 대형선박에는 필수적으로 설치되어 있다. 요즘에는 일반 소형 선박이나 어선 등에도 선박용 GPS 장비나 내비게이션 장비가 설치되어 운항에 도움을 준다.

대형선박의 경우 수심이 얕은 곳은 위험하기 때문에 수심이 확보된 항로를 따라서 운항할 수밖에 없지만, 소형 선박이나 어선들은 가장 빠른 길로 운항하는 경향이 있다. 또 자동차로 예를 들면 차로를 무단횡단하는 것과 비슷한 경우가 있어서 사고가 발생할 가능성이 높은 것이 현실이다. 대형선박의 경우 조타실이 매우 높은 곳에 있지만, 앞쪽에 있는 화물이나 선체에 가려서 근처를 운항하는 소형선박을 발견하기가 쉽지 않다. 소형선박은 레이다에도 명확하게 나타나지 않기 때문에 항로를 횡단하는 일은 하지 말아야 한다. 이러한 사고 위험 때문에 선박 통항이 많은 항구 주변을 운항할 경우에는 조타실 바깥에서 위험 상황을 감시하는 사람을 별도로 두며, 그 지역 운항 경험이 많은 도선사가 승선하여 항해를 지시한다. 특히 해상환경(바람, 파도, 조류, 안개 등)이 좋지 않을 경우에는 소형선박이나 항로표지 등이 잘 보이지 않고 선박의 움직임이 평상시와 다르기 때문에 더욱 주의해서 운항해야 한다.

● 조종 성능 평가 방법

일반적인 선박은 프로펠러 뒤에 설치된 타를 이용하여 선박을 조종한다. 타의 각도를 돌려서 이때 발생하는 양력을 이용하여 선박의 방향을 제어하는 것이다. 타가 선박의 뒤쪽 끝에 있기 때문에 양력이 작아도 이에 의해 발생하는 모멘트(모멘트는 작용하는 힘의 위치에 거리를 곱하여 구하며, 거리가 멀 경우 모멘트가 커진다)는 선박의 방향을 틀기에 충분하다. 일반적인 타 이외의 특수 조타장치(선박을 조종하는 장치 전체를 의미)에 관해서는 특수조타기 선박에서 설명하겠다.

선박의 프로펠러와 타(모형선)

© KRISO

선박의 조종 성능은 크게 직진성능 Course keeping ability, 변침성능 Course changing ability, 선회성능 Turning ability 및 정지성능 Stopping ability으로 분류할 수 있다.

직진성능은 외부에서 바람이나 파도 등에 의해 힘을 받았을 때 그 힘이 없어지면 다시 직진할 수 있는 성능을 의미한다. 불안정한 선박은 직진하지 못하고 선회할 수도 있다.

변침성능은 앞에 장애물이 있을 경우 이를 회피하기 위해 지그재그로 운항할 수 있는 성능을 의미한다. 지그재그가 잘 안 될 경우 항로를 벗어나서 사고가 날 수도 있다.

선회성능은 선박에 설치된 조타기(일반적으로 타에 해당)를 이용하여 선박이 선회하는 성능을 의미하며, 좁은 영역에서 선회가 가능할수록(선회반경이 작을수록) 성능이 좋다고 할 수 있다. 자동차의 경우 좁은 공간에서 U턴을 잘할수록 선회성능이 좋다고 보는 것과 마찬가지이다.

정지성능은 최대한 짧은 거리에서 멈출 수 있는 성능을 의미하며, 정지거리가 짧을수록 정지성능이 좋다고 할 수 있다. 그러나 육상에서 타이어의 마찰에 의해 정지하는 자동차와 달리 물 위에서는 마찰이 상대적으로 매우 적기 때문에 정지하는 데 많은 시간과 거리가 필요하므로, 보통은 변침이나 선회 운항을 하고 이것이 불가능할 때만 정지해야 할 것이다.

정지는 선박에 있어서 최후의 방안이다. 그리고 일반적으로 선회성능에 대하여 직진성능 및 변침성능은 서로 반대되는 경향이 있다. 즉 선회성능이 좋은 선박은 직진성능 및 변침성능이 좋지 않고, 직진성능 및 변침성능이 좋은 선박은 선회성능이 좋지 않은 경향이 있다. 또한 정지성능은 프로펠러를 얼마나 빨리 역회전시킬 수 있는지가 중요하다. 프로펠러를 빨리 역회전시키면 그만큼 빨리 정지시킬 수 있다.

선박의 조종 성능은 최종적으로 건조된 실선으로 시운전을 하여 확인한다. 실선이 조종 성능 기준을 충족하지 못할 경우 선주가 인수하지 않거나 이에 대한 수정 · 보완 · 변상 등을 요구하여 막대한 비용이 지출되기 때문에, 설계단계에서 미리 조종 성능을 추정하여 문제가 없게 하고 있다.

실선 시운전

선박을 건조한 후 선주에게 인도하기 전에 계약서에 나와 있는 성능을 충족하는지 실제 해상에서 시험한 뒤에 최종 확인을 하고 인도하는데, 이 시험을 실선 시운전이라고 한다. 가장 중요한 성능은 속도이겠지만, 사고를 예방하기 위해서 조종 성능도 중요한 시운전 내용 중 하나이다. 보통 화물이 모두 실려 있는 상태에서 시험해야 하지만 화물을 모두 싣고(만재상태) 시험하기 어려운 현실(컨테이너나 원유를 싣고 시운전하기 어렵다)을 반영하여 화물이 없는 상태(경하상태)에서 시험을 수행함으로써 실제 화물이 실려 있는 상태의 추정결과를 이용하여 성능을 추정하기도 한다. 일반적으로 선회성능과 변침성능은 중요한 조종 성능이므로 기준을 충족하는지 평가하기 위하여 선회시험과 지그재그시험을 수행하고, 국제해사기구에서 제시한 기준을 충족하는지 평가한다.

한국해양대학교 실습선 한바다호 조종 성능 시운전 (선회시험, 2017년)

모형시험에 의한 조종 성능 추정방법

선박의 조종 성능 추정방법은 크게 두 가지로 나눌 수 있다. 첫 번째는 실선 시운전을 똑같이 시뮬레이션하여 조종 성능을 추정하는 방법이고, 두 번째는 모형선을 제작하여 실선 시운전과 똑같이 시험을 수행하여 실선의 성능을 추정하는 방법이다.

조종 시뮬레이션은 뉴턴의 제2법칙(힘과 가속도의 법칙)을 이용하여 수행한다. 즉 $F=m\times a$(힘은 질량과 가속도의 곱)에 의해서 힘(F)과 질량(m)을 알고 있다면 가속도를 구할 수 있고, 구해진 가속도를 시간에 대해서 적분하면 속도와 이동거리를 알 수 있다. 마찬가지로 모멘트에 뉴턴의 제2법칙을 적용하면(모멘트는 관성모멘트와 각가속도의 곱), 모멘트와 관성모멘트를 알 경우 각가속도를 구할 수 있고, 이를 시간에 대해 적분하면 각속도와 회전각도를 알 수 있다.

이렇게 시간에 대한 이동거리와 회전각도를 구하게 되면 시뮬레이션에 의하여 선박의 조타기를 작동하는 것에 따른 직진성능, 선회성능, 변침성능, 정지성능을 추정할 수 있다. 이를 위해서는 선박에 작용하는 힘과 모멘트를 구할 수 있어야 하고, 힘과 모멘트를 선박의 가속도 · 속도 · 각가속도 · 각속도 등에 대한 운동방정식으로 표현해야 하는데, 이 운동방정식에 필요한 계수를 구하는 방법을 개발하게 되었다. 이 계수들을 유체(물)에 의하여 조종운동 중인 선박에 작용하는 계수라는 의미로 조종

© KRISO

예인수조에서의 구속모형시험

© KRISO

저수지에서의 자유항주 모형시험

유체력 계수라고 한다.

모형선을 제작하여 시험장치에 구속한 후 물에서 예인하면서 유체력을 계측하여 계수를 구하는 구속모형시험 Captive model test 을 통해 시뮬레이션을 수행하게 된다. 요즘에는 CFD로 구속모형시험을 수치해석하여 구하기도 한다. CFD에 관한 내용은 아래에 다시 설명하겠다. 시뮬레이션에 의해서 조종 성능을 추정할 경우 조종유체력 계수들을 이미 알고 있기 때문에 추가적인 임의의 조종운동을 수행할 수 있다. 또한 이러한 기술들이 조종 시뮬레이터에 적용되어 여러 상황에 대한 가상환경에서 직접 조종 특성들을 확인할 수 있다.

두 번째 추정방법인 자유항주 모형시험 Free running model test 은 모형선을 이용하여 시운전 상황을 똑같이 구현함으로써 조종 성능을 추정하는 방법이다. 실선과 똑같이 제작된 (조타기와 수면 아래 선체 형상이 실선과 똑같아야 한다) 모형선과 조타기를 이용하여 실내 수조 또는 실외 저수지 등에서 시운전 시험을 수행하여 실선의 조종 성능을 추정한다. 모형선이 스스로 움직인다고 해서 자유항주 모형시험이라고 하며, 직진성능 · 변침성능 · 선회성능 · 정지성능 등을 직관적으로 파악할 수 있다. 조종 시뮬레이션보다는 결과를 명확하게 볼 수 있기 때문에 일반인들의 관점에서는 결과에 대한 신뢰도가 더 높은 장점이 있다.

모형선은 실선과 크기가 다르기 때문에 유체역학적인 특성이 다를 수밖에 없다. 크기를 고려하더라도 모형선에서는 저항이 실선보다 더 크게 작용한다는 특성을 고려해서 실선의 저항 성능을 추정하지만, 조종 성능에 대한 확실한 방안은 아직 연구 중이다. 조종 시뮬레이션의 경우 운동방정식에 이러한 특성을 고려하는 연구가 수행되어 어느 정도 보완되었지만(구속모형시험 자체에 대한 보완이 아니어서 완벽한 보완은 아니다), 자유항주 모형시험의 경우 크기에 따른 영향을 고려하기가 쉽지 않아서 이와 관련된 연구가 지속적으로 수행되고 있다(별도의 풍력추진 장치를 설치해서 시험을 수행하기도 하지만 완벽한 방안은 아니다).

조종 시뮬레이션의 경우 자유항주 모형시험에서 수행하기 어려운 상황(사고 상황, 위험 상황 등)에 대한 시뮬레이션도 수행이 가능하기 때문에 상대적으로 확장성이 큰 반면에 상대적으로 자유항주 모형시험보다 신뢰도가 떨어지는 단점이 있다.

그러나 구속모형시험에서는 조타기의 특성, 선체 형상에 의한 특성 등을 분리하여 파악할 수 있기 때문에 설계 변경에 도움이 되며, 이러한 특성을 반영하여 시뮬레이션을 수행할 수 있어서 설계 변경에 용이하다. 이와 같이 조종 시뮬레이션과 자유항주 모형시험은 서로 다른 장단점이 있어서 목적에 따라 선택하여 조종 성능 추정을 수행하며, 조종 시뮬레이션 결과를 비교/검증하기 위해서 자유항주 모형시험을 수행하기도 한다.

전산유체역학(CFD)에 의한 조종 성능 추정방법

전산유체역학은 유체영역을 흔히 나비에-스토크스 방정식 Navier-stokes equation을 이용해 수치적 방법 Numerical method으로 푸는 방법인데, 유체영역을 격자로 표시하여 각각의 격자에 대해서 계산을 수행하는 방식이다. 이 방법은 오래전부터 알려져 있었지만 계산결과의 정확도를 높게 하려면 계산능력이 뛰어난 계산기(컴퓨터)가 필요하기 때문에 컴퓨터 기술이 발달하면서 각광받고 있다. 요즘은 슈퍼컴퓨터를 이용하면 일반 컴퓨터로는 1개월 이상이 걸리는 계산을 몇 분 만에 끝낼 수 있어서 계산 속도가 획기적으로 빨라졌다. 또한 여러 계산 장치들을 병렬로 연결함으로써 슈퍼컴퓨터가 아니더라도 많은 계산을 합리적으로 수행하게 되어 CFD의 정확도와 활용도가 급격히 높아지고 있다.

이에 따라 구속모형시험을 CFD로 계산해서 조종유체력 계수들을 구하여 조종 시뮬레이션을 수행하거나, 자유항주 모형시험을 CFD로 수행하는 연구들이 수행되고 있다. 아직까지는 대학교나 연구소에서 많은 시간을 들여 자유항주 모형시험을 수행하고 있지만, 모형선을 제작해서 시험하는 것보다 예산과 시간이 절약되는 이득이 있다. 다만 아직까지는 범용화할 만큼 정도와 기법이 안정되지는 않았다. 그러나 추후에는 모든 모형시험을 대체할 수 있는 기술로 발전할 것으로 생각된다.

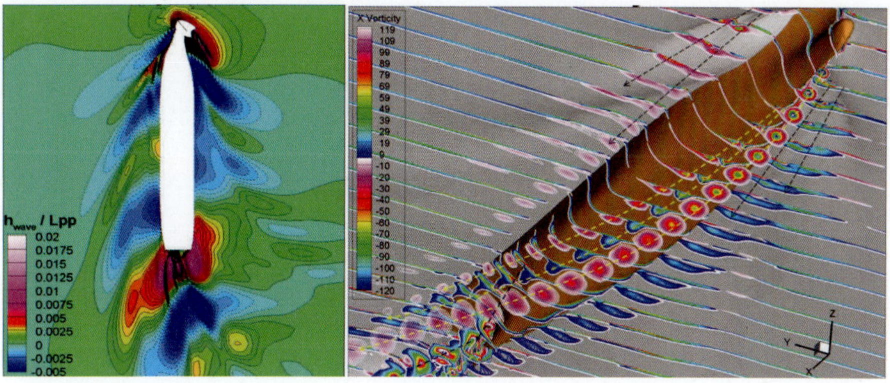

© KRISO

Circular motion (선회운동) 모형시험에 대한 CFD 수치해석 예

● 선박의 종류에 따른 조종 성능 특성

선박의 조종 성능에 영향을 미치는 선박의 제원으로는 선박의 길이, 폭, 방형비척계수, 조타기의 성능 등을 들 수 있다. 선박의 폭에 비하여 길이가 길면 직진성능과 변침성능이 우수하고, 상대적으로 선회성능이 나쁠 수 있다. 반대로 선박의 폭에 비하여 길이가 짧으면 선회성능은 우수하고 직진성능과 변침성능은 나쁠 수 있다. 직진성능과 변침성능이 우수할 경우 방향성이 좋아서 먼 거리를 이동할 때 좋으며, 선회성능이 우수할 경우 좁은 공간에서도 선회가 가능해서 작업할 때 좋은 장점이 있다. 임진왜란 때 일본의 전함이 길이가 긴 선박이어서 일본에서 우리나라로 이동하기는 수월하였지만, 이순신 장군과의 해전에서는 선회가 수월하지 않아 함포 공격이 원활하지 않았다고 한다. 반면에 이순신 장군의 판옥선이나 거북선의 경우 선회성능이 우수해서 일본 전함을 만났을 때 방향을 빠르게 돌려서 함포 공격을 한 덕분에 손쉽게 승리할 수 있었다고 한다.

선박의 길이 및 폭에 대한 특성 이외에도 뚱뚱한 정도를 나타내는 방형비척계수 Block coefficient 도 조종 성능에 미치는 영향이 크다. 방형비척계수는 선박의 길이, 폭, 흘수(수면 아래 잠긴 깊이)로 이루어진 직육면체에서 선박이 어느 정도를 차지하는지를 나타내는 수치로, 직육면체의 부피로 나누어 수치를 나타내기 때문에 1.0이면 직육면체에 해당하고 수치가 작아질수록 날씬한 선박이 된다. 대형 유조선의 경우 0.8 이상이고, 컨테이너선의 경우 날씬해서 0.7보다 작은 값을 보인다. 날씬한 선박일수록 직진성능과 변침성능이 우수하고, 뚱뚱한 선박일수록 선회성능이 우수하다. 그 밖에 특수조타기를 설치한 선박은 일반적인 선박보다 조종 성능에서 특수한 성능을 보여준다. 다음에 선박의 종류에 따라 조종 성능이 어떻게 다른지를 선박의 길이/폭, 방형비척계수, 조타기를 이용하여 설명하겠다. 정지성능의 경우에는 추진기를 얼마나 빨리 역회전 또는 역방향으로 바꿀 수 있는지에 따라 성능이 확정되므로 일반적인 조종 성능과는 차이가 있다.

유조선/벌크선/일반화물선의 조종 성능

유조선은 원유와 석유화학물 등을 운반하는 선박이고, 벌크선은 곡물이나 광석 등 비포장 화물을 운반하는 선박이며, 이 밖에 여러 가지 물품을 운반하는 일반화물선이 있다. 이런 종류의 선박은 일반적으로 수면 아래 선체에 화물을 많이 싣기 위해 선형이 뚱뚱하며, 선박의 길이에 비하여 폭이 큰 선형에 해당한다(선박의 길이가 폭의 5~6배 정도). 이러한 선박은 선회성능이 우수하며, 반대로 직진성능과 변침성능이 나쁠 수 있기 때문에 설계 시 이러한 기준을 충족할 수 있도록 선미 형상에 중점을 둔다.

특히 유조선의 경우 사고가 발생하면 재앙에 가까운 해양오염이 발생하므로(남해 씨프린스호 사고, 서해 허베이스피릿호 사고 등) 직진성능과 변침성능 기준을 만족시키는 것이 매우 중요하다. 이 선박들의 경우 선박이 크고 무게가 많이 나가서 정지성능이 문제가 될 수 있다. 최대한 빨리 정지시키기 위해서는 프로펠러를 빨리 역회전시켜야 하는데, 이를 위해서는 엔진을 정지시켰다가 다시 역회전 방향으로 작동시켜야 해서 시간이 많이 소요된다. 그래서 일반 선박의 정지거리는 선박 길이의 15배 이내를 권장한다(길이 100m 선박의 경우 1.5km를 가야 정지한다는 뜻이다).

컨테이너선/자동차운반선/여객선/LNG운반선의 조종 성능

컨테이너선은 컨테이너를 운반하는 선박으로, 요즘 많은 화물들이 컨테이너에 실려 운반되고 있어서 화물운송의 많은 부분을 차지한다. 컨테이너를 전문으로 운반하는 선박의 경우, 갑판 위에도 많은 컨테이너를 적재하여 운반하므로 무게중심 위치가 위로 올라가서 파도 중에 좌우로 움직이는 횡동요 운동이 크다는 특성이 있다.

자동차운반선은 자동차를 운반하거나 화물이 실린 화물차를 운반하는 선박이다. 수면 위 갑판에도 많은 자동차와 화물차를 싣기 위해 여러 층의 갑판을 두며, 이를 보호하기 위해 외판으로 막아놓아서 수면 위의 형상이 높은 빌딩처럼 생겼다. 자동차 운반선도 갑판 위에 많은 화물이 실리기 때문에 컨테이너선과 마찬가지로 무게중심이 높아서 파도 중 횡동요가 크게 발생하는 선형이다. 이런 선박들은 선회 중에도 횡동요가 크게 발생할 수 있기 때문에 급격히 선회하면 위험할 수 있으며, 옆으로 넘어지는 사고가 발생하기도 한다(미국 동부해안 골든레이호 전도사고).

여객선은 여객 또는 여객과 자동차를 운반하는 선박이다. 여객들이 활동하는 공간 및 자동차가 갑판 위에 있어서 상대적으로 무게중심이 높아 파도 중 횡동요 운동이 크게 발생할 수 있다. 여객의 승선감을 확보하기 위해서 횡동요를 방지하는 횡동요 감쇠장치(Anti rolling tank, Fin stabilizer 등)를 설치하여 파도 중 안락감을 높이고 있다. 여객선의 경우 사고가 나면 대량의 인명피해가 발생하므로 큰 주의가 필요하다. 컨테이너선, 자동차운반선, 여객선의 경우 수면 위 상부구조물의 면적이 커서 바람에 의한 영향을 많이 받기 때문에 설계 시 이에 대한 검토가 미리 수행되고 있다.

LNG를 운반하는 LNG운반선은 가정에서 LNG가 연료로 많이 사용되어 활발하게 건조·운항되고 있으며, 대량으로 운반하기 위해서 천연가스를 액화하여 운반한다. 이렇게 액화한 상태를 유지하려면 저온고압 상태를 견딜 수 있는 화물창을 제작해야 하는데, 이것이 LNG운반선의 중요 기술 중 하나이다. 이 기술을 활용하기 위한 많은 기술료가 외국(프랑스) 업체에 지불되고 있다. LNG는 그 용도가 더욱 증가할 전망이어서(선박 연료, 발전용 등) 이동물량이 더욱 늘어날 것으로 판단된다. LNG운반선의 경우에는 무게중심 위치가 높지 않아서 횡동요는 많이 발생하지 않는다. 그러나 파도 중 선박의 운동에 의한 화물창 내 LNG의 유동인 슬로싱 Sloshing이 발생하여, 이에 의한 충격 및 기화 현상을 방지하기 위한 설계가 필요하다.

컨테이너선, 자동차운반선, 여객선, LNG운반선은 수면 아래 형상이 날씬한 선박에 해당하며, 날씬한 선박의 조종 성능 특성인 직진성능과 변침성능이 우수한 반면 선회성능이 상대적으로 좋지 않을 수 있다. 컨테이너선의 경우 선박의 길이가 무한정 커질 수도 없고, 선박의 폭도 항만에서 운용하는 크레인의 운용반경 내에 있어야 한다는 점이 한계이다. 이에 따라 컨테이너선은 대형화하면서 약간 뚱뚱해지고, 자연히 선회성능도 문제가 없을 정도로 좋아지는 경향이 있다. 선회성능 기준은 조타기를 구동한 시점의 (x, y) 좌표를 (0, 0)으로 보았을 때 선수각이 90도로 변화할 때까지 이동한 전진거리(x 좌표)가 선박 길이의 4.5배 이내여야 하고, 선수각이 180도로 변화할 때 횡방향으로의 거리(y 좌표)가 선박 길이의 5배 이내여야 한다. 일반 상선은 선회시험이나 지그재그시험에서 횡동요 각도에 대한 기준은 없지만 컨테이너선·자동차운반선·여객선의 경우는 이에 대한 주의도 필요하며, 화물을 실을 때 무게중심 위치가 너무 올라가지 않도록 규정을 지켜야 한다.

해군 함정/잠수함의 조종 성능

해군 함정은 크기에 따라 항공모함 · 순양함 · 구축함 · 호위함 · 초계함 · 고속정 등이 있으며, 일반적으로 고속(최고 30노트[시속 55.6km] 이상)으로 운항하는 선박이다. 그리고 수면 아래 형상이 매우 날씬해서 직진성능과 변침성능은 우수하며, 반대로 선회성능은 나쁠 수 있다. 많은 함정들이 조타기로 2개의 프로펠러와 2개의 타를 설치한 경우가 많으며, 프로펠러도 가변형 피치 프로펠러 CPP, Controllable Pitch Propeller를 설치한 선박이 많다. 이에 따라 프로펠러를 역회전시키기보다는 피치를 반대로 주어 프로펠러가 역회전하는 효과를 내는 운항이 가능하다. 이에 의해 정지성능이 일반 상선보다 매우 우수하다. 해군 함정의 경우 작전을 수행해야 하기 때문에 횡동요 운동이 일정 기준을 넘지 말아야 하는 특수 규정이 있으며, 특히 선회 시 발생하는 횡경사 각이 기준을 충족하도록 설계하고 있다. 해군 함정은 갑판 위에 많은 장비(무기, 구동 장비 등)가 있어서 상대적으로 무게중심이 높기 때문에 횡동요에 대한 검토가 필수이다.

잠수함의 경우 수중에서 운항하기 때문에 조종 성능에 문제가 발생하면 수중에서 사고가 일어날 수 있으며, 전 승조원의 안전에 문제가 발생하므로 일반 수상함보다 더 엄격하게 조종 성능을 검토한다. 잠수함은 운항 상태에 따라 수중상태 · 수상상태와 잠망경을 올리고 운항하는 상태 스노클 상태에서의 조종 성능을 추정하여 검토하여야 한다. 잠수함의 경우, 수중에서 문제가 발생하면 긴급히 부상해야 하므로 이에 대한 성능 추정과 검토도 필요하다.

선박은 국내에서 많이 건조하여 경험도 쌓이고 연구도 수행되었지만, 잠수함의 경우에는 관련 경험이나 자료가 부족한 상황이어서 이에 대한 연구가 많이 필요한 실정이다. 특히 수중에서 문제가 발생할 경우 사고 발생 위치 추적에도 어려움이 있기 때문에 설계단계에서 정확도 높은 조종 성능 추정 기법의 개발이 필요하며, 이를 위해서 자유항주 모형시험에 대한 중요도가 상대적으로 높은 것이 사실이다. 미국을 비롯한 선진국에서는 대형 모형선(1/2 크기의 모형선을 제작한 경우도 있다고 한다)을 제작하여 많은 연구를 수행한 바 있다. 우리나라는 해군 전력상 잠수함의 중요도가 매우 큰 편으로, 이에 대한 체계적인 연구와 개발이 필요하다.

특수조타기 선박(예인선, 특수목적선)의 조종 성능

조종 성능과 관련된 특수조타기로는 워터제트 추진기 Waterjet propulsion, 보이스-슈나이더 추진기 Voith-Schneider propeller, 선회식 추진기 등이 있다. 이 밖에 항만이나 부두에서 추가적인 선회력이나 좌우 이동을 위해서 보조 추진 장치를 선수 Bow thruster나 선미 Stern thruster에 설치하여 사용하기도 한다.

워터제트 추진기는 추진기가 선체 내부에 장착되어 있어서 얕은 물이나 그물, 해초 등의 장애물이 있는 지역에서 운항하기 좋다. 물을 선박의 뒤쪽으로 분사하는 노즐에, 분사되는 물의 방향을 바꿔주는 장치를 설치하여 선박을 조종하게 되어 있다. 추진력 전체를 조종에 사용하기 때문에 작은 각도로 바꾸어도 충분한 조종이 가능하다. 다만 추진력의 방향이 바뀌기 때문에 선속이 줄어드는 현상이 발생한다.

보이스-슈나이더 추진기는 수면에 거의 평행하게 설치된 원판에 여러 개의 날개가 수직으로 설치되어서 원판이 회전할 때 각각의 날개에 작용하는 양력의 합력 방향으로 추진력이 작용하는 방식의 추진기이다. 이 합력 방향을 바꾸어서 조종할 수 있고, 합력의 방향을 180도 바꾸면 선박을 손쉽게 정지시킬 수 있으며, 혼잡하고 좁은 지역에서 낮은 속도로 움직이면서 우수한 조종 성능을 발휘하는 장점이 있다.

선회식 추진기는 요즘 특수선박에 많이 장착되고 있으며, 모터가 포함된 선회식 추진기 Azipod와 축계로 연결된 선회식 추진기 Azimuth로 나눌 수 있다. Azipod 추진기는 모터가 일체형이어서 작동과 설치에 유리하지만, 가격이 비싼 단점이 있다. 선회식 추진기는 360도 회전이 가능하므로 역회전을 시키지 않고도 신속하게 정지가 가능하다. 낮은 속도에서의 작업이나 파도, 바람 및 조류가 있는 상태에서 현재 위치를 유지하기 위해 사용할 수 있고 부두에서 이·접안 시에도 사용이 가능하다. 다만 특수 조타기를 장착한 선박의 경우 유지보수가 어려운 것이 단점이다.

© KRISO

선회식 추진기 (Azipod)

조종 성능 불량 선박

선박 설계에서 가장 중요한 조건은 일반적으로 원하는 속도를 맞추는 것이다. 그러다 보니 선박의 수면 아래 형상이나 추진기는 이 속도를 얻을 수 있도록 최적화하게 된다. 그러나 이러한 형상과 추진기가 조종 성능에는 나쁜 영향을 미칠 수 있다. 특히 선박 뒷부분의 횡단면 투영면적 또는 체적이 부족한 경우 직진성능과 변침성능을 나쁘게 해서 충돌과 좌초 사고가 발생할 소지가 있다. 이럴 경우 수면 아래 형상을 바꾸면 목표로 하는 속도를 달성하기가 어려우므로 선박의 뒷부분에 부가물(판 또는 날개 형상의 부가물)을 장착해서 직진성능을 향상하거나(비행기의 꼬리날개는 직진성능을 향상한다) 타의 면적을 증가시키기도 한다. 물론 이 부가물로 인한 속도 저하는 어쩔 수 없지만 형상 자체를 바꾸는 것보다는 효과가 좋다고 알려져 있다.

이 밖에 조타기의 성능을 높여서 조종 성능을 충족하도록 시도하기도 한다(조타기 구동속도를 증가시키거나 고양력 타 [Flap rudder, schilling rudder 등]를 사용한다). 그렇지만 조종 성능 향상에는 한계가 있어서 부가물과 성능이 향상된 조타기를 모두 사용하기도 한다. 이러한 것들은 추후 유지보수에 어려움이 있기 때문에 선주가 선호하지 않는다. 이를 방지하기 위해서 조종 성능을 만족시킬 수 있게 기존의 방법들을 고려해 선박을 설계하고, 조종 성능을 미리 추정해서 조종 성능 기준이 불만족스러운 상황을 최대한 없애기 위해 노력하고 있다.

● 해양환경이 조종 성능에 미치는 영향

바람, 파도 등의 기상조건과 조류, 수심이 낮은 해역 (천수 Shallow water)및 항로 부분만 수심이 깊은 해역 (제한수로 Confined water)에서는 조종 성능이 해양환경의 영향이 없는 일반 상태와 다르므로 항해자는 주의해야 한다. 특히 조류, 천수 및 제한수로에서는 이 해역에 대한 경험이 없는 항해자에 의한 사고를 방지하기 위하여 도선사가 승선해서 운항을 주도한다.

바람과 파도

바람은 수면 위의 구조물이 큰 선박의 운항에 영향을 크게 미친다. 특히 컨테이너선과 자동차운반선은 갑판 위에 적재한 컨테이너와 자동차를 운반하기 위한 상부구조물로 인해 바람에 의한 영향이 크고, 또한 무게중심 위치가 높아서 횡경사가 크게 발생할 수도 있다. 특히 부두에 접안해 있을 때 강한 바람이 불 경우 계류를 위해서 묶어놓은 줄(계류삭)이 끊어질 수도 있기 때문에, 바람이 선박에 작용하는 힘이 하나의 계류삭에 몰리지 않게 계류삭을 잘 배치해서 부두에 접안해야 한다. 계류삭이 바람에 의한 힘을 견딜 수 없을 경우에는 부두에서 사고가 나지 않도록 바람을 피해서 부두를 벗어나 이동하기도 한다.

바람이 많이 부는 상황에서는 보통 파도도 크게 발생하여 선박 운항에 어려움이 생긴다. 바람과 파도는 모두 선박을 밀어내는 힘으로 작용하며, 이에 따라 원하지 않는 곳으로 밀려서 충돌 또는 좌초되는 사고가 발생하기도 한다. 그리고 큰 파도가 선미 방향에서 올 경우 선박을 급격히 불안정하게 만들어 선박을 원하지 않는 방향으로 빠르게 선회시키거나 전복할 수도 있기 때문에 오히려 선수 쪽으로 파도를 만나는 것이 더 안전할 수도 있다. 결국 바람이나 파도는 선박을 위험하게 만드는 요소이므로 기상예보를 미리 확인해서 피하는 것이 가장 좋다. 이를 위해서 대양을 항해하는 선박은 기상예보를 정기적으로 받아보며, 이를 반영하여 항로를 제시해주는 시스템을 설치한 선박도 많다. 물론 추가적인 예산이 들기는 하지만 안전을 위해서는 필요한 시스템이기도 하다.

© KIOST

파도 속을 항해하는 선박

바람이나 파도가 강한 상황에서는 선박의 조종이 원활하지 않으며, 특히 엔진의 마력이 충분하지 않을 경우에는 조종 자체가 불가능할 수 있다. 요즘 국제해사기구에서는 지구온난화 문제 때문에 선박이 배출하는 CO_2를 제한하며, 이에 대한 해결 방안으로 선박의 운항 속도를 낮추는 방안이 시행되고 있다. 그럴 경우 필요 없는 높은 마력의 엔진 대신 낮은 용량의 엔진을 장착하게 되는데, 한편으로는 엔진 출력의 한계로 강한 바람이나 파도 속에서 조종할 수 없을 수도 있다. 따라서 선박에 필요한 최소 추진마력을 규정으로 정하는 논의가 있으며, 이미 가이드 라인이 시행되고 있다. 결국 친환경과 안전은 동시에 검토해야 할 사안이라고 하겠다.

조류, 천수 및 제한수로

조류와 천수 및 제한수로에 의한 영향은 해역에 따른 특성으로 볼 수 있다. 해역에 따라 조류의 세기가 다르며, 천수와 제한수로의 정도도 다르다. 이에 관한 자세한 정보는 해도(또는 전자해도)에 자세히 나타나 있다. 조류는 세기뿐만 아니라 방향도 중요하다. 조류의 세기와 방향은 조석간만의 차에 따라 다르며, 대형선박의 경우 조류와 수심의 영향을 많이 받기 때문에 화물을 가득 실은 상태에서는 수위가 높은 시간 고조 High tide에 입출항을 해야 한다. 수위가 낮은 시간 저조 Low tide에는 흘수 상태를 고려해서 운항하지 못할 수도 있다.

일반적으로 조류의 세기와 방향은 유체역학적으로 기존의 유동에 더하여 고려할 수 있다. 그러나 선미 쪽에서 오는 조류는 타로 들어오는 유속을 감소시켜 타의 성능을 약화시킬 수 있기 때문에 오히려 선수 쪽에서 오는 조류보다 위험할 수 있다. 그리고 조류에 의하여 선박이 밀리는 상황이 발생하므로 조류분포와 조석간만 시간을 잘 살펴보고 운항해야 한다.

천수에서는 선박이 천수효과 Shallow water effect를 받는다. 즉 선체 바닥과 바다 바닥 사이의 간격이 줄어들어서 이 부분을 지나는 유동의 속도가 증가하며, 이에 따라 저항이 증가하고 압력이 줄어든다(유체의 위치에너지와 운동에너지는 일정하다는 베르누이의 정리에 따른다). 결국 선체가 조금 가라앉는 현상 (Squat 현상)이 발생하므로, 천수지역을 빠르게 운항할 경우 좌초할 수도 있다. 또한 일반적으로 수심이 낮은 해역을 운항하면서 직진성능 및 변침성능은 좋아지고 선회성능은 나빠지는 현상이 나타나므로 선회 시 주의가 필요하다. 대형선박의 경우 이러한 정보가 선교 Bridge나 조타실 Wheel house에 붙은 포스터 Wheel house poster에 나타나 있어서 항해 시 참고할 수 있다.

제한수로에서는 제한수로에 의한 영향 Bank effect이 조종 성능에 발생할 수 있다. 또한 선박이 벽으로 가까이 접근할 때 벽에 의해서 밀려나는 현상이 발생하거나 벽과 선체 주위의 유속이 빨라져서 벽으로 붙는 현상이 발생할 수 있다. 두 척의 선박이 빠르게 교차할 때 서로 가까워지는 현상도 같은 이유에서 발생하며, 일반적으로 선미와 선수의 형상이 대칭이 아니므로 선체들이 서로 가까이 붙으면서 선회하는 현상이 발생할 수 있다. 이러한 특성에 따라 제한수로에서 직진성능과 변침성능이 영향을 받게 되며, 벽과 충돌할 수도 있다(운하에서 일어나는 사고의 발생 원인이 된다). 천수나 제한수로에서 나타날 수 있는 조종 특성을 미리 인지하고 있어야 당황하지 않고 안전하게 운항할 수 있으며, 사고를 미연에 방지할 수 있다.

●미래의 선박과 조종 성능

조종 성능과 관련된 미래의 선박(공상과학이 아닌 가까운 미래에 등장하거나 현재 연구 및 개발 중인 선박)으로는 친환경선박, 자율운항선박, 풍력보조 추진 선박 등을 들 수 있다.

친환경선박(전기추진 선박)

친환경선박은 기후변화에 계속 문제가 되는 CO_2를 운항 중에 발생시키지 않는(현 단계에서는 적게 발생시키는) 선박을 의미하며, 엔진의 연료로 친환경 연료를 사용하거나 엔진을 모터로 대체하고 전기를 친환경으로 발생시키는 선박을 의미한다(전기추진 선박). 엔진을 사용할 경우 기존 선박과 유사한 조타기를 사용한다면 일반적인 선박과 다른 점이 없기 때문에 조종 성능의 차이는 없다고 볼 수 있다. 전기추진 선박의 경우, 기존 선박과 유사한 조타기를 사용한다면 조종 성능에는 차이가 없을 수도 있다. 그러나 모터의 경우 회전수를 빠르게 변화시킬 수 있으며, 역회전도 엔진보다는 빠르게 할 수 있으므로 조종 성능에는 도움이 될 수 있다.

그러나 모터가 엔진보다는 장비의 크기나 부가장치들이 적기 때문에 선박의 형상이 바뀔 가능성이 있으며, 이러한 형상 변화는 조종 성능에 영향을 줄 수 있으므로 설계 시 검토가 필요하다. 먼 미래를 고려하여 전기를 동력으로 사용할 경우, 조타기와 선박의 형상에 대한 개념이 바뀔 수 있다. 새로운 형상이나 조타기가 사용될 경우 안전을 위해서 조종 성능에 대한 검토가 반드시 뒤따라야 한다.

자율운항선박

자율주행 자동차에 대한 연구와 개발이 많고, 일부 기능들은 실제 차량에 적용되어 사용되고 있다. 자율주행차량에 대한 도로시험도 활발하게 진행되고, 안전과 사고 발생 시 책임 소재에 대한 민감한 문제를 지속적으로 검토하고 있다. 마찬가지로 자율운항선박에 대한 연구가 오래전부터 수행되어왔으며, 국제해사기구에서도 이에 대한 규정 검토을 진행하고 있다.

자율운항선박은 자동화를 단계별로 정해서 검토되고 있다. 1단계는 항해자가 상황을 직접 인식한 후 제어하는 단계로, 일반적인 운항 상황을 의미한다. 2단계는 시스템에서 상황을 인식하고 제어방안을 제시한 후 이에 대해서 항해자가 직접 제어하는 단계로, 현재까지 개발되어 활용되고 있는 단계이다. 3단계는 시스템에서 상황을 인식하고 항해자에게 관련 사항을 전달한 후 자체적으로 제어를 수행하고, 항해자는 특이사항이 있는 경우에만 직접 제어하는 단계이다. 이러한 의미에서 보면 현재 자동차에 적용되는 자율주행은 3단계의 기능이 일부 적용된 것이라고 보면 된다. 4단계는 시스템에서 상황을 인식하여 자체적으로 제어한 후 이 상황을 보고하고 항해자는 이 상황을 모니터링하는 단계이며, 5단계는 최종적으로 모든 것이 시스템화하는 단계를 의미한다.

이러한 자율운항시스템을 개발하기 위해서는 대상 선박의 조종특성을 알아야 하며, 또한 조종특성을 반영해서 시스템을 개발해야 선박에 대한 제어가 가능하다. 이를 위해 선박의 조종특성을 얻을 수 있는 모형시험을 수행하거나, AI Artificial intelligence 인공지능 기법(기계학습 Machine learning)등을 활용한다. 모형선 시험 데이터 또는 실선의 운항 데이터를 이용하여 조종특성을 학습시키는 기법이 연구되고 있다.

선박의 통항이 많지 않고 위험상황을 만나도 피할 수 있는 공간이 많은 대양에서 자율운항은 큰 문제가 없다. 그러나 선박의 통항이 많은, 특히 어선, 레저선박 등 소형 선박의 통항이 빈번한 연안 및 항만 근처에서 자율운항은 사고발생 위험이 매우 크므로 이에 대한 중점적인 연구가 필요한 상황이다. 자동차의 경우, 초보운전자에게 가장 어려운 상황 중 하나는 주차일 것이다. 마찬가지로 선박의 경우에는 부두에 이·접안하는 상황이 시간과 안전 측면에서 어려움이 많으며, 이에 따라 자동 이·접안에 관한 연구도 정도 높게 수행될 필요가 있다.

풍력보조 추진 선박

풍력보조 추진 선박은 친환경선박의 일종일 수 있다. 다만 적용되는 기술이 획기적인 기술이 아니라 전통적인 기술이라는 점이 다르다. 고대부터 선박이 활용되면서 추진 장치로 가장 먼저 사용된 것은 인간의 노동력(노를 젓는 행동)이었을 것이고, 그다음이 바람을 이용하는 방식이었을 것이다. 바람을 이용하기 위하여 사람들은 돛대에 돛을 설치하여 바람의 방향과 세기를 이용해가며 오랫동안 운항해왔다. 돛이 달린 범선으로 대서양을 건너고, 태평양을 건너 대양 항해도 했다. 석유파동이 있었던 1970년대에는 선박에 돛을 달아서 연료를 아끼려는 시도가 있었다.

이처럼 바람을 이용하여 연료효율을 높이려는 시도는 오래전부터 있어왔지만, 연료비 절감에 미치는 영향이 그리 크지 않아서 많이 적용되지 못했다. 이런 상황이 국제해사기구의 탈탄소화 규제에 따라 다시 관심을 받고 있다. 연료효율을 조금이라도 더 높여서 탈탄소 규제에 의하여 선박이 운항하지 못하는 상황을 방지하는 장치로 풍력보조 추진 장치를 설치하려는 연구가 활발히 진행되고 있다. 현재 시점에서는 완벽하게 무탄소 선박을 건조하기 어렵기 때문에 여러 기술을 활용해서 최대한 탄소 배출을 줄여나가려는 시도가 진행되고 있는 것이다.

© Wilsca

Maersk Pelican호에 설치된 Rotor sail

풍력보조 추진 장치로는 고대부터 사용되어오던 돛을 설치하는 방식이 있고, 비행기 날개와 유사한 날개를 갑판 위에 설치해서 바람에 의한 양력을 추진력으로 사용하는 방식 Wing sail이 설계에 활용되고 있다. 또한 이미 19세기부터 알려진 마그누스 효과(Magnus effect : 회전하는 원기둥 주위의 유체의 압력차에 의해 양력이 발생하는 현상)를 이용해서 회전하는 원기둥을 갑판 위에 설치하여 바람에 의한 양력을 추진력으로 얻는 방식이 있다(Rotor sail, 이 방식이 가장 많이 적용되고 있다). 이 외에도 갑판에 화물(컨테이너)이나 장비들이 있어서 돛, 날개, 원기둥 등을 설치하기 어려운 선박에는 연 kite을 이용해서 추진력을 얻는 방식도 연구, 적용된 바 있다.

풍력보조 추진 장치는 무조건 설치하는 것만이 능사가 아니다. 이 장치를 어떻게 제어해서 연료효율을 높일지에 관한 연구와 바람에 관한 기상정보를 활용하여 항로를 어떻게 선택하는 것이 좋을지에 관한 연구도 필요하다. 물에 의한 성능과 바람에 의한 성능을 동시에 검토하기에는 시험장치나 기법에 어려움이 많기 때문에 정확한 성능평가를 연구할 필요도 있다.

일반적으로 운항할 때는 바람 및 파도에 의한 저항증가를 피하기 위해 바람과 파도를 피하는 것이 기본인데, 풍력보조 추진 선박은 바람을 찾아서 운항해야 더 효율적이고, 바람이 많은 해역은 당연히 파도도 크기 때문에 안정성에 대한 고려도 필요하다. 결국 기존 선박과 다른 관점에서 최적 항로를 찾아야 하며, 풍력보조 추진 장치 자체에 관한 연구 이외에 운항효율 향상 방안 연구도 수행되어야 한다. 조종 성능 관점에서 보면 조타기가 추가로 있는 선박에 해당하므로 이에 대한 성능평가 및 시뮬레이션 기법도 연구되어야 한다.

선체의 구조

선박은 화물을 효율적으로 운송하고 필요한 장비를 운용할 수 있도록 공간을 구획하는 것 외에도 거친 해양환경 속을 안전하게 운항할 수 있는 충분한 구조강도 및 피로수명을 확보해야 한다.

노인식 충남대학교 명예교수

선박은 해양의 거친 파도를 견뎌내면서 안전하게 운항해야 하므로 튼튼한 구조로 건조해야 한다. 선체 외판은 물이 안으로 스며들지 못하게 하는 기본적인 수밀 Watertight 기능과 함께 필요한 배수량을 확보하고, 추진 성능과 운동 성능을 얻을 수 있게 외부 형상(선형)을 유선형으로 설계한다. 또한 내부적으로는 화물을 적재하기 위한 공간, 선박의 운항과 기능 유지에 필요한 기관, 의장품 등의 장비 탑재 공간, 승무원을 위한 안전한 거주 공간 등을 배치하기 위해 구획이 매우 복잡하다. 이와 같은 외판과 내부를 구성하는 각 부재들은 계획된 화물을 효율적으로 적재 · 운송하고 필요한 장비를 효율적으로 운용할 수 있도록 공간을 구획해야 한다. 뿐만 아니라 배가 다닐 거친 해양환경 속을 계획된 수명 동안 손상 없이 안전하게 운항할 수 있는 충분한 구조강도를 확보할 수 있게 설계해야 한다.

● 선체 구조의 기능 및 역할

선박은 일생 동안 해양의 파도를 헤치고 운항해야 하므로 물의 저항을 줄이기 위하여 외각은 부드러운 쐐기 모양의 유선형 형상으로 만들어지는 한편, 이 과정에서 받게 되는 다양한 하중을 견딜 수 있게 설계되어야 한다. 통상 구조역학적으로는 긴 직육면체의 상자형 거더 Box type girder로 취급된다. 이때 거더는 일반적으로 대형 보를 의미하므로, 선체 구조를 굽힘을 받는 하나의 큰 보로 간주하여 설계하는 전통적인 선체 중앙단면 구조설계 방식의 개념적 배경을 엿볼 수 있다. 선저, 선측, 갑판 등 선체의 주요 구조는 판각 Plate and shell으로 이루어지며, 수압 등 외압과 국부적 굽힘 변형을 효율적으로 견뎌낼 수 있도록 판 위에 보강재 Stiffener가 적절한 간격으로 용접된 보강판 Stiffened plate 구조로 건조된다. 위치별로는 다음과 같이 크게 네 부분으로 분류할 수 있다.

첫째, 상자형 거더의 바닥으로, 수압이나 파랑충격력을 지지하며 또 그 위에 실리는 화물이나 기계류의 무게를 지탱하는 선저구조이다. 선저구조는 충돌이나 좌초 등으로 인한 국부적인 손상이 발생할 때의 침수로부터 선체를 보호하고, 기름처럼 환경을 오염시키는 액체화물의 누출 방지를 위해 이중구조, 즉 이중저 Double bottom 를 이루고 있다. 외부의 물과 접하는 부분을 선저외판, 그 상부에 실제 화물이 적재되거나 각종 의장품이 설치되는 부분을 내저판 Inner bottom이라고 한다. 그 사이의 공간은 연료유나 청수 탱크 또는 밸러스트 탱크로 사용된다.

둘째, 갑판구조는 선체 횡단면을 층별로 나누는 수평 평판 구조이다. 갑판은 적재된 화물의 중량, 적하 · 하역을 위한 각종 기계설비류 등 의장품의 무게를 감당한다. 맨 위에 위치하는 상갑판에는 화물의 적재 · 하역을 위한 해치 Hatch와 함께 갑판 장비들이 설치된다.

셋째, 선측구조는 선체의 양측을 감싸는 수직 외벽을 말하며, 수압과 파랑의 충격력을 견디는 역할을 한다. 최근에는 석유류 같은 위험 화물이나 환경오염 물질을 취급하는 선박에서는 선저처럼 이중구조로 건조하는 것이 의무화되어 있으며, 선저와 선측이 모두 이중구조로 되어 있는 경우를 이중선체라고 한다.

마지막으로 넷째, 격벽 Bulkhead구조는 선박을 횡방향 또는 종방향으로 구획하는 수직 평판 구조물을 뜻한다. 횡방향으로 배치되어 선체를 길이 방향으로 구획하는 격벽을 횡격벽이라고 한다. 선체의 외벽에 손상이 발생했을 때 침수된 해수가 다른 구획으로 넘어가지 않게 차단함으로써 선박 전체의 안정성을 유지하여 침몰 가능성을 줄이는 중요한 기능을 하기 때문에 국제적 규약 SOLAS에 의해 설치 개수와 강도가 엄격하게 규정되어 있다. 배의 폭이 넓은 경우, 필요에 따라 길이 방향으로 종격벽을 설치하여 화물창을 폭 방향으로 나누어준다. 격벽은 적재된 액체 · 산적 화물의 압력을 견디는 한편, 화물창의 변형을 방지하여 선체의 구조적 안전성을 확보할 수 있게 설계된다.

일반적으로 선박에서 각 구획의 역할은 길이 방향으로 구분되는 경우가 많으며, 각 구획마다 목적에 맞는 기능과 강도를 유지할 수 있도록 적절한 형상의 구조부재를 배치한다. 화물선을 예로 들면 대체로 선체의 중앙부에는 주로 화물을 싣는 화물창이 위치하며, 적재하는 화물의 특징에 따라 화물창 내부구조도 합리적인 형상과 기능을 갖추도록 설계된다.

선수구조는 항상 파도의 충격에 노출되어 있고 다른 선박이나 부유물 또는 접안 시 부두 시설에 충돌할 가능성이 큰 부분이기 때문에 견고하게 설계해야 한다. 충돌 사고가 발생했을 때 화물창이 쉽게 손상되는 것을 방지하기 위해 선수부와 화물창의 경계가 되는 선수격벽 Forepeak bulkhead 또는 Collision bulkhead을 선수단에서 일정 거리 이상의 여유를 두고 설치하도록 규정되어 있다.

선미부에는 기관실, 추진기 및 추진축, 타 등 선박 추진과 관련된 시설들이 집중적으로 배치되는 경우가 많다. 주기관은 선미의 추진기와 추진축으로 직접 연결되므로 추진축의 길이를 최소화하여 관련 장비의 배치공간을 확보하고 구조를 단순화하기 위한 조치로 볼 수 있다. 추진기와 주기관은 진동을 유발하는 주요 기진원이며, 승조원들이 근무하는 조타실과 거주구가 배치되는 갑판실 Deckhouse 역시 주로 기관실 상부에 위치하기 때문에 승조원들의 환경 개선을 위한 진동 · 소음 저감 및 방진 · 방음을 위한 대책 수립이 중요하다. 기관실 하부는 중량물인 주기관이 탑재되는 장소이므로 별도의 보강이 필요하다.

● 선체에 작용하는 힘

항해 중 선박에 작용하는 힘은 선체 자체, 탑재된 기계류 및 화물 등의 자중과 물의 부력, 파랑 중 선체 운동에 기인하는 관성력과 변동수압이 주요 성분이다. 액체화물의 내부 유동 또는 파도에 의한 유체충격력 등 다양한 하중도 고려해야 한다. 극지 운항 선박의 빙 氷충돌 하중, 액화가스 운반선의 열 하중, 함정의 수중 폭발 하중 등 선종에 따라 특수한 하중을 고려해야 하는 경우도 많다.

선박에 작용하는 하중은 대체로 주기를 갖고 반복적으로 작용한다. 구조역학적 관점에서 보면 이 하중의 작용주기에 따라 구조물의 동적 응답특성이 확연히 달라지므로 하중의 분류 기준으로 중요한 의미가 있다.

먼저 정적하중 Static load은 시간의 경과에 따라 크게 변화하지 않고 일정한 크기를 유지하는 하중을 말한다. 선체 자체, 탑재된 기관 등 의장품, 적재된 화물의 중량과 내부탱크 벽면 및 선체 외판에 작용하는 수정압 등이 이에 해당한다. 구조부재의 열 수축 · 팽창과 열응력을 유발하는 부위별 온도분포 차이, 즉 열 하중도 정적하중으로 간주할 수 있다.

일반적으로 선박의 구조설계에서 가장 중요하게 고려되는 하중은 파랑에 기인하는 하중 Wave induced load이다. 파도 중에 운항하는 배는 외벽에 변동수압을 받는 동시에 횡동요와 종동요 등 선체의 운동이 유발되어 이 운동 가속도에 기인하는 관성력을 추가로 받는다. 시간에 따라 변화하는 동적인 하중이지만 파도의 주기가 수 초 ~ 수 분으로 구조물의 고유진동수보다는 비교적 길어 구조물의 동적 변형과 공진을 유발하지는 않는 준정적 거동 Quasi-static response의 영역에 속한다. 구조해석 관점에서는 동적 거동의 영향을 배제하고 시간 단계별 정적 해석만으로도 합리적인 결과를 얻을 수 있다. 이러한 부류의 하중을 저주파수 동적하중 Low frequency dynamic load이라고 한다. 반면에 작용주기가 수 초 이내 수준으로 짧아서 선체 고유의 진동주기와 공진 가능한 하중을 고주파수 동적하중 High frequency dynamic load이라고 한다. 추진기나 타 등 선체 부가물들에 의한 동유체력, 주기관, 보기의 회전에 의한 진동 또는 해양파 고주파수 성분과의 공진에 의한 진동, 즉 스프링잉 Springing 등이 이 범주에 속한다.

파도 속을 운항하는 배는 물과의 상호작용에 의해 여러 가지 충격력을 받는다. 과도한 종동요로 인하여 수면 밖으로 들어 올려진 선수가 밑으로 내려갈 때, 파도로 인하여 상승하는 수면과 충돌하여 순간적인 충격을 받는 현상을 슬래밍이라고 한다. 이때 발생하는 충격력은 국부적으로 선수 선저외판과 플레어 Flare 부분에 발생하는 손상의 주요 원인이 될 뿐만 아니라, 선체 종방향으로 굽힘 변위가 상당히 큰 과도진동 Transient vibration, 즉 위핑 Whipping 현상을 유발함으로써 선체 전체의 구조 안전성에 큰 위협이 된다.

함정설계에서도 수중에서 폭탄이 폭발하는 경우에 대비하여 충격파나 맥동하는 폭발가스 버블 Bubble에 의한 위핑의 영향을 고려하게 된다. 유조선처럼 액체화물을 적재하는 선박에서는 액체의 유동에 의해 발생되는 탱크 내부의 파도가 탱크 내벽과 충돌할 때 큰 충격압력이 발생한다. 이러한 현상을 슬로싱이라고 하며, 슬로싱에 의해 탱크 내부 부재가 손상되는 사고가 흔히 보고된다. 특히 멤브레인형 LNG선에서는 탱크 내부에 액체 유동을 저감시킬 수 있는 내부 보강재가 전혀 없기 때문에 심한 슬로싱 현상으로 인한 손상이 자주 보고되므로 이에 대비한 설계 기술이 집중적으로 연구되고 있다.

피칭 Pitching운동을 하는 선수가 빠른 속도로 입수할 때 파도에 의해 선수갑판으로 쏟아져 들어오는 바닷물을 그린 워터 Green water라고 하는데, 갑판 구조물이나 의장품들에 부딪혀 충격을 가하기 때문에 이에 대비한 설계가 필요하다. 작용 주기가 극단적으로 짧아져 순간적으로 작용하는 충격하중은 구조 응답의 크기가 작용주기 동안 시간영역에서 압력의 적분에 해당되는 충격량역적 Impulse에 거의 비례한다는 특징이 있다.

그 밖에 갑판크레인, 주기관, 헬기착륙장 등과 같이 중량 화물 · 설비를 탑재 또는 적재하는 경우에는 그 무게를 고려하여 중량물의 주위를 별도로 보강한다. 부재들의 연결부나 개구부의 모서리처럼 구조 형상이 갑자기 변화하는 구조적 불연속 부위는 다른 부분에 비해 응력이 급격히 커지는 응력집중 Stress concentration 현상이 발생하므로 세심한 배려가 필요하다. 선수구조는 운항 중의 선박이 다른 선박이나 부유체와 충돌 또는 좌초 Grounding하는 경우에 대비하여 화물창 내부 손상이 최소한으로 제한될 수 있게 설계되어야 한다. 쇄빙선이나 내빙 Ice-strengthened 상선처럼 극지를 운항하는 선박에서는 빙산이나 빙판과 충돌할 때 발생되는 얼음과 구조물의 상호작용을 고려해야 한다.

여러 가지 하중을 예시하였지만 통상 선체의 구조설계에서 가장 중요하게 고려되는 하중은 파랑하중이다. 해상의 파도는 시기별, 지역별로 다양하게 변화하기 때문에 파랑하중 역시 불규칙적이므로 정확히 해석하기는 힘들다. 그러나 과거 오랫동안 전 세계 주요 해역에 대한 해양파 자료들이 수집, 정리되어 있다. 최근에는 이를 이용하여 파랑하중에 대한 선체응답을 통계적 · 확률적으로 평가하는 기술이 직접해석법이라는 개념으로 적용되고 있다.

● 선체의 변형 · 구조 강도

선체의 구조강도

선박은 항해 중 위에서 열거한 하중들에 의해 다양한 형태로 변형되는데, 이에 대응하기 위하여 충분한 강도와 구조적 안전성을 확보하도록 설계한다. 일반적으로 파랑 중 선체의 구조거동은 3단계로 분류할 수 있다. 먼저 1차 거동 Primary response 은 선체를 중량, 부력 등 분포하중을 받는 하나의 대형 보로 간주하고, 정수 중 또는 파도 중에 발생되는 이 보의 길이 방향 굽힘거동을 지칭한다. 선체의 전체적인 구조거동을 중량, 부력 등 분포하중을 받는 하나의 대형 보로 이해하는 접근방식은 역사가 오래되었다.

선체 구조거동의 3단계 분류

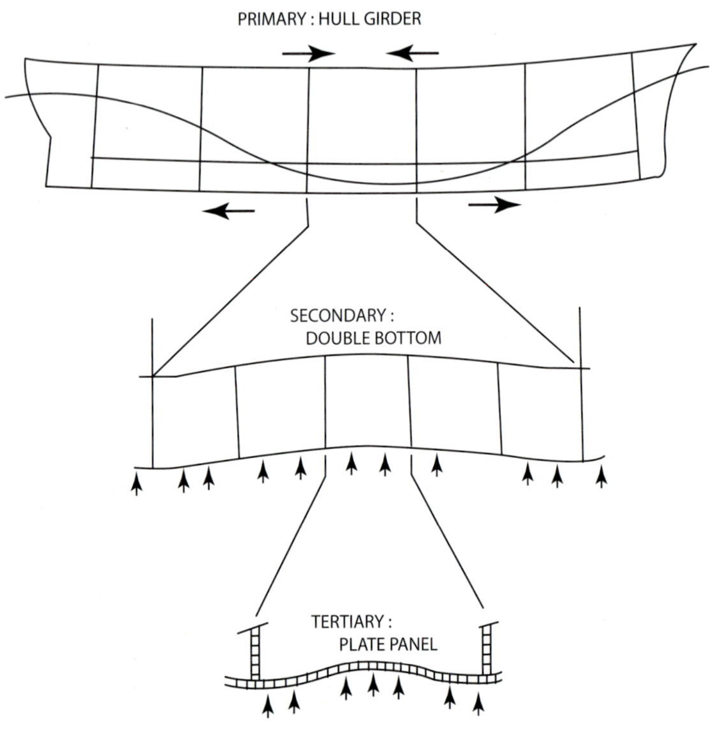

© Paulling, J.R.(Editor), 2008

다음으로 2차 거동 Secondary response은 이를 좀 더 세분한 화물창 하나 정도의 구조거동을 의미하며, 이중저 · 특설늑골 등 대형 보강재를 포함하는 복합 구조의 거동이 포함된다. 그 외 보강판, 슬롯홀, 브래킷 등 세부적 응력집중부의 거동을 3차 거동 Tertiary response으로 분류한다.

선체의 구조설계는 이와 같이 1차에서 3차 거동으로, 전체적인 관점에서 국부적인 관점으로 범위를 좁혀가면서 진행된다. 이에 대응되는 선체의 강도는 종강도, 비틀림강도, 횡강도 및 국부강도 등의 네 가지 측면에서 검토된다.

일반적으로 선체는 선체 거더 Hull girder라는 용어가 함축하듯이 폭이나 깊이에 비하여 길이가 긴 보 형상이며, 종(길이)방향의 굽힘거동이 강도상 가장 중요한 의미가 있다. 이와 같은 길이 방향으로 분포된 하중으로 인한 굽힘변형, 즉 1차 거동에 대하여 선체 거더가 저항하는 능력을 종강도라고 하며, 선체 중앙 횡단면의 구조설계에서 가장 중요한 요소로 간주된다. 종방향 굽힘변형은 수직방향뿐만 아니라 파도의 입사방향 변화에 따라 수평방향으로도 발생할 수 있는데, 그와 같은 변형은 수평굽힘 Horizontal bending이라고 한다.

파도 속을 운항하는 선박의 힘과 변형은 굽힘거동을 통하여 개념적으로 나타낼 수 있다. 파도의 정점이 선수와 선미에 걸쳐 있고 파저가 선체 중앙에 있는 경우, 선체는 선체 중량과 부력 분포에 의하여 위로 볼록한 굽힘변형 상태, 즉 호깅 Hogging이 된다. 반대로 파저가 선수와 선미에 있고 파정이 선체 중앙에 위치하는 경우 선체는 위로 오목한 굽힘변형 상태가 되는데, 이를 새깅 Sagging이라고 한다.

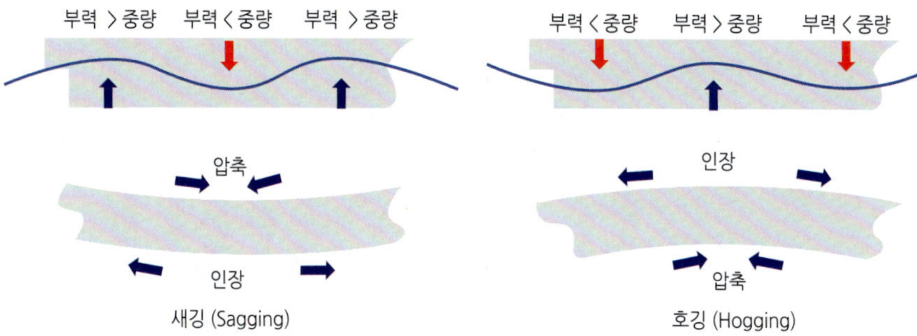

파도에 의한 선체의 굽힘거동

선체 거더가 받는 굽힘응력을 계산할 때는 정수 중 또는 파도 중의 길이 방향 굽힘모멘트를 모두 더한 전체 굽힘모멘트를 이용한다. 중앙횡단면의 구조 설계도 이렇게 구해진 전체 굽힘모멘트를 기반으로 하여 이루어진다. 정수 중 굽힘모멘트 SWBM, Still water bending moment는 종방향의 무게 및 부력 분포로부터 적분을 사용하여 쉽게 구할 수 있다.

그러나 파도 중에서의 파랑굽힘모멘트 WBM, Wave bending moment는 파도에 의한 수동압 분포를 정확히 예측하기 힘들며, 배의 운동에 따른 관성력의 영향도 포함되어야 하므로 정확한 추정이 어렵다.

과거에는 표준파라는 가상적인 파도를 정의하고, 그 위에 배가 정적으로 떠 있는 상태에서 파도의 자유수면 위치를 고려한 압력분포를 추정하여 선체 응답을 해석하였다. 그러나 표준파는 선체운동으로 인한 관성력 등 동적 거동의 영향을 고려하지 못한다는 단점이 있다. 이에 최근에는 국제선급협회 IACS, International Association of Classification Society에서 제시한 길이, 폭, 방형계수 등 선박의 주요 요목만의 함수로 주어지는 간단한 식에 따라 파랑굽힘모멘트와 전단력 등 파랑전단력을 계산한다. 이 약산식은 이미 건조되어 운항 중인 많은 실적 선박에 대한 정밀해석 결과와 관련 자료들을 통계적으로 처리하여 얻어졌으며, 과거의 표준파 해석법보다 훨씬 간편하면서도 합리적인 결과를 제공하는 것으로 평가된다.

선체 구조는 수많은 보강판으로 구성된 복잡한 부정정 Statically indeterminate 구조물이다. 따라서 외부 하중에 의해 일부 부재들이 손상되더라도 그 하중이 이웃 부재로 분산되기 때문에 전체 단면의 붕괴로 즉시 이어지지 않는 여유강도 Redundancy를 갖는다. 실제 선체 단면에 초기 손상이 발생한 시점부터 완전 붕괴에 이르기까지의 여유치를 추정하는 것은 선체 구조의 안전성 확보에 매우 중요한 작업으로 간주된다. 그러나 이러한 최종강도 Ultimate strength의 계산 과정은 소성 대변형, 좌굴 등 매우 복잡하고

선체 굽힘 곡률과 종굽힘모멘트의 변화

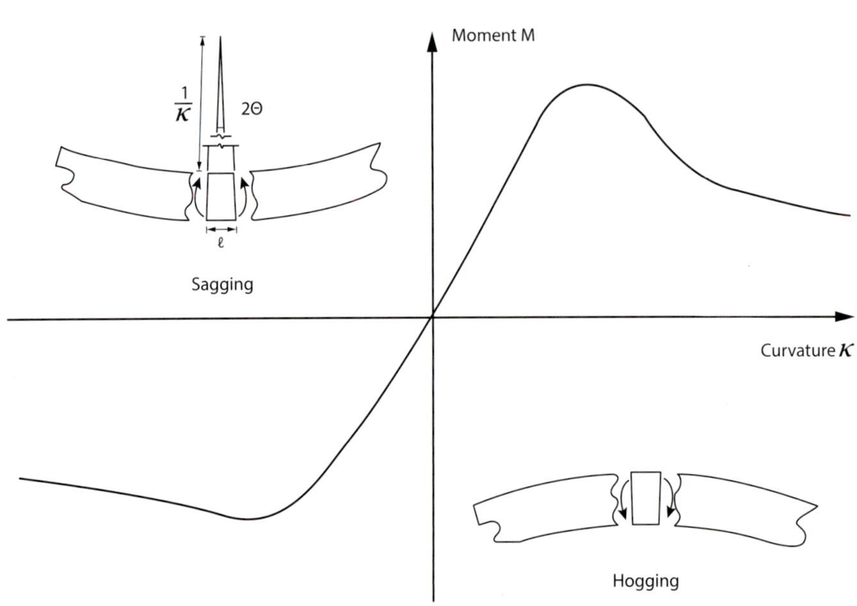

Typical moment-curvature reponse curve.

어려운 정밀 비선형 구조해석 기법이 동원되어야 한다는 문제점이 있다. 따라서 최근 산적화물선과 유조선의 구조설계에 공통적으로 적용되는 국제선급협회 공통규칙 IACS CSR에서는 스미스 Smith법이라는 간이 최종강도해석법을 공식적으로 채택하여 선체 중앙단면이 견딜 수 있는 최대 굽힘모멘트를 추정하고, 이를 설계기준과 비교해 설계에 반영한다.

파도가 배의 진행 방향과 비스듬한 각도로 입사할 때 선체의 비틀림 변형을 유발하는 하중이 작용하는데, 이를 비틀림모멘트 Torsional moment라고 한다. 화물을 비대칭적으로 적재하는 경우에도 비틀림모멘트가 발생한다. 특히 컨테이너선처럼 창구 Hatch가 큰 선박은 비틀림 변형에 취약하며 워핑 Warping이라는 부재의 선체 길이 방향 변위로 인하여 기관실 전단부의 과대한 축응력 문제와 함께 창구 모서리에 균열이 발생하기 쉬우므로 비틀림 강도가 충분히 확보되도록 세심한 주의를 기울여야 한다.

(좌) 경사파 중의 선체에 작용하는 비틀림 하중
(우) 선체 횡단면의 래킹 변형

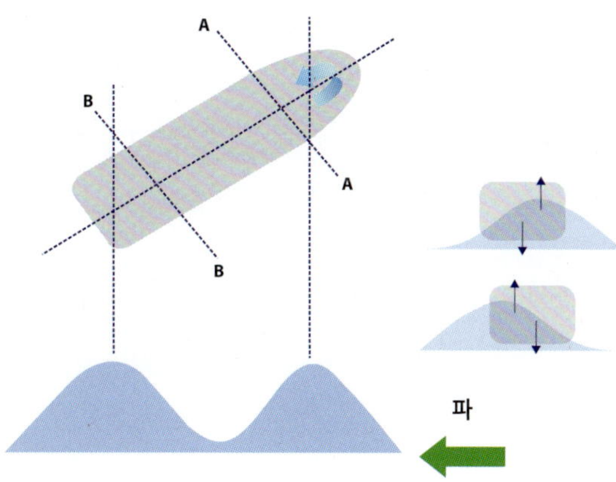

© 《조선기술》 대한조선학회편, 2011

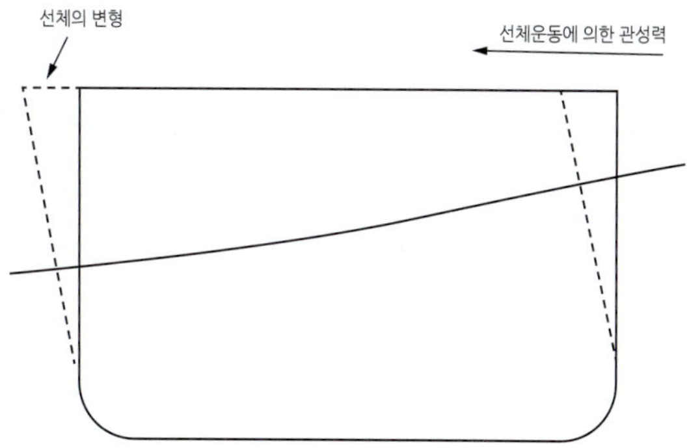

선체 횡단면을 변형시키려고 하는 하중을 버텨내는 능력을 횡강도 Transverse strength라고 한다. 횡방향 하중에는 외판에 작용하는 파도로 인한 압력과 화물 또는 선체의 무게, 관성력이 포함된다. 횡강도는 대체로 선체 구조의 2차 거동 관점에서 다루어지며 화물창을 중심으로 해석, 평가한다. 선체의 주요 횡강도 부재는 횡격벽, 횡늑골, 내부 선저 늑판 등이다. 적재차량의 통행문제로 인하여 횡격벽이나 횡늑골 설치가 제한되는 자동차운반선에서는 횡경사된 상태에서 래킹 Racking이라는 심각한 횡강도 문제가 발생할 수 있다.

국부강도란 선체 구조의 전체적인 거동이 아니라, 부분적인 구조부재의 국부적 거동과 관련된 강도를 말한다. 수압을 직접 받는 판각 또는 보강재가 변형하거나 중량물을 지탱하는 기둥이 파괴되는 등, 경험적으로 국부적인 손상 발생 빈도가 높은 부재들이 관심의 대상이 된다. 선체 구조 전체의 안전성에는 큰 영향을 미치지 않지만, 주로 판재나 보강재, 브래킷 또는 기타 응력집중 부위에서 국부적인 균열, 좌굴과 같은 손상이 발생할 가능성이 크다. 따라서 이와 같은 부재의 형상은 설계 시 특히 주의를 기울인다.

선체 구조의 형상

배는 화물과 기관을 비롯한 중량물을 싣고 파랑 속을 항해하면서 겪게 되는 수압이나 적재물의 하중에 견디기 위하여 여러 형태의 구조부재들로 이루어져 있다. 많은 부분이 평판을 접합하여 건조되지만, 선수나 선미는 곡판으로 이루어지기 때문에 여러 가지 방법에 의한 곡면 가공과정이 필요하다. 그런데 이와 같은 박판 구조는 판의 면에 수직방향으로 작용하는 압력 하중으로 쉽게 굽힘변형이 발생되는 취약성이 있다. 박판 구조물에서 단순히 판재의 두께를 증가시키는 방법보다는 평판 또는 곡판에 보강재를 용접한 보강판 Stiffened plate & shell 구조가 굽힘 하중에 훨씬 효율적으로 저항할 수 있는 것으로 알려져, 교량·항공기 등과 마찬가지로 선체 구조에서도 많이 채용되고 있다.

선체 구조의 보강판 구조는 조밀한 간격(통상 600~900mm 범위)으로 배치되는 작은 크기의 보강재(2차 부재)를 비교적 넓은 간격으로 배치되는 큰 보강재(1차 부재)가 지지하는 형식으로 구성된다. 이러한 보강재의 배치 방향에 따라 선체의 구조 양식은 종늑골 방식, 횡늑골 방식, 혼합식의 세 가지 방식으로 분류한다.

대부분의 대형 상선에서는 선체 구조설계에서 가장 핵심이 되는 길이 방향 굽힘 강도, 즉 종강도를 확보하기 위하여 2차 부재인 소형 보강재가 선체 거더의 길이 방향 굽힘강성에 충분히 기여할 수 있게 길이 방향으로 배치된 종늑골식 구조 Longitudinal framing system를 채용한다. 이때 횡방향 강도를 확보하기 위하여 대형 횡늑골 Web frame이 설치된다. 이 구조방식은 종강도에 유리하고 선체의 중량을 경감할 수 있다. 그러나 화물창

보강판 구조의
1차 부재와 2차 부재

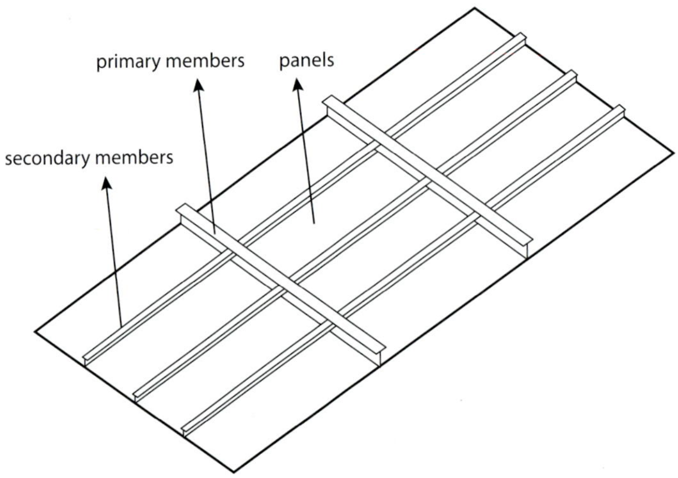

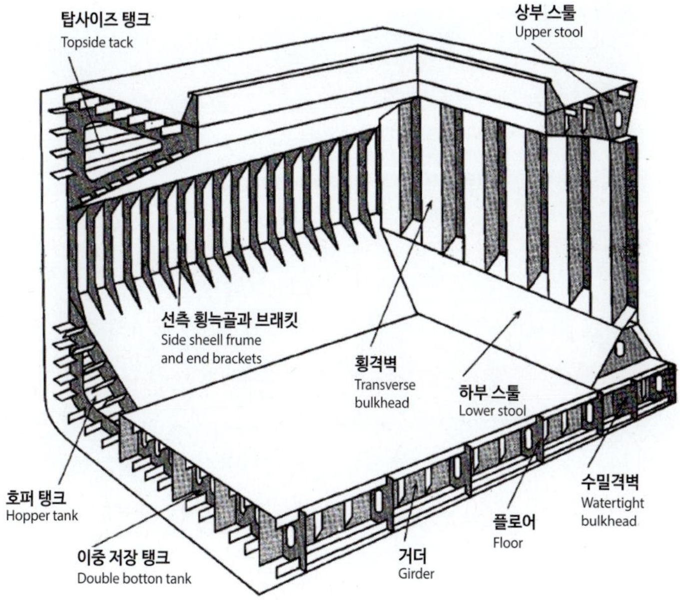

산적화물선의 화물창 (혼합식 구조)

© Ortiz, et al, 2012

내부에 돌출부가 많고 보강재가 횡방향 늑골을 관통하기 때문에 수많은 슬롯홀 Slot hole 이 생성되므로 구조가 복잡하고 건조 공수가 많이 필요하다. 따라서 일반화물선에는 부적합하며 유조선 같은 액체화물 운반선이나 대형 상선에 적합하다.

소형선박 또는 일반화물선에 적용되는 횡늑골식 구조 Transverse framing system는 갑판, 선측, 선저 등 주요 구조에 2차 부재를 횡방향으로 배치하는 방식이다. 구조가 간단하고 건조가 쉬우며 늑골재가 종방향의 대형 거더를 관통하지 않기 때문에 슬롯홀 가공이 필요 없고 비교적 쉽게 건조할 수 있다. 화물창 내부의 돌출부가 적기 때문에 과거에 많이 건조되던 일반화물선과 어선 등의 중소형선에 적합하다. 대형 전용화물선에 부적합한 이유는 취약한 선체의 종강도를 보완하기 위하여 외판의 두께가 증가하는 경향이 있기 때문이다.

혼합식 구조는 종늑골식과 횡늑골식 구조, 두 방식을 부분적으로 혼합한 구조이다. 화물창 내부의 구조는 대부분 종늑골식 구조이지만, 선측은 2차 부재 역할을 하는 횡늑골이 수직방향으로 배치된 횡늑골식 구조이다. 횡늑골이 횡단면의 중립축 부근에 배치되기 때문에 선체의 종강도 확보에는 큰 문제가 없다. 대표적인 예로 산적화물선 화물창은 입상 粒狀 화물의 적재·하역 편의성을 고려하여 다음 그림과 같이 선측 보강재를 수직 방향으로 배치하는 혼합식 구조로 건조된다. 일반 종늑골식 대형 선박에서도 기관실 하부를 포함하는 선수·선미 구역은 종강도에 큰 문제가 없기 때문에 선수 충돌하중, 기관 중량 등 큰 국부하중을 고려하여 횡늑골식을 채택하는 경우가 많다.

● 선체 구조설계 및 안전성 평가

선체의 구조설계 개념

선박 내부 구조는 전체적으로 제한된 공간을 효율적으로 활용하는 것을 먼저 고려하는 구획의 관점에서 결정된다. 그러나 그 구획을 구성하는 판재의 두께라든지 보강재의 부착 위치, 형상 및 치수 등 세부적인 사항은 배가 사용되는 동안 받게 되는 내부 또는 외부 하중을 잘 견디어 손상 없이 안전하게 항해할 수 있도록 설계되어야 한다.

선박의 구조설계는 경제적 측면의 제반 성능을 충족하면서도 예상되는 모든 하중을 충분히 견딜 수 있는 강도를 갖추도록 부재를 적절히 배치함으로써, 구조적 안전성을 확보하는 과정으로 간주할 수 있다. 그러나 경제성과 안전성이라는 두 화두는 서로 상충할 때가 많으므로 조화롭게 타협점을 찾는 과정이 최적 설계의 요체이다. 선주 입장에서는 안전성을 조금 희생하더라도 구조중량을 줄이는 설계가 운항 속도를 높이고 화물 적재량을 늘릴 수 있어 경제적이기 때문에, 기능적 성능 향상을 추구하는 방향으로 설계하고자 하는 유혹을 벗어나기 어렵다.

그러나 정부의 관점에서는 만일의 사고 발생 시 인명 손실이나 환경오염 등 경제적 가치로 판단할 수 없는 막대한 사회적 비용을 감당해야 하므로 최소한의 안전성 기준을 강제하게 된다. 이러한 역할은 대체로 해양·해사 관련 국제적 기구의 협의를 거쳐 각국의 선급에 위임된다. 다시 말하면, 선체 구조설계는 경제적 측면에서 최소의 건조비와 유지비를 추구하는 동시에 안전성 측면에서 예상되는 모든 경우의 하중 상태에 충분히 견딜 수 있도록 부재의 배치와 치수를 결정하는 과정이라고 요약할 수 있다.

선박이 계획된 수명 동안 해양을 운항하는 과정에는 수많은 불확실성이 존재한다. 때문에 합리적인 구조설계를 위해서는 하중의 추정에서 건조에 이르는 전 과정을 고려하여, 거시적 관점에서 출발하여 점차 미시적 관점으로 진행한다.

선급

선급은 선박을 비롯한 해양시스템의 건조·운영에 관한 안전성을 보장하는 데 핵심적인 역할을 하는 기관이다. 정부로부터 선박의 설계, 건조, 운항, 검사, 관리 등에 관한 업무를 위임받아 관련 규칙을 제정하고 감독관청으로서의 역할을 수행하기 때문에 대부분의 국가에서 선급이 운영되고 있다. 서로 다른 역사적 발전 배경 때문에 각 선급마다 독립된 독자적인 규정체계가 있지만, 대부분의 대형 상선들이 국제항로를 운항한다는 특성 때문에 국제해사기구와 같은 국제적 공인기관과 국제조약의 규정에 따른다. 각국 선급들의 협의체인 국제선급협회 IACS는 선박들에 적용되는 선급규칙의 통일을 위하여 노력하고 있다. 2006년부터는 이중선체유조선과 산적화물선 설계에 대한 공통 규칙 Common structural rules을 마련하여 적용하고 있다.

선체 구조해석

설계된 선체 구조의 안전성을 확인하기 위하여 최신의 합리적인 기법을 선택하여 구조해석을 수행한다. 구조해석 과정 및 결과의 평가는 선급과 같은 공인 감독기관의 감독과 관련 규정에 따라 엄격하게 진행되며, 평가 결과는 구조설계에 피드백 된다.

선박의 구조해석 과정에는 대체로 비교강도 Comparative strength 개념이 적용된다. 즉 각 선급이 축적하고 있는 기존 선박들의 운항 실적 자료를 통해 이미 구조적 안전성이 입증된 선박과 비교하여 동등 이상의 강도를 갖추도록 설계하는 방식이다. 그러나 경험이 없는 새로운 형식의 선박인 경우에는 확률 · 통계적 하중 추정법에 기반한 정밀 구조해석 기법을 적용하는 절대강도 개념이 적용된다. 최근에는 일반 선박의 안전성 검토에서도 이와 같은 개념이 점점 확산하고 있다.

구조물의 강도평가를 위해서는 우선 그 구조물을 구성하는 재료들의 역학적 특성에 관한 정보가 필요하며, 작용하는 하중의 크기 역시 중요한 인자가 된다. 물론 구조물의 형상과 치수 등 구조설계 자료도 필수적이다. 이러한 기본 자료들이 확보되면 문제를 단순화하기 위한 여러 가지 공학적 판단과 가정 아래 구조물의 거동을 모사 Simulation

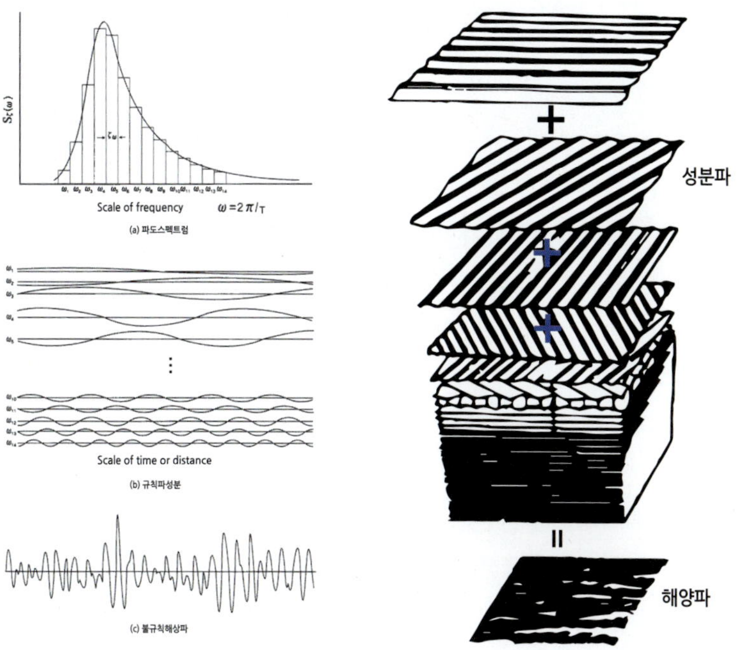

© 寺澤一雄, 1971《船體構造力學》

해양파를 구성하는 성분파와 스펙트럼의 개념

하기 위한 수학적 · 수치적 모델링 과정을 거친다. 이와 같이 얻어진 해석 모형에 예상되는 하중을 부가하여 구조 거동을 계산한다. 구조해석 결과가 얻어지면 감독기관(선급)의 규정과 비교 검토함으로써 안전성을 합리적으로 평가한다. 즉 각 하중조건에 대응하는 구조부재들의 손상 가능성을 예측하고, 이에 따라 필요할 때는 합리적인 보강 대책을 제시하여 재설계를 실시함으로써 선체 구조의 안전성을 확보한다.

일반적인 화물선의 구조설계 시 적용되는 하중은 대체로 설계수명 25년을 기준으로 하여 산정된다. 이것은 선박이 25년 동안 조우할 가능성이 있는 가장 거친 극한의 파도에 견딜 수 있게 설계되어야 한다는 의미이다. 그러나 너무 안전성 측면만을 추구하다 보면 발생 확률이 매우 낮은, 너무 큰 파도를 상정하여 구조설계가 이루어지게 되므로 구조부재의 치수가 과도하게 커지고 선박의 자체 중량이 증가한다. 이에 따라 건조비와 유지비가 상승할뿐더러 화물의 적재용량이 감소하여 경제적으로는 실패한 선박이 되기 쉽다. 그러므로 선박의 구조설계를 위한 하중은 그동안 건조되었던 실적선들의 자료와 관측된 해양파 Ocean wave의 통계자료를 바탕으로 결정된다.

각 선급에서는 파랑하중의 추정을 위하여 실적선 자료에 기반한 여러 가지 간단한 경험식을 제시한다. 그러나 이전에 건조한 경험이 없는 새로운 선박을 설계하는 경우에는 이러한 경험적 접근방식만으로는 충분한 구조 안전성을 보장하기 어렵기 때문에 직접해석법이 유용하게 사용된다.

최근에는 여러 방향에서 입사하는 다양한 종류의 파도에 대한 선체운동을 수동역학적 정밀해석기법으로 계산하고, 해양파 스펙트럼과 해양파 관측자료에서 얻어진 해양파의 통계적 특성을 고려하여 선체의 구조응답을 장 · 단기적 관점에서 확률적으로 평가하는 직접해석법 Direct analysis과 함께 선체의 파손 가능성을 확률적으로 평가하는 신뢰성해석법 Reliability analysis이 일반화하고 있다.

선체에 작용하는 최대응력을 직접해석법으로 산정하는 방법에는 스펙트럼 해석법과 등가 설계파법의 두 가지가 있다. 직접해석법에서는 기본적으로 일생 동안 선박이 조우하는 불규칙적인 해양파가 다양한 파장(주기)과 입사각이 다른 성분파들의 조합으로 구성되었다고 가정한다.

스펙트럼 해석법은 각 성분파들에 대하여 선체응답해석을 수행하여 얻어진 선체운동 및 응력을 포괄하는 응답의 전달함수 RAO, Response Amplitude Operator를 해양파 스펙트럼 및 장기 관측자료와 함께 통계적으로 처리하여 확률 레벨별 응답의 기대치와 수명 동안 작용 횟수를 결정하는 방법으로, 주로 피로수명 평가에 사용된다.

이에 반하여 등가 설계파법은 선박에 작용하는 파랑하중의 최대치를 위와 같은 확률통계적인 방법으로 구하고, 이 하중을 구현할 수 있는 설계파를 역으로 도출한 다음, 이 등가의 설계파에 의한 하중을 구조모델에 가하여 최대응답을 도출하는

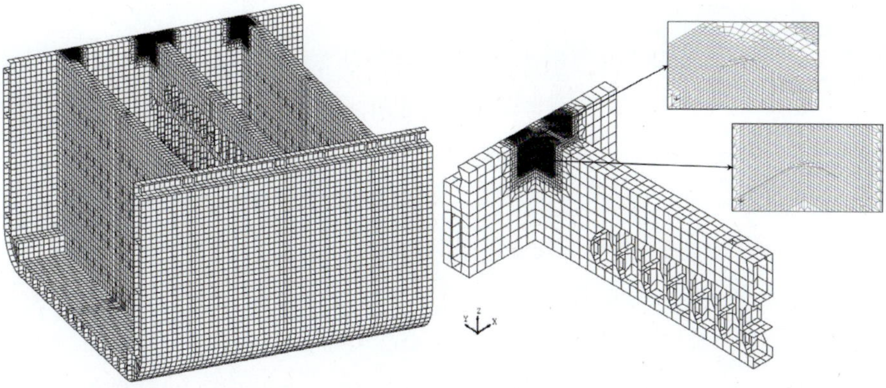

© 한국선급, 2020

컨테이너선의 화물창 및 창구 모서리 유한요소 모델링

방법이다. 이는 선체 구조의 극한강도를 추정할 때 주로 사용되며, 각 구조부재들의 역할과 힘의 전달 관계를 정확히 파악할 수 있기 때문에 구조설계를 개선할 때 합리적인 정보를 제공한다.

주어진 하중에 대한 구조물의 변형과 응력분포 등 구조응답을 구하는 방법은 목적에 따라 다양한 구조강도 해석기법을 선택할 수 있지만, 실제 선체 구조의 형상은 매우 복잡하기 때문에 아직까지는 구조 거동을 완벽하게 모사할 수단은 개발되지 않았다. 1960년대 초반에 구조물을 수많은 요소로 분할하여 실제 구조물 형상과 매우 유사하게 모델링하여 해석하는 유한요소법 FEM, Finite Element Method이라는 수치해석기법이 도입되었으며, 그 이후 컴퓨터의 연산능력과 기억용량이 비약적으로 발달함에 따라 강력한 구조해석 수단으로 활용되고 있다.

유한요소법은 역학적 문제에서 해석 대상 물체의 기하학적 형상을 유한개의 절점과 요소들에 의해 정의, 분할하여 해석하는 수치적 해석기법의 일종이며, 고차

© 염철웅 외, 2015

파랑 중 컨테이너 선의 최종강도 해석

의 미분방정식으로 표현되는 지배 방정식을 선형연립방정식으로 변환하여 해석한다. 요소의 수가 증가할수록 수렴된 해 Convergent solution를 얻을 수 있지만 해석 시간이나 전산기 용량, 모델링에 필요한 공수 Man-hour 등의 한계를 고려해야 한다. 최근에는 조선소 현장이나 선급, 연구기관, 대학 등에서는 구조해석의 객관적 신뢰도를 대외적으로 공인받기 위하여 전 세계적으로 통용되는 상용 유한요소 구조해석 프로그램인 MSC/NASTRAN, ANSYS, ABAQUS, MARC 등을 사용하고 있다.

이와 같은 유한요소법의 등장으로 일반적인 정적 하중에 대한 선체 구조의 선형 탄성해석뿐만 아니라, 진동해석 및 충격해석 등 대부분의 정적·동적 구조 거동을 매우 정밀한 수준으로 해석할 수 있게 되었다. 이를 통해 선체 구조 설계 및 안전성 확보에 커다란 진전을 보이고 있다. 그동안 탄소성 대변형 해석, 최종강도 해석, 열응력 해석 등 해석에 어려움을 겪었던 비선형 거동에도 상당히 효율적인 해석 기법들이 제안되고, 전산기가 계속 발달하는 데 힘입어 점차 일반화하고 있다.

최근에는 가장 난제로 여겨지는 유체-구조 상호작용, 즉 유탄성 문제에 대한 정밀 해석이 여러 가지 방법으로 시도되고 있다. 특히 슬로싱, 슬래밍 등 유체충격응답 문제와 함정의 수중폭발 충격해석에 LS-DYNA, DYTRAN 등 고도 비선형 해석 전용 코드 Code들이 적용되어 상당한 성과를 보이고 있다. 유체영역을 해석하려면 시간이 워낙 압도적으로 많이 소요되기 때문에 복잡한 3차원 유동에서 유체-구조 상호작용을 합리적 수준으로 해석하기 위해서는 해석 알고리즘의 개선은 물론 전산기 하드웨어가 추가적으로 발전해야 하는 실정이다. 그러나 현실적으로 설계에 적용할 만한 수준으로 점차 개선되고 있으며, 분야에 따라서는 필수적인 평가 기법으로 자리매김하고 있다.

유탄성해석 기법 (LS-DYNA)에 의한 함정의 수중폭발 충격해석

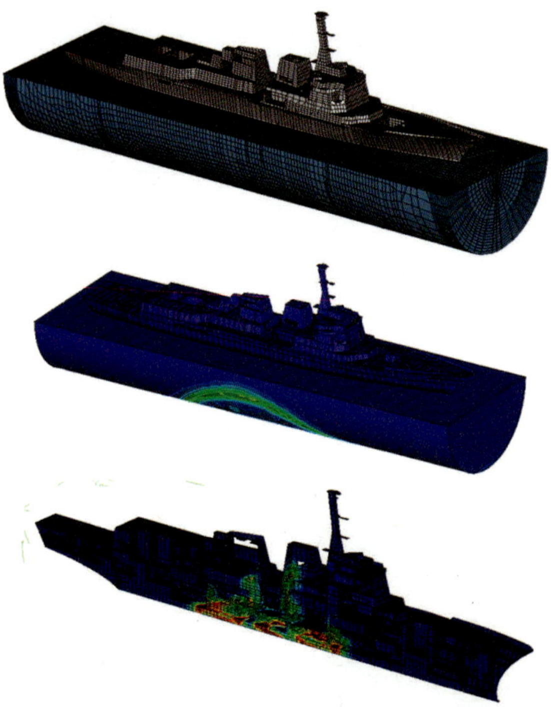

안전한 구조설계란 예상되는 극한의 하중에 구조물이 파괴되지 않고 원래의 기능을 발휘할 수 있게 하는 설계를 의미한다. 선체의 강도해석으로 얻어진 결과를 검토하여 설계된 선체 구조의 안전성 여부를 평가하게 되는데, 선급과 같은 공인 인증기관에서는 대체로 다음과 같은

네 가지 기준을 적용한다.

먼저 재료의 항복 여부는 언제나 가장 우선적으로 고려되는 평가기준이다. 하중이 구조물에 작용하여 발생되는 응력이 재료의 항복응력을 초과하면 영구적으로 소성변형이 잔류될 뿐만 아니라, 극한응력에 도달하여 급속한 불안정 파괴로 이어질 가능성이 커진다. 그러므로 특별히 예외적인 경우가 아니면 부재가 받는 응력이 항복응력 이하가 되도록 규정함으로써 소성변형이 발생하는 것을 허용하지 않는다. 실제 구조물에서 국부적으로 재료의 항복 현상이 발생하면 응력이 주위 부재로 재분배되기 때문에 전체적으로는 큰 문제를 야기하지 않는 경우가 많지만, 구조설계 기준은 안전 여유치 측면에서 부재의 응력을 항복응력 이하로 제한한다.

또한 기둥과 같은 긴 부재가 받는 길이 방향의 압축응력 또는 얇은 판각의 면에 접선방향으로 작용하는 압축응력의 크기가 어떤 수준, 즉 임계응력 Critical stress 이상이 되면 갑작스러운 큰 변형이 동반되면서 붕괴에 이르게 된다. 이러한 현상을 좌굴 Buckling이라고 하며, 구조설계에서 매우 중요한 검토 항목 중 하나이다. 통상 임계응력의 크기가 항복응력보다 상당히 작을 때 문제가 된다. 이와 같은 경우에는 탄성 상태에서 바로 좌굴로 이어지기 때문에 탄성좌굴 Elastic buckling이라고 하는데, 임계응력에 대한 여러 가지 이론식을 사용하여 좌굴 안정성을 추정한다. 임계응력 의 크기는 항복응력이나 인장강도 등 재료의 강도와는 무관하고 강성에 비례하는 특징이 있으므로, 재료의 탄성계수에 비례하며 횡단면의 기하학적 형상에 따라 달라진다.

피로파괴 Fatigue fracture는 주기적인 변동하중이 구조물에 반복적으로 작용하는 경우에 발생한다. 응력의 크기가 항복응력이나 극한응력보다 훨씬 낮은 경우에도 파손이 발생할 수 있다. 변동응력이 한 주기 동안 작용할 때마다 재료에 미량의 비가역적 손상이 발생하며 이것이 누적되면 마침내 눈에 보일 정도로 큰 균열 Crack이 생기고, 일단 균열이 생기면 그 끝부분에 응력이 집중됨으로써 균열은 조금씩 진전하여 마침내 부재의 파단 破斷에 이른다. 피로균열은 용접 토우부, 브래킷 접합부 등 응력집중 현상이 나타나는 구조적 불연속부에 집중적으로 발생하므로 특별한 주의가 필요하다. 최근에는 설계단계부터 응력집중 부위에 대한 피로강도 검토를 점점 중요시하여, 각 선급에서도 피로강도 해석지침이 규정되어 있다.

마지막으로, 상온에서는 연성이 뛰어난 재료라 할지라도 저온 환경에서 충격이 가해지는 경우, 재료 속에 존재하는 미소 결함이 급속히 전파되어 파단에 이르는 현상을 취성파괴 Brittle failure라고 한다. 주로 용접 결함 등 공작이 불량한 부위나 노치 Notch 부위에서 발생한다. 노치는 매끈한 곡선이 아니라 각진 부위 등으로 형상이 급격하게 변화를 보이는 불연속부 중 V 또는 U자 형태로 홈이 파인 부위를 말하는데, 여기에 응력이 집중되기 쉽다. 그렇지만 최근에는 재료 기술이 발달하여, 사용 온도에 따라 적정한 재료를 선택한다면 취성파괴 가능성을 낮은 수준으로 제어할 수 있다.

● 선박의 진동과 소음

최근 선박의 고속화·대형화 추세는 운항 경제성을 높이는 관점에서는 당연하다고 볼 수 있다. 이로 인해 선박은 주기관, 추진기 등의 기진력 (진동을 유발하는 힘, exciting force)은 커지는 반면에 구조의 경량화 및 최적화 요구에 따라 구조강도는 더욱 약해지는 경향이 있다. 이에 따라 선체 구조의 진동과 소음에 관한 특성은 과거에 비하여 불리해진 측면이 있다. 그러나 안락성 등 거주환경 개선에 대한 승조원들의 요구와 기준은 오히려 점점 강화되고 있어 선박의 진동과 소음을 줄이는 문제는 그 중요성이 더욱 부각되고 있다. 또한 함정의 경우 수중방사소음, 추진기의 CIS Cavitation Inception Speed 문제는 함정의 위치정보 노출과 관련이 있어 궁극적으로는 생존성과 직결되는 중요한 성능으로 간주된다. 따라서 탑재 장비의 진동·소음 저감, 방진 마운트의 설치 등이 함정성능의 핵심 평가기준이 된다. 선박 진동·소음 응답의 평가 및 허용기준은 국제공인표준기구, 선급 등에서 승조원의 거주성, 선체 구조의 진동피로 관점, 주기, 축계, 기계류의 내진 성능 등의 관점에서 설정하고 있다.

선박의 진동

선박은 프로펠러, 주기관, 파도, 각종 기계류 등으로부터 기진력을 받아 진동한다. 선박에 과도한 진동이 발생하면 거주하는 승조원 또는 승객이 안락하기 어렵고 작업 피로도가 증가하여 작업능률이 저하한다. 또한 선박에 탑재된 장비나 기기에 오작동 또는 고장을 초래할 수 있으며, 선체 자체가 진동으로 인해 피로손상을 입을 수도 있다.

구조물이 진동할 때, 자신의 질량과 구조적 강성의 비율에 의해 결정되는 고유진동수 Natural frequency는 구조물의 진동 특성을 나타내는 중요한 인자이다. 기진력의 진동수가 고유진동수와 가까워질수록 작은 기진력에 의해서도 진동 응답의 크기가 매우 크게 증폭되는데, 이와 같은 현상을 공진 Resonance이라고 한다.

대부분의 대형구조물과 마찬가지로 선박설계에서도 주요 기진력에 의한 공진 발생 가능성을 우선적으로 검토한다. 이를 위해서는 우선 기진원의 진동수 특성 및 크기를 파악하는 한편, 선박에 대한 자유진동해석 Free vibration analysis을 통해 고유진동수와 이에 대응되는 진동형 Vibration mode을 추정하여 기진력과의 공진 가능성을 검토한다. 공진 발생 가능성이 있는 경우에는 이를 회피할 수 있도록 구조설계의 변경 방안을 강구한다. 그리고 강제진동해석 Forced vibration analysis을 수행하여 발생하는 진동응답의 크기를 예측한다. 진동응답이 허용기준을 초과할 수 있을 것으로 판단되면 구조를 변경하여

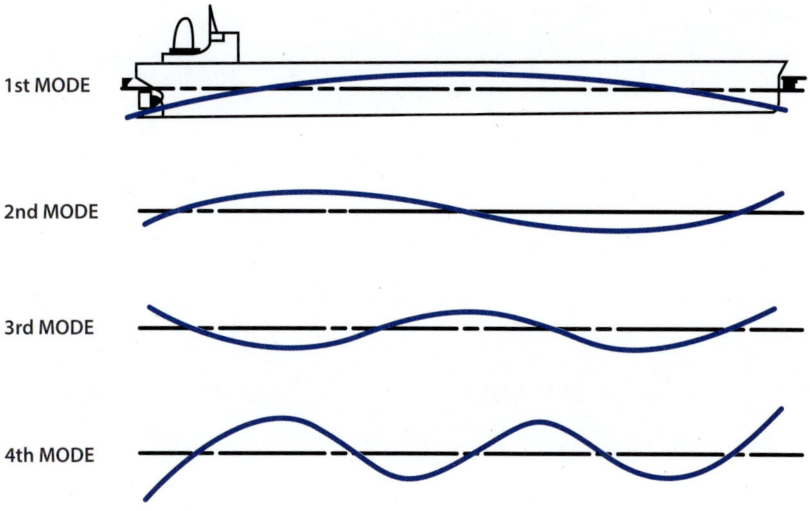

선체거더의 상하진동형

과도한 진동이 발생할 가능성을 줄여나가는 한편, 기진력을 줄이는 방안 또는 방진·제진 장치 채택 방안을 강구하여 설계에 반영한다.

거대·복잡 구조 시스템인 선박의 진동현상은 매우 복잡한 양상을 보이므로 일반적으로 선체거더진동, 상부구조진동, 국부구조진동, 축계진동 및 기타 진동으로 분류하여 처리한다.

선체거더진동은 선체가 전체적으로 하나의 보처럼 거동하는 1차 거동이 대상이 된다. 진동변형의 방향에 따라 상하진동, 수평진동, 비틀림진동 및 종진동으로 구분하는데, 기진력이 상대적으로 큰 상하진동을 가장 중요하게 다룬다. 최근에는 해양파의 고주파수 성분과 선체 상하진동이 공진되는 스프링잉 현상이 주목받고 있다.

주로 승무원의 거주구역과 작업구역으로 사용되는 상부구조는 기관실과 인접한 구역에 설치되는 경우가 많다. 따라서 큰 진동이 유발되어 작업과 거주의 안락성을 저해할 가능성이 크기 때문에 진동 문제를 중요하게 다룬다. 상부구조의 진동은 전단변형과 굽힘변형, 하부의 탄성지지에 따른 강체운동, 선체거더 상하진동, 선체거더 종진동에 의해 유발되는 경우가 많으므로 대책 수립에 반영한다.

주기관과 추진기를 연결하는 추진축은 주요 기진원이 서로 직접 연결되는 부재이다. 축은 과도한 진동으로 피로파괴가 발생하거나 베어링이 마모하는 손상이 생길 수 있으므로 핵심적으로 검토할 대상이 된다. 추진축계의 진동은 방향에 따라 비틀림진동, 종진동, 횡진동으로 구분된다. 또한 주기관의 진동과 보기 및 탑재장비 진동은 장비가 원활하게 작동하는 데 문제를 일으킬 수 있으며, 지지부 바닥을 통해 인접지역의 국부구조로 전파된다. 그리고 심한 배관 진동은 소음발생과 배관 손상을 초래할 수 있다. 그 밖에 기관실, 마스트, 연돌 등의 국부적인 구조물에도 인접한 기진원에 의해 직접 가진되거나, 선체거더 또는 인접 구조물의 진동에너지 전달에 의해 진동이 발생한다. 국부 구조물에 큰 진동이 발생하면 소음 문제 또는 피로에 의한 구조손상이 발생할 수 있다.

진동의 크기는 기진력의 크기에 비례한다. 선박에서 진동을 유발하는 기진원은 프로펠러, 주기관, 보조기관 및 탑재장비, 파도 등 다양하지만, 가장 중요한 기진원은 프로펠러와 주기관이다.

프로펠러 기진력은 프로펠러 회전에 의해 발생하는 주기적인 기진력이다. 기본 진동수는 날개진동수 Blade frequency인데, 프로펠러 회전수와 날개수의 곱으로 나타난다. 프로펠러 날개에 공동 Cavitation이 발생하면 추력 감소는 물론 심각한 프로펠러의 침식 현상과 소음 문제가 발생할 수 있기 때문에 주의해야 한다.

또한 선박이 해상상태가 좋지 않을 때 항해하면 선수부 슬래밍 Slamming이나 선수갑판 침수 충격력 혹은 수중폭발 충격에 의하여 선체거더에 심한 상하방향 진동이 발생할 수 있다. 이와 같은 충격력에 의해 발생되는 과도적 Transient 선체거더진동을 위핑이라고 한다. 위핑은 함정 같은 고속선에서 발생하기 쉬운데, 이로 인해 선체 중앙단면에 과도한 응력이 발생할 수 있다. 그 밖에 발전기나 펌프 등과 같은 기계류, 배관계통에서 밸브의 급격한 개폐나 펌프 작동 시에도 진동이 발생할 수 있다.

선박의 소음

선박 소음에 관한 관심은 1970년대부터 선박 승조원의 열악한 거주환경을 개선하려는 노력으로 출발하였다. 그 결과 1981년 국제해사기구의 주도하에 선원의 거주환경, 작업능률 및 청력보호 관점에서 선박 소음 허용기준을 제정하였으며, 이후 지속적인 개정이 이루어지고 있다.

선박의 소음원 Noise source은 주 · 보기를 포함한 선내 각종 기계장치, 프로펠러, 공기조화장치, 배관 내 유체 유동, 파랑 충격력 등이다. 특히 주기관과 발전기 및 프로펠러는 선박 전반에 걸쳐 소음을 유발하는 주요 소음원이며, 공기 압축기, 펌프 등의 기타 보조 기계류는 국부적인 소음원으로 작용한다.

소음은 발생과 전달 과정에 따라 크게 공기음 Airborne noise과 고체음 Structure-borne noise으로 분류되는데, 선박 소음원의 대부분은 공기음과 고체음을 동시에 유발한다. 이들은 서로 형태를 바꾸어가며 선박의 격실로 전달되어 최종적으로 공기음 형태로 나타난다. 공기음은 일반적으로 소음원실과 격벽 또는 갑판구조를 공유하는 인접 격실에 큰 영향을 미치는데, 소음원실로부터 2개 이상의 격벽 또는 갑판으로 이격된 격실에는 상대적으로 영향이 적다. 공기음은 격실 구조를 투과할 때 상대적으로 음에너지 손실이 크기 때문이다.

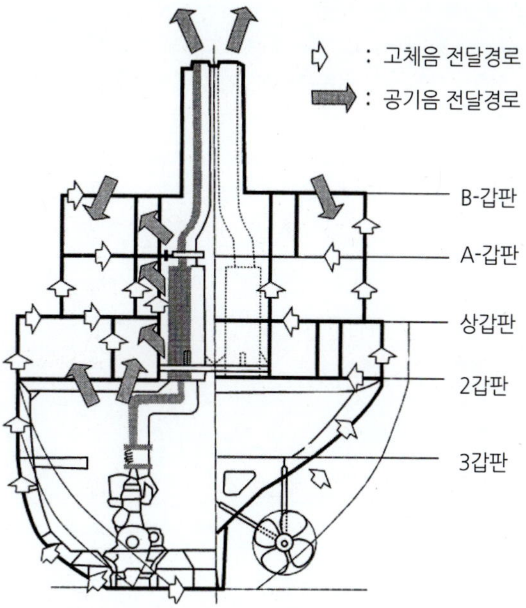

선미의 공기음과 고체음 전달경로

반면에 선체는 건물 같은 육상구조물에 비하여 상대적으로 중량이 가벼우면서, 재질 또한 진동 전달에 효율적인 강철로 건조된다. 그러므로 구조진동 형태로 전파되는 고체음은 그림에 예시한 바와 같이 소음원에서 멀리 떨어진 곳까지도 쉽게 전파될 수 있다. 이러한 특성 때문에 고체음은 선박 소음 분야에서 상대적으로 중요하게 여겨진다. 한편, 공기조화장치에서 발생하는 소음은 선체 구조와 상관없이 공조 대상 격실까지 연결된 배관을 통해 공기음과 고체음을 전파한다. 따라서 소음원실로부터 멀리 떨어진 거주구역 등의 소음도는 주로 고체음과 공기조화장치 소음에 의해 결정된다.

선박 소음의 저감 및 제어는 설계단계에서 격실별 소음을 예측하는 작업과 함께 예방적 차원의 구조배치가 우선적으로 고려되지만, 건조 중 또는 건조 후 소음계측 결과의 분석 · 평가에 기초한 사후 대책 수립 및 시공을 병행한다. 일반적으로 소음 제어를 위한 격실의 흡음과 차음 성능 향상, 고체음 저감을 위한 여러 가지 방음조치는 선박 중량 증가와 건조비 상승을 초래하며, 공간 활용에도 악영향을 끼칠 수 있다. 따라서 경제성 및 적용 가능성 등을 고려하여 다양한 방음대책을 선택적으로 채택한다. 일반적으로 선박 일반 배치 설계 시에 방음 대책을 최소화하기 위해 상대적으로 엄격한 허용치를 적용하는 거주구역은 소음원 구역으로부터 가능한 한 멀리 배치하는 것이 중요하다. 아울러 주요 소음원이 되는 탑재장비의 선정은 주변 구획의 소음도와 직결되므로 엄격하게 관리할 필요가 있다.

가까운 미래에 선박은 디지털 융합 기술을 장착한 자율운항시스템과 수소·암모니아 등 친환경 연료와 전기를 사용하는 추진시스템을 갖추게 될 것이다. 조선, 해운, 항만, 정보통신 등 다양한 산업 기술 및 인프라가 융합된 자율운항선박으로 조선·해운 시장이 꾸준히 성장할 수 있을 것으로 예상된다. 또한 온실가스 규제에 대응하는 친환경선박 기술 개발은 기후환경 개선에 기여하는 동시에 조선산업의 패러다임을 바꿀 것이다.
이는 우리나라 국가 기간산업이며 경제의 한 축을 담당하고 있는 조선산업의 미래 경쟁력을 결정하는 매우 중요한 요소이다.

미래의 선박

Future Ships

자율운항선박 228 자율운항선박은 인공지능, 사물인터넷, 클라우드, 빅데이터 등으로 대표되는 4차 산업혁명 기술을 기반으로 한다.

친환경선박 238 친환경선박이란 친환경 에너지 또는 저탄소·무탄소 연료를 동력원으로 사용하거나 해양오염 저감 기술 또는 선박 에너지 효율향상 기술을 탑재한 선박을 말한다.

자율운항선박

자율운항선박은 인공지능, 사물인터넷, 클라우드, 빅데이터 등으로 대표되는 4차 산업혁명 기술을 기반으로 한다.

김 진 선박해양플랜트연구소 책임연구원

● 자율운항선박 개요

육상의 자율주행차량, 하늘의 무인 항공기처럼 해상에서도 사람의 개입 없이 또는 최소한의 개입으로 운항하는 선박의 등장이 현실화하고 있다. 이러한 선박을 자율운항선박이라고 정의하며, 기술적으로는 인공지능 · IoT사물인터넷 · 클라우드 · 빅데이터 등으로 대표되는 4차 산업혁명 기술을 기반으로 한다. 기존 선박 대비 운항의 안전과 효율을 향상할 것으로 기대하고 있다. 해상에서 선박 사고는 85% 정도가

자율운항선박 개념도

사람의 실수 때문에 발생하는데, 이러한 부분을 보완하기 위해 자율운항선박을 개발할 필요성이 증대되고 있다. 기존에 선원이 하던 역할을 자율운항이라는 시스템이 대체함으로써 사고를 방지하고 선박을 더욱 효율적으로 운용할 수 있게 될 것이다.

2014년 영국의 롤스로이스에서 10년 이내에 무인 화물선을 상용화한다고 발표한 이후, 자율운항선박 기술은 글로벌 해운회사들의 관심 속에 큰 흐름이 되고 있다. 일반적으로 대양을 항해하는 선박의 선원들이 하는 역할을 일반상황과 비상상황으로 구분하면 다음과 같다.

▶ 일반상황 : 통상적인 대양 항해, 연안 및 협수로 항해, 접이안 및 입출항, 하역 작업, 유류 수급(벙커링), 갑판 및 기관 정비와 관리 등

▶ 비상상황 : 화재 및 폭발, 황천 항해, 돌발 고장, 해적 출몰 등의 상황에서 비상 조사, 인명 구조, 기름 유출, 사이버 해킹 등

하지만 현재 기술 수준으로는 선원의 일반상황과 비상상황을 모두 인공지능 기반의 무인으로 대체하기는 불가능하고, 대부분 일반상황을 시스템화하는 연구가 진행되고 있다. 즉 자율운항선박은 선원의 역할을 최소화하고 대부분의 업무를 시스템이 대체하는 것이라 할 수 있다. 그러나 머지않은 미래에는 선원의 모든 상황을 시스템이 대체하는 완전 자율운항선박도 현실화할 수 있을 것으로 예상된다.

국제해운적으로는 국제해사기구에서 가까운 미래에 상용화가 예상되는 자율운항선박의 운항에 대비하여 복잡한 법적 문제를 해결하기 위한 식별 작업을 시작하였다.

© 자율운항선박기술개발사업통합사업단

국제해사기구의 자율운항선박 자율화 수준

국제해사기구는 2017년 제98차 해사안전위원회 MSC, Maritime safety committee에서 처음으로 자율운항선박 MASS, Maritime autonomous surface ship이라는 용어를 사용하였고, 2018년 5월 제99차 해사안전위원회의 회의 결과 잠정적으로 자율운항선박에 대한 정의와 자율화 수준 Degree of autonomy을 결정하였다.

미래의 자율운항선박은 관련 조선과 해운 산업에 혁신적인 변화를 가져올 것이다. 또한 인간 중심의 산업구조에서 자동화 · 무인화로 변화하는 패러다임은 경제와 산업적인 측면뿐 아니라, 사회 · 문화적으로도 상당한 충격을 줄 것으로 전망된다. 그러나 자율운항선박이 상용화하여 국제적으로 항해하기 위해서는 기술적 난제를 해결해야 할 뿐 아니라, 제도 · 표준화 · 정책 등을 동시에 해결해야 할 것이다. 아래의 표는 자율운항선박의 상용화를 위한 주요 이슈를 보여준다.

자율운항선박의 상용화를 위한 주요 이슈

구분	내용
기술	▶ 지능화 시스템의 신뢰성 확보 ▶ 장비들 간 융합 및 인터페이스 ▶ 사이버 보안 및 안전 ▶ 빅데이터 공유 및 연결 ▶ 자율운항선박 과 기존 선박과의 공존 ▶ 항만국 및 해상교통관제센터와의 연계-협력
제도/표준화	▶ 자율운항선박 보험 ▶ 자율운항선박 운용 법률과 제도 ▶ 자율운항선박의 인증 기준 ▶ 자율운항선박의 승선 선원 및 운용 인력 ▶ 자율운항선박 기술의 표준화
정책	▶ 일자리 전환 ▶ 사회적 합의 ▶ 국제적 협력체계 구축

● 기술개발 동향

국외 동향

유럽에서는 2010년대 초반부터 자율운항선박에 관한 다양한 프로젝트가 활발히 진행되고 있다. 상선을 대상으로 자율운항선박 연구가 본격적으로 시작된 것은 유럽의 MUNIN Maritime Unmanned Navigation through Intelligence in Networks 프로젝트부터이다. MUNIN은 2012년부터 3년간 진행되어 선박 자율항해 시스템을 통해 자율운항을 하거나 육지의 제어 센터에서 원격제어를 할 수 있도록 기술적 개념들을 정의하였다. 이를 기반으로 후속 자율운항선박 기술에 대한 추가 개발이 진행될 수 있었다.

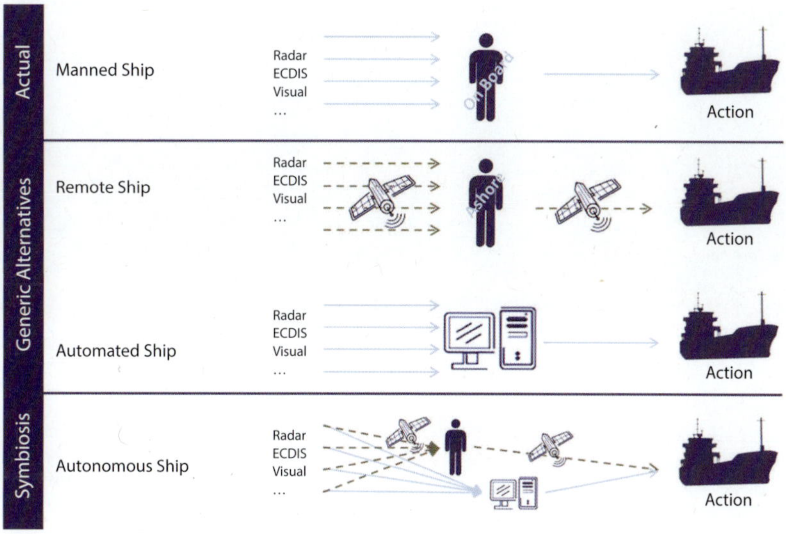

© MUNIN

MUNIN 프로젝트 자율운항선박 운용 개념

노르웨이의 선박자동화시스템 개발업체 콩스베르그 Kongsberg사는 무인 운항선박 제어시스템을 개발 중이며, 통합된 센서 기술과 자동화한 충돌회피에 중점을 둔 다양한 프로젝트에 참여하고 있다. 야라인터내셔널 YARA International과 콩스베르그는 비료 운송에 쓰이는 연간 40,000대 정도의 육상 운송 트럭을 자율운항 무인선박으로 대체하기 위하여 2017년에 공동으로 건조를 시작하였다.

이 선박은 100개의 컨테이너를 적재할 수 있는 규모의 전기추진 컨테이너선인데, 개발비용은 2,500만 달러로 동급의 재래식 컨테이너선보다 3배나 높지만 연료와 인건비를 감안하면 연간 90%의 비용절감 효과가 발생할 것으로 예상하고 있다. 시험운항 구간은 화물을 선적할 노르웨이 야라 비료공장에서 피오르 협곡의 수로 37마일을 거쳐 라르비크항까지이며, GPS와 레이더, 카메라 및 각종 센서 등을 통해 다른 선박을 회피하고 항구에 자동으로 접안하는 시험운항을 준비 중이다. 다만 COVID-19 팬데믹 상황 때문에 실제 선박 진수는 2021년 11월에 계획보다 늦게 이루어졌으며, 당초 예정과 달리 우선 선원이 탑승하여 시스템을 검증하고 향후 무인화를 추진하는 것으로 일부 사업계획이 수정된 상황이다. 현재, 2022년부터 화물운송을 위한 정상운항을 목표로 추진 중이다.

2020년 진수한 Yara Birkeland 자율운항선박

© Yara

일본의 경우 일본박용공업회 JSMEA, 일본선급협회 ClassNK 및 27개 기관이 참여한 SSAP Smart Ship Application Platform 프로그램을 수행하였다. 이 프로그램은 사물인터넷 응용 서비스를 지원하는 스마트 선박 개발 프로젝트로, 지난 2012년 12월부터 2017년 10월까지 2척의 선박을 시험운행하였다. SSAP 프로젝트는 선박 장비 데이터를 표준화하여 점점 더 많은 응용 프로그램 서비스를 개발하고 기능을 향상하기 위한 프로그램 서비스를 지원하며 선내 서비스 개발, 애플리케이션 플랫폼 구축, 선박계측 빅데이터 활용 애플리케이션 개발, 선박-육상 네트워크를 활용한 애플리케이션 개발 등을 연구하였다.

일본 선사인 NYK는 선박 운항데이터와 경영시스템을 결합하여 선박건조, 경제운항 및 안전성 관리기술 등을 통해 세계시장 점유율 30% 이상을 목표로 한 바 있다. 또한 자율운항 컨테이너선을 개발해 2019년 북미 노선에서 시범운행을 수행한 바 있고 일본 내 우수한 조선기자재 업체 인프라와 협력방안을 모색 중이다. 일본의 MOL, NYK 등 해운회사와 조선소는 해난 사고를 줄이기 위해 2025년까지 스마트 자율운항선박 250척을 공동개발하는 계획을 수립하였다. 인공지능을 활용하여 최단거리의 안전한 항로를 안내하는 자율운항시스템을 2025년까지 구축함으로써 스마트 자율운항선박 시장의 세계적인 경쟁에 대비한다는 계획이다.

중국의 경우 "중국제조 2025" 정책을 기반으로 우선 개발 분야 중의 하나로 스마트 선박을 선정하였으며 선내 · 외 데이터 기반 스마트 기술, 생애 전주기 솔루션, 지능형 장비관리 및 제어 등을 요소 기술로 지정하였다. 중국은 2017년에 세계 최초의 스마트 선박 Green Dolphin으로 명명한 38,800 DWT 벌크선을 진수하였다. 이 선박은 선박 운영 및 안전을 향상하기 위해 육상자원을 사용하여 선박 모니터링, 원격 관리 및

제어가 가능하게 설계하였다. 선박상태 안전성을 평가하기 위하여 선박 에너지 효율을 모니터링하고 분석, 평가하여 이를 최적화하는 기능을 개발했으며, 선박의 주요 기관장비 및 시스템에 대한 작동상태를 모니터링하고 안전성을 평가하기 위한 기관장비의 유지보수 시스템을 도입하였다. 또한 2019년 광둥성 주하이 지역에 중국 최초의 무인 선박 연구개발 테스트 기지 '샹산 香山 해양과학기술항구'가 구축되었고 선급 CCS, 주하이시 정부, 우한이공대학, 윈저우테크 등이 참여하는 공동프로젝트를 통하여 자율운항선박 개발에 박차를 가하고 있다.

국내 동향

우리나라는 대형조선사를 중심으로 2010년대 중반부터 디지털 기술을 접목한 스마트선박의 개발을 우선적으로 착수하였으며, 2010년대 후반에 들어와서는 일부 충돌회피를 포함한 자율운항의 기본적인 실증을 소형선박을 이용하여 추진하였다. 2020년 삼성중공업은 원격자율운항 시스템인 SAS Samsung autonomous ship를 실제 운항 중인 예인선박 'SAMSUNG T-8'호에 탑재하여 충돌회피를 수행하는 시스템 시험운항을 하였다. 또한 선박용 360도 어라운드뷰 Around view와 LTE/5G 이동통신 등을 통해 멀리 떨어진 육상관제센터에서 마치 하늘에서 선박을 직접 내려다보는 듯한 영상을 보며 선박을 원격으로 제어하는 시험운항을 보여주었다. 2021년 현대중공업은 사내 벤처 회사인 아비커스 Avikus가 경상북도 포항 운하 일원에서 자율운항시스템을 탑재한 12인승 소형선박의 자율운항에 성공하였다고 발표한 바 있다.

ⓒ삼성중공업

ⓒ아비커스(Avikus)

어라운드뷰 시스템과 자율운항시험선

또한 우리나라는 2020년 산업통상자원부와 해양수산부가 공동으로 '자율운항선박 기술개발 사업'을 기획하여 국가연구개발사업을 시작하였다. 이는 국내 조선 3사에서 연구개발하던 스마트십 기술과 산발적으로 개발 중이던 무인선 기술을 기반으로 자율운항선박 기술을 상용화하기 위한 것이다. 2020~2025년(6년간) 선원들이 운항하던 기존 선박에 자율운항 지능형 자동화 시스템을 탑재하여 해양사고를 줄이고 운항효율을 극대화할 수 있는 기술개발을 추진할 계획이다. 개발을 목표로 하는 주요 핵심기술은 ① 자율운항 지능항해 시스템, ② 기관 자동화 시스템, ③ 자율운항선박 성능실증센터 및 실증기술, ④ 운용기술 및 표준화이다. 각각의 기술을 설명하자면 다음과 같다.

자율운항 지능항해 시스템은 다양한 다른 기종의 센서들이 취득한 데이터를 통합 처리하고 인공지능 기술을 이용하여 선박 주변의 해상 상황을 실시간으로 인지, 분석하여 항로를 결정하는 복합 시스템이다.

기관 자동화 시스템은 선박의 추진 및 전력 생산을 담당하는 기관 시스템의 운전 상태를 실시간 모니터링하여 계측 데이터를 기반으로 고장 진단을 예측하고, 장애 발생 시 원격지원체계를 통해 체계적인 정비를 수행할 수 있게 한다.

자율운항선박의 상용화를 위해서는 선박에 탑재되는 자율운항시스템을 인증할 수 있는 절차와 기준이 필요하다. 앞서 설명하였듯이 국내·외에서 자율운항 연구와 시험운항이 이루어지고 있지만, 전 세계적으로 성공과 실패에 대한 명확한 기준이 전무한 상황이다.

성능실증센터와 실증 기술의 목적은 자율운항선박의 인증체계 확보를 위하여 자율운항선박, 선박 주요 기자재 및 부품, 항해 장비, 사이버보안 및 자율운항성능 등에 대한 안전성과 성능을 검증하는 것이다. 이를 위하여 성능실증센터와 같은 인프라를 구축하고 실증을 위한 시험절차서 등을 개발하는 것을 목표로 하고 있다.

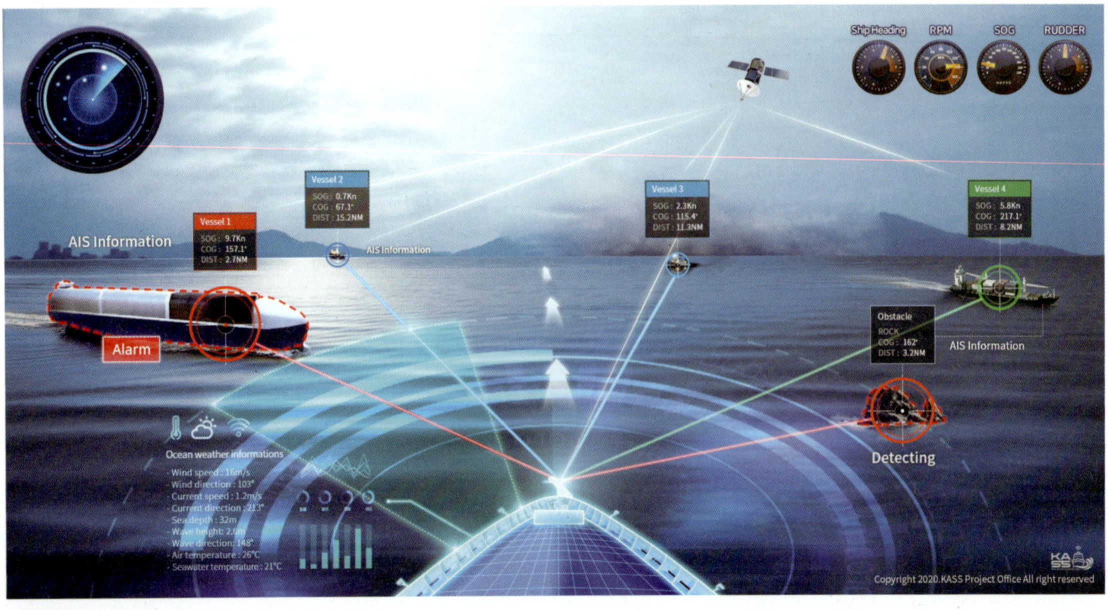

자율운항을 위한 통신 및 상황인식 시스템

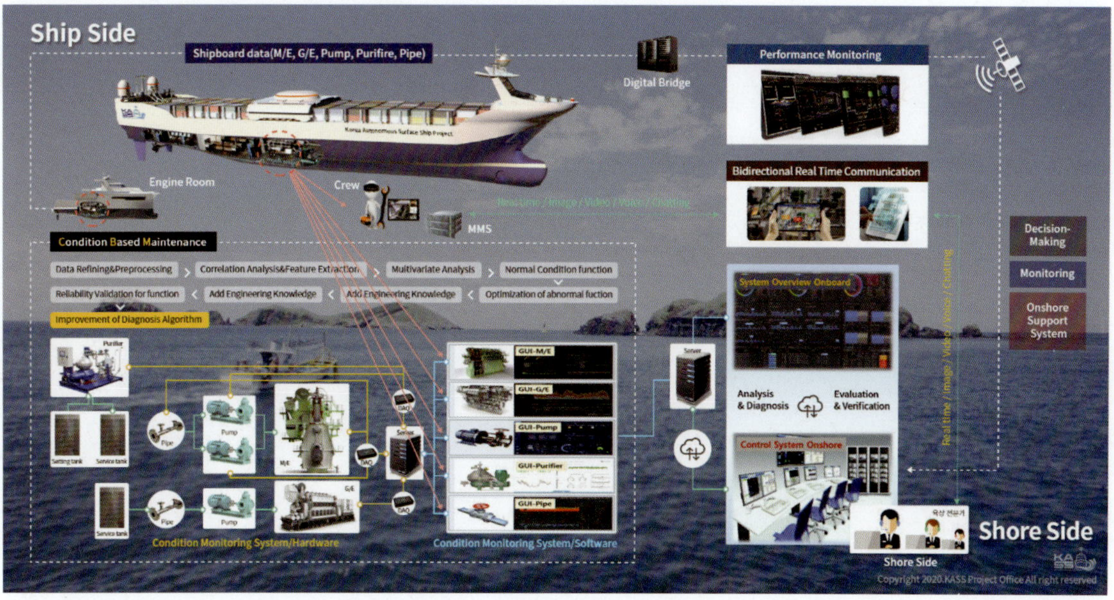

© 자율운항선박기술개발사업 통합사업단

자율운항선박의 기관 자동화 시스템

운용기술 및 표준화는 향후 자율운항선박을 운용할 해운선사가 필요로 하는 사고대응, 선박의 원격관리, 화물 양적화 및 입출항 지원 등을 위한 시스템을 개발하고 자율운항선박 기술의 국제 표준화를 목표로 한다.

© KRISO, 울산시

자율운항선박의 실증 기술과 성능실증센터

© 자율운항선박기술개발사업 통합사업단

자율운항선박
운용기술과 표준화

● 자율운항선박의 미래

자율운항선박은 조선, 해운, 항만, 정보통신, 기자재업체 등 다양한 산업의 기술 및 인프라가 융합한 선박으로, 조선해운 시장이 지속적으로 성장할 수 있는 기반 역할을 할 것으로 예상된다. 또한 자율운항선박 도입은 운영 및 프로세스를 최적화하고 효율적인 선대 관리를 통해 해사 운송에 큰 변화를 줄 것으로 예상되는데 2017년부터 2025년까지의 기간 동안 12.8%의 연평균 성장률을 보일 것으로 예측된 바 있다. 〈Acute Global Market Report〉(2017)에 따르면 2020년 기준 전체 자율운항선박 시장의 규모는 731.3억 달러로 추정되었으며 2025년까지 1,550.5억 달러에 이를 것으로 추산하고 있다.

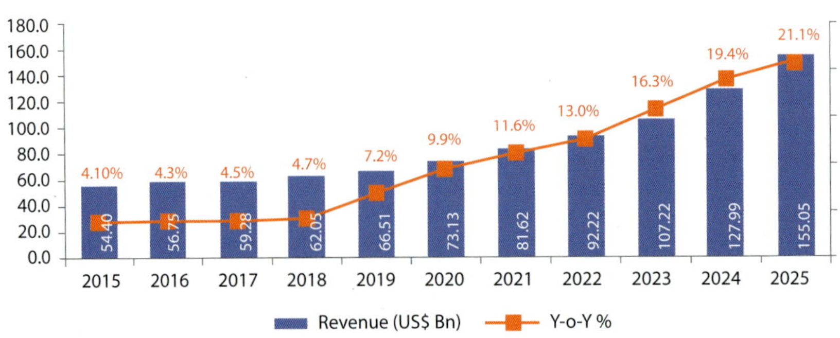

자율운항선박
세계시장
매출 및 성장률

© Acute Global Market Reports, 2017

중장기적으로 볼 때 자율운항선박에 대한 수요 증가와 정보통신기술 부문의 수요 증가로 관련 산업 또한 발전할 것으로 기대하고 있다. 자율운항선박의 성장을 뒷받침하려면 자율운항과 관련된 기술 개발 외에도 시스템의 성능 실증, 선원들의 새로운 운용 훈련 및 훈련 시스템도 함께 개발할 필요성이 있다. 무엇보다 관련 법 및 규정의 제정과 개선 같은 요소도 함께 갖추어져야 자율운항선박의 수요에 대처하기 위한 준비를 갖출 수 있을 것으로 판단된다.

친환경선박

친환경선박이란 친환경 에너지 또는 저탄소 · 무탄소 연료를 동력원으로 사용하거나
해양오염 저감 기술 또는 선박 에너지 효율향상 기술을 탑재한 선박을 말한다.

강희진 선박해양플랜트연구소 책임연구원

● 친환경선박 개요

친환경선박은 환경친화적 선박의 개발 및 보급 촉진에 관한 법률(2020. 1. 1) 및 동법 기본계획에서 "친환경 에너지 또는 연료를 동력원으로 사용하거나 해양오염 저감 기술 또는 선박 에너지 효율향상 기술을 탑재한 선박"으로 정의되고 있다.

선박은 전 세계 물동량의 90% 내외를 차지하지만 탄소배출량은 인류로 인해 발생하는 온실가스의 2~3% 수준으로, 온실가스 배출 측면에서 효율적인 운송수단이라고 볼 수 있다. 반면 선박에 대한 온실가스 배출 규제는 선박의 규모를 고려할 때 육상보다 효과적으로 진행될 것이라는 전망도 있다.

친환경선박 개발에 대한 이슈는 2011년 국제해사기구가 해양오염방지협약 International Convention for the Prevention of Pollution from Ships (MARPOL)에 에너지효율 규정을 채택하고 이를 부속서 Annex 6의 4장에 반영하면서 본격화하였다. 본격적인 선박배출 온실가스 GHG, Green House Gas 규제가 시작된 것으로, 2008년을 기준으로 2050년까지 선박에서 배출되는 온실가스 총량의 50%를 감축해야 하는데, 25년 이상의 선박 생애주기를 고려하면 새로 건조되는 선박당 70% 이상을 감축해야 하며 에너지효율 규정을 충족하지 못하는 국제항해 선박은 건조, 운항할 수 없게 된다. 온실가스 규제를 위한 기준으로는 온실가스를 구성하는 여러 항목 중 이산화탄소를 기준으로 선박에서 소모되는 연료량 중 이산화탄소 발생량을 환산하여 계산하는 에너지효율설계지수 EEDI, Energy Efficiency Design Index가 활용되고 있다. EEDI는 선박이 1톤의 화물을 1해리 海浬, 1,852km 운송할 때 배출하는 이산화탄소량(단위 : g/ton · mile)을 의미한다.

2013년부터 EEDI가 적용되기 시작하여 2015년까지 1단계(Phase Ⅰ) 10% 감축,

친환경선박 개념

▶ 친환경 에너지 또는 연료를 동력원으로 사용하거나 해양오염 저감 기술 또는 선박 에너지 효율향상 기술을 탑재한 선박

「친환경선박법」 제2조 3호	가. 해양오염저감기술 또는 선박에너지 효율기술 적용 설계선박 나. 액화천연가스(LNG), 수소, 암모니아 등 친환경에너지 추진 선박 다. 충전받은 전기에너지를 동력원으로 하는 전기추진선박 라. 연료와 전기에너지를 조합하여 동력으로 사용하는 하이브리드 선박 마. 수소등을 사용하여 발생시킨 전기에너지를 이용한 연료전지 선박

구분		정의	
오염저감 · 고효율선박			선박배출 오염물질 저감장치를 설치하거나 에너지 효율기술이 적용되어 설계된 선박
	해양오염 저감기술	선박에서 배출되는 오염물질을 저감하는 기술 ▶ 황산화물 저감장치(스크러버) ▶ 질소산화물 저감장치(SCR) ▶ 미세먼지(입자상물질) 저감 필터(DPF) ▶ 배기가스 재순환 장치(EGR) ▶ 선박평형수 처리장치(BWMS)	
	선박에너지 효율기술	선박의 에너지 효율을 높이는 기술 ▶ 최적선형설계기술(선형설계, 에너지 절감 부가물(ESD) 설계 등) ▶ 신소재 설계기술(고장력강, 내부식강, 경량소재 등) ▶ 마찰저항 저감기술(공기윤활, 선체코팅, Bio Fouling 등) ▶ 추진기 설계 기술(복합프로펠러, 고효율 추진기 등) ▶ 운항효율 최적화 기술(항로탐색, 감시시스템 등) ▶ 에너지 하베스팅 기술(폐열 · 냉열회수, 발전 등) ▶ 이산화탄소포집장치(CCS)	
친환경에너지 추진선박		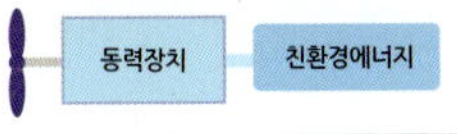	아래 나열된 친환경에너지를 이용하여 추진하는 선박
	LNG/CNG	액화천연가스(LNG), 압축천연가스(CNG)를 연료로 사용하여 추진하는 선박	
	LPG	액화석유가스(LPG)를 연료로 사용하여 추진하는 선박	
	메탄올	메탄올을 연료로 사용하여 추진하는 선박	
	암모니아	암모니아를 연료로 사용하여 추진하는 선박	
	수소	수소를 연료로 사용하여 추진하는 선박	
	기타에너지	산업부 및 해수부 장관이 인정하는 에너지를 사용하여 추진하는 선박 (예 : 혼합연료, 바이오연료, 에탄올, 풍력, 태양열, 태양광 등)	
전기 추진선박			충전받은 전기에너지를 동력원으로 사용하는 선박
하이브리드 선박		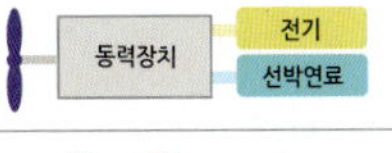	연료와 전기에너지를 조합하여 동력원으로 사용하는 선박
연료전지 추진선박		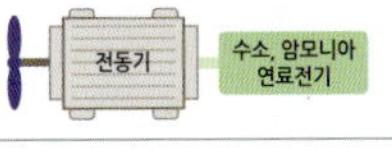	수소 · 암모니아 등을 사용하여 발생한 전기에너지를 이용한 연료전지를 동력원으로 사용하는 선박

(출처: 해양수산부, 2020)

선박 배출 온실가스 감축 기법 예시

선박 운영 최적화	효율향상 기술 적용	추진시스템 개선	연료/추진시스템 변환
저속 운항	선체 코팅	고효율 추진기 적용	LNG/LPG 적용
항로 최적화	선형 최적화	폐열 활용	전기추진화
단위 선박 대형화	공기 윤활	추진시스템 유지보수	바이오연료 적용
선박운영 효율화	파울링 제거	배터리 하이브리드화	수소, 암모니아 적용
온실가스 배출 저감 20%	온실가스 배출 저감 10% - 15%	온실가스 배출 저감 5% - 20%	온실가스 배출 저감 5% - 100%

2020년 2단계 20% 감축, 2025년 3단계 30% 감축을 요구하고 있으며 2030년에는 40%, 2050년까지 50% 감축을 목표로 세부적인 실행 계획을 진행 중이다. EEDI가 새로 건조되는 선박에 적용되는 지수 기준의 규제라고 한다면, 2023년부터는 현재 운항 중인 선박에 대해서도 에너지효율지수 EEXI, Energy Efficiency Existing Ship Index 가 적용될 예정으로, 탄소집약도 CII, Carbon Intensity Indicator와 함께 충족하지 못하는 선박의 경우 조기에 도태된다. 운항 중인 선박의 조기 도태는 새로운 친환경선박의 발주로 이어질 전망이어서 조선산업계는 발 빠르게 친환경선박 기술 개발과 실용화에 전력을 다해야 하는 상황이다. 결국 친환경선박 개발은 강제된 환경 규제를 충족해야 하는 문제로, 향후 조선산업의 경쟁력과 생존을 결정짓는 주요한 주제가 될 것이다.

현재, 전 세계적으로 선박 배출 온실가스를 저감하고 EEDI를 충족하기 위해 다양한 기술들이 연구·개발 및 적용되고 있다. 선박의 대형화나 선형 Hull form의 최적화, 에너지절감장치 ESD, Energy Saving Device, 액화천연가스 LNG 추진시스템 등 기존 기술을 조합하는 것만으로는 단위 선박당 40% 이상의 탄소배출을 줄이기가 어려운 상황으로, 선박연료와 추진시스템을 근본적으로 변환해야 할 것으로 전망되고 있다. 아래의 '선박 배출 온실가스 감축 기법 예시'는 기존 적용 기술별 온실가스 배출 저감 효과를 보여주는 것으로, 연료 및 추진시스템의 근본적인 변환 없이는 2030년 이후 탄소배출 저감에 대응할 수 없는 상황이다.

친환경선박을 개발하는 관점에서 온실가스 감축을 위한 연료, 동력원, 추진시스템 간 관계도를 보면, LNG를 포함한 현재의 화석연료는 탄소중립 연료를 혼합하여 연소 Mixed-combustion ; 혼소하는 내연기관개발 연료전지, 배터리를 함께 활용하는 하이브리드, 전기추진 시스템 형태의 선박에 적용해 온실가스 배출을 줄일 수 있을 것으로 전망된다.

온실가스 저감 연료를 선택할 때는 선박 연료의 종류별 특성을 고려해야 한다. 특히 국제적으로 항해하는 선박에 적합한 친환경 연료의 선택을 위해서는 저탄소,

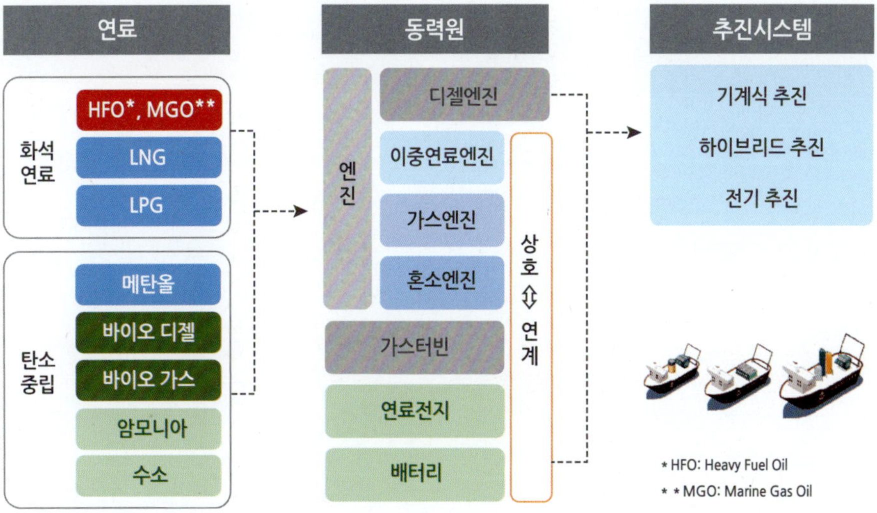

© KRISO

친환경선박 개발을 위한 연료, 동력원, 추진시스템 관계도

무탄소 연료의 대형선박 적용에 필요한 기술 개발과 해당 연료의 경제성을 함께 고려해야 한다. 이 밖에도 탄소중립 연료 중 암모니아의 경우에는 부식성 Corrosiveness, 수소의 경우에는 탄소강에 대한 취성문제를 고려하여 기술을 개발하고, 추시스템을 선박에 설치·운용하기 위한 체적, 중량 문제도 고려할 필요가 있다.

구체적으로 현재 대다수 선박이 사용하는 MGO/HFO에 대비하여 LNG 추진시스템을 적용하면 온실가스를 최대 24% 줄일 수 있으며, 운항효율성을 향상하는 기술과 결합할 경우에는 온실가스 배출을 40% 가까이 줄일 수 있을 것으로 예측된다. LPG-암모니아, LNG-수소 형태의 혼소 Mixed combustion 기술을 적용할 경우, 혼소율에 따라 온실가스 배출을 50% 가까이 줄일 것으로 전망된다. 그러나 발화점과 발열량이 서로 다른 연료의 특성과 연료슬립, 혼소율 향상에 따른 출력 손실 상황을 고려할 때, 세부적인 온실

선박 연료 종류별 특성 비교

구분	MGO	LNG	Bio-Gas	Bio-Diesel	Methanol	Ammonia	Hydrogen
연료구분	화석연료		탄소중립연료				
저장조건	상압, 상온	-162℃	-162℃	상압/상온	상압/상온	-34℃ (or 10bar)	-253℃
상대체적	1	2.3	2.3	1	2.3	4.1	7.6
고려사항	온실가스 감축 곤란	20% 이상 온실가스 감축 곤란	수급안정성	수급안정성	생산단가	부식성	취성, 낮은 에너지 저장밀도, 배치

© KR 2019, DNV GL 2019 재구성

가스 저감 수준은 다양한 연소시험과 혼소 내연기관을 개발한 후 데이터가 축적되면 구체화할 수 있을 것으로 판단한다.

선박용 배터리, 연료전지의 경우 단거리 고정항로를 운항하는 소형선박에 대해서는 배터리, 조금 더 긴 항로를 운항하는 선박에 대해서는 연료전지 기술을 적용할 수 있는 상황이다. 고출력을 요구하는 대형선박의 경우 추진 출력에 적용되기에는 출력과 비용 측면에 한계가 있어, 당분간은 발전 동력으로 활용되거나 내연기관이 함께 쓰이는 하이브리드 형태로 활용될 것으로 전망된다.

선박 연료 종류별 특성 비교

운항거리		연안 (중소형 선박)		원해 (대형 선박)	
출력범위		0.5-10MW	1-18MW	5-65MW	2.5-90MW
속력범위		중속-고속	중속	저속	저속
선 종		차도선/관공선 등	연안화물선	중형화물선	대형화물선
MGO/HFO (현행)	엔진형식	저압 퓨어가스 4 스트로크 엔진	저압 듀얼퓨얼 4 스트로크 엔진	저압 듀얼퓨얼 4 스트로크 엔진	고압 듀얼퓨얼 4 스트로크 엔진
	공급가스 압력	4-6bar		16bar 이상	300bar 이상
	열효율	42% - 49%	40% - 45%	48% - 51%	50% - 53%
	고려사항(문제점)	메탄슬립, 노킹, 예비연료	메탄슬립, 노킹	메탄슬립, 노킹, 사전점화	고압 가스 누출
LNG 적용 시	GHG (온실가스) 감소	5% - 15%	0% - 10%	15% - 18%	20% - 24%
	NOx (질소산화물) 감소	85% - 90%	75-90%		25% - 30% (EGR,SCR적용시)
	SOx (황산화물) 감소	최대 98%			92% - 97%
	PM (미세먼지) 감소	최대 99%	95% - 98%		-
	고려사항	LNG 연료의 공급망 구성, 벙커링 기술의 경제적 구현			
혼소 기술 적용 시 (수소,암모니아, 메탄올, LPG등)	GHG 감소	15% - 50%	10-50%	18%-50%	24-50%
	NOx 감소	85% - 90%	75-90%		25% - 50% (EGR,SCR 적용 시)
	SOx 감소	최대 98%			92% - 97%
	PM 감소	최대 99%	95% - 98%		-
	선가상승범위	15% - 40%			
	고려사항	과도한 선가 상승, 혼소연료 공급망 구성, 경제적인 벙커링 기술 구현			

<table>
<tr><th colspan="2">운항거리</th><th colspan="4">연안 (중소형 선박)</th><th colspan="2">원해 (대형 선박)</th></tr>
<tr><th colspan="2">출력범위</th><th colspan="2">0.5-10MW</th><th colspan="2">1-18MW</th><th>5-65MW</th><th>2.5-90MW</th></tr>
<tr><th colspan="2">속력범위</th><th colspan="2">중속-고속</th><th colspan="2">중속</th><th>저속</th><th>저속</th></tr>
<tr><th colspan="2">선 종</th><th colspan="2">차도선/관공선 등</th><th colspan="2">연안화물선</th><th>중형화물선</th><th>대형화물선</th></tr>
<tr><td rowspan="8">배터리
(Battery)
적용 시</td><td>배터리 형식</td><td>NMC</td><td colspan="2">LFP</td><td>LTO</td><td rowspan="16" colspan="2">현 기술, 비용 수준에서 기존 내연기관, 혼소 엔진과 연료전지, 배터리가 함께 활용되는 하이브리드 형태의 시스템 구성 가능</td></tr>
<tr><td>GHG/Nox/SOx/PM 감소</td><td colspan="4">100% 저감</td></tr>
<tr><td>출력특성</td><td>450-660W/kg</td><td colspan="2">1000W/kg</td><td>3000-5100 W/kg</td></tr>
<tr><td>에너지밀도 (Gravimetric)</td><td>150-220Wh/kg</td><td colspan="2">90-120Wh/kg</td><td>50-80Wh/kg</td></tr>
<tr><td>에너지밀도 (Volumetric)</td><td>350-580Wh/L</td><td colspan="2">300-350Wh/L</td><td>110-140Wh/L</td></tr>
<tr><td>효율</td><td colspan="4">85% - 95%</td></tr>
<tr><td>운용비용(OPEX)</td><td colspan="3">500-1000USD/kWh</td><td>1000-2000 USD/kWh</td></tr>
<tr><td>고려사항(문제점)</td><td>생애주기간 성능 수준 지속 감소</td><td colspan="2">낮은 에너지 밀도, 저전압, 출력 제한 등</td><td>낮은 에너지 밀도, 높은 초기 투자비</td></tr>
<tr><td rowspan="8">연료전지
(FuelCell)
적용 시</td><td>연료전지 형식</td><td>PEMFC</td><td colspan="2">HT-PEMFC</td><td>SOFC</td></tr>
<tr><td>GHG/Nox/SOx/PM 감소</td><td colspan="4">100% 저감</td></tr>
<tr><td>출력특성</td><td>400kW 미만</td><td colspan="2">30KW 미만</td><td>100kW 이상</td></tr>
<tr><td>효율</td><td colspan="3">50% - 60%</td><td>최대 60%</td></tr>
<tr><td>운용온도</td><td>50-90℃</td><td colspan="2">140-200℃</td><td>500-1000℃</td></tr>
<tr><td>운용비용(OPEX)</td><td>낮음 (Low)</td><td colspan="2">보통 (Moderate)</td><td>높음 (High)</td></tr>
<tr><td>적용가능연료</td><td>수소</td><td colspan="3">수소/LNG/MGO/메탄올/에탄올/암모니아 등</td></tr>
<tr><td>고려사항(문제점)</td><td>출력한계</td><td colspan="2">출력한계</td><td>비용, 재료, 선박거동</td></tr>
</table>

● 친환경선박 기술개발 현황

국외

친환경선박 개발을 위해 유럽을 중심으로 다양한 친환경 대체연료를 선박에 적용하는 시험을 이미 10년 이상 계속해왔다. 유럽은 'Horizon 2020' 사업을 통해 친환경

선박 관련 기술개발에 적극적으로 투자하였으며, 미국에서는 '해양환경 및 기술지원 META, Maritime Environment and Technology Assistance' 프로그램을 통해 친환경선박 기술개발을 지원하고 있다. 아시아 권역에서는 일본이 'I-shipping', 'J-ocean' 프로그램을 통해 친환경선박 기술개발을 지원하고 있으며, 중국은 '중국제조 2025' 정책과 자국 영해에 대한 환경 규제 강화를 통해 친환경선박 개발을 독려하고 있다.

국가별 친환경선박 연구개발 현황

국가		주요 내용
EU		▶ 범유럽 최대 R&D 지원 프로그램인 'Horizon 2020*'을 통해 친환경선박 관련 기술개발에 적극 투자 * GHG 감축을 위한 미래형 11개 선박(연료전지, 액화수소 등)에 대한 현존 기술적 수단 평가
미국		▶ '해양환경 및 기술 지원(META, Maritime Environment & Technology Assistance)' 프로그램*을 통해 연구 지원('16~) * 수소연료전지(4.8MW급), 내륙 수로 LNG 선박, 전기추진선박 등 기술개발 지원
일본		▶ 'I-shipping*'과 'J-ocean**'사업을 통해 친환경선박 기술개발 지원('16~) * 신 선형 개발 및 최적 설계 기술개발, 선박 건조 및 운항 생산성 향상 연구 등 지원 ** FLNG(부유식 LNG 벙커링), LNG 기자재 등 해양산업 기술 개발 지원
중국		▶ 제조업 활성화를 위해 30년 계획인 '중국제조 2025'정책을 공표하고, 해양선박 산업을 10대 핵심산업 육성 중('15~) * 10대 핵심산업에 '19년 기준 약 3,000억 달러(338조 원) 투자

© 한국형 친환경선박(Greenship-K) 추진전략

온실가스 배출량을 70% 이상 줄일 수 있는 친환경선박을 개발하려면 선형 최적화, 에너지 절감 장치 설치와 같은 기존 기술 외에, 탄소배출을 근원적으로 줄일 수 있는 무탄소·탄소중립 연료로 전환하고 이를 수용하기 위한 새로운 추진시스템을 적용하는 것이 필수적이다. 그러나 전술한 바와 같이 연료전지와 배터리를 선박에 적용할 경우, 염수 노출과 선박 거동에 따른 흔들림, 가속도에 대한 신뢰성과 안전성을 확보해야 한다. 연료전지의 연료로 활용되거나 화석연료와 혼소를 통해 온실가스 배출을 낮추는 데 기여할 수 있는 수소는 탄소강에 대한 취성문제가 있다. 또 암모니아는 부식성과 독성이 있기 때문에, 많은 사람이 탑승하는 선박에 적용하려면 장기간에 걸쳐 해상에서 실증해야 하고 신뢰성과 안전성을 검증하는 과정이 필요하다. 이러한 이유로 주요 선진국에서는 다양한 친환경 대체연료를 선박에 적용하기 위한 실증 프로젝트를 수행하고 있으며, 프로젝트 수행 과정 중에 자국 기업의 참여를 통해 기술력 축적과 시장선점을 위한 인증기준을 마련하고 표준화를 진행하고 있는 실정이다.

기존 전기추진시스템에 강점이 있는 유럽의 경우 콩스베르그, ABB, 지멘스 Siemens

등 세계적으로 경쟁력을 지닌 기업들을 보유하고 있으며, 이들 기업 간 공동 프로젝트 수행을 통해 개발되어 실증을 마친 기술에 각사의 경험과 기술을 반영하여 DNV와 같은 선급에서 인증기준을 마련하고, 국제표준화 및 지적재산권에 기반한 기술 장벽화를 동시에 추진하고 있는 것으로 판단된다. 현재 선박 건조 시, LNG 저장탱크 적용과 관련하여 프랑스 GTT사에 척당 100억 이상의 로열티를 지불하고 있다. ISO, IEC 등 국제표준화기구의 표준 채택 과정에 주요 회원국가의 투표와 지원이 필요하다는 점을 생각해볼 때, 유럽이 기술개발과 국제해사기구 의제를 주도하고 표준화하려는 추세는 미래 친환경선박 분야에서 기술종속 구조가 더 심화될 수 있다는 것을 보여준다.

친환경선박 건조실증 프로젝트 예시

국가	연구 기관	세부 연구 내용	
미국	Sandia National Laboratories, Golden gate zero Emission Marine社, Hexagon Composites社 등	▶ 미국 내 최초의 수소 연료전지선박이자 세계 최초의 상용 연료전지 페리인 'Water-Go-Round'호에 600KW 수소 연료전지 탑재 및 개발완료('19) - 100명 수용 가능 페리선	
	Sandia National Laboratories	▶ 2.5MW 액화수소 연료전지 추진선박 'SF-BREEZE'호 선속 35노트 운항 기술 타당성 검토('15) - 150명 수용 가능 소형 고속 여객선	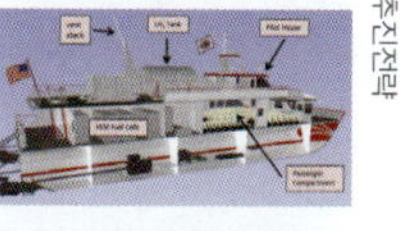
	Statue Cruises社, Derecktor shipyards社	▶ 디젤엔진, 풍력, 태양력, 32KW급 수소 연료전지 복합 탑재 페리선인 'New York Hornblower Hybrid'호 상업적 운항('12) - 600명 수용 가능 세계 최초 하이브리드 페리선	
캐나다, 스위스	ABB社(스위스), Ballard Power Systems社 (캐나다)	▶ 3MW급 선박용 PEM연료전지 공동 개발 추진('18. 06) - 200KW 연료 전지 모듈 개발 및 선박 탑재 예정(~'20) - Horizon 2020 프레임 워크 하에 설립된 공공 민간 파트너십인 연료 전지 수소 공동사업(FCH JU) 지원 ▶ 수소 연료전지 추진 솔루션을 신조 선박(push boat)에 공급('19. 05)	
유럽	Linde Group社 Proton Motor社 (독일)	▶ 최초의 100KW PEMFC 연료전지 여객선 'Alsterwasser'호 제작('08) - 독일 함부르크시, Zemships(Zero emission ships) project의 일환 - 100명 수용 가능 함부르크 PEMFC 연료전지 추진 여객선 - 350bar 압력탱크에 50kg 수소저장 시 약 3일간 운항 가능 - 연간 1,000kg의 이산화황 및 70,000kg의 탄소 배출 감소 효과	
	Siemen社(독일) Powercell社(스위스) Hyon AS社 (노르웨이)	▶ 선박용 수소연료전지(PEMFC) 발전시스템 개발 완료 - 세계 최초 노르웨이 · 독일 선급(DNV GL)의 기본승인(AIP) 획득('18. 06) - 수소연료전지 추진 대형 크루즈선 'Viking Cruise'건조 예정(~'20) (길이 250m, 1,400여 명 수용 가능)	

국가	연구 기관	세부 연구 내용	
유럽	DNV, Eidesvik Offshore社 (노르웨이) MTU(독일) Wärtsilä社(노르웨이)	▶ 330KW급 특수 작업용 MCFC 연료전지 선박 'Fellow ship' 제작('09) - 노르웨이와 독일 컨소시엄의 산업 프로젝트인 'Fellow ship project' - 7,000시간 이상의 성능 검증 완료	
	Bristol City Council, Bristol Hydrogen, Auriga Energy社 등 (영국)	▶ 영국 최초 액체수소 추진 여객선 '하이드로제네시스(Hydrogenesis)'호 운항('13)	
	Fuel Cell Boat B.V.社 (네덜란드)	▶ 6개의 수소 저장 탱크 및 60-70KW PEMFC 탑재 여객선 개발 완료('09) - NEMO H2 project'의 일환으로 개발 추진된 88명 수용 가능 여객선	
	Innogy社 (독일)	▶ 덴마크의 연료전지 회사(SerEnergy社)에서 개발한 35KW DMFC 탑재 'MS innogy'호 제작완료('17) - 연료전지 발생 폐열을 메탄올 재생과정에 활용하여 40~50% 전기효율 달성	
	University of St.Andrews Kongsberg Maritime AS社 (노르웨이) DLR社(독일) 등	▶ 100KW PEMFC 탑재 120명 수용 가능 페리선 개발 추진('18~'21) - Horizon 2020 지원의 'Hyseas Ⅲ project'의 일환 - 선박 내 수소 저장기술 및 해양 하이브리드 전기 구동 시스템	
	SENER社 (스페인)	▶ 액화가스용 벙커링 용기 설계 기술 활용 BOG 시스템 연구 개발 추진	
일본	가와사키 중공업 (Kawasaki Heavy Industries,KHI)	▶ LNG 운반선박 기술 응용 CCS 적용 액화수소 운반선 연구개발 추진 - 2,500m^3 규모 액화수소 저장 CCS(Cargo Containment System)설계 시스템 일본선급(Nippon Kaiji Kyokai) 기본승인(AIP) 획득('14)	

© 한국형 친환경선박(Greenship-K) 추진전략

국내

우리나라는 국제해사기구 업무를 전담하는 해양수산부를 중심으로 선박배출 온실가스 규제에 대한 국가 차원의 동향 분석과 대응안을 꾸준히 준비하고 있다. 대표적으로, 친환경선박을 개발할 때 새로운 연료 활용에 대한 제도적 근거가 마련되어야 하는 것을 고려하여 2020년 '환경친화적 선박의 개발 및 보급 촉진법', 일명 '친환경선박법'을 제정, 시행하였다. 그 이전에 친환경선박 개발에 대한 법적 근거로 '미세먼지 저감 및 관리에 관한 특별법', '항만지역 등 대기질 개선에 관한 특별법'이 제시된 바 있다. 국가계획상의 추진 근거로는 '2030 온실가스 감축 로드맵' 제시를 들 수 있다. 이로써 국정과제상으로나 유관 부처별 계획상에도 친환경선박 개발을 위한 근거가 축적되어, 기술개발에 대한 정부 차원의 준비는 충분한 수준으로 성숙되었다.

2020년 초 친환경선박법이 제정 및 시행됨에 따라 같은 해 산업통상자원부와 해양수산부가 이 법의 "기본계획"을 함께 마련하였다. 2021년 6월에는 기본계획상

친환경선박 개발을 둘러싼 국내 정책 동향

의 기술개발 로드맵에 따라 친환경선박 개발을 위한 2,540억 원 규모의 국가연구개발 프로젝트인 '친환경선박 전주기 혁신기술 개발사업'이 예비타당성 조사와 평가를 통과하였다.

향후 국내에서 연구되는 친환경선박 개발은 친환경선박법 기본계획 및 '친환경선박 전주기 혁신기술 개발사업'을 중심으로 진행될 예정이다. 개발된 기술은 2019년에 계획한 한국형 뉴딜 사업의 '친환경 관공선 전환계획'에 따라 관공선 대체 시 우선적으로 적용되고 점차 일반 선박으로 보급, 확산될 전망이다.

● 기술개발 전략

국내의 경우 세계적인 선박 배출 온실가스 규제가 새로운 무탄소 · 탄소중립 연료와 추진시스템을 사용하는 선박에 대한 수요 증가로 이어져, 신규 발주가 증가하고 조선산업의 호황을 이끌 것으로 기대하는 전망이 있다. 그러나 국내 조선산업은 중국의 건조능력이 급격하게 향상하는 등, 대형조선소를 제외하면 경쟁 심화와 선복량 과다에 따른 신규 발주 감소로 10년 이상 침체를 겪고 있는 상황이다. 따라서 국내 기업의 자발적인 연구개발과 투자를 통해 기술을 개발하고 국내 · 외의 표준화

친환경선박법 기본계획의 기술개발 로드맵

구분		내용	'20	'21	'22	'23	'24	'25	'26	'27	'28	'29	'30
LNG 연료 기술	연안선박	▶ 연안선박용 저압/고압 LNG 패키지 개발			고압 LNG 추진 패키지 개발								
	국제항해선박	▶ 기자재 국산화			LNG 연료탱크 구조 고도화 및 설계 최적화								
		▶ 연료슬립 문제해결			CO_2 및 메탄슬립 저감 LNG 엔진 개발								
					CO_2 및 메탄슬립 후처리								
대용량·하이브리드 기술	연안선박	▶ 핵심 기자재 국산화			동력원, 인버터 등 기술 고도화								
	국제항해선박	▶ 하이브리드 추진 기술 확보				하이브리드 추진선박에너지 최적화 통합 모듈 실증							
		▶ 대용량 추진기술 확보			대용량 선외식 전기추진기(POD) 기술 개발								
					고전압 대용량 샤프트 제너레이터 모터패키지								
								대전력 반도체 변압기 기술 개발					
무탄소 선박 브릿지 기술	국제항해선박	▶ 혼합연료 추진 통합 패키지			혼합연료 스마트 엔진 개발								
					선박용 혼소연료공급 모듈 개발								
		▶ 혼합연료 안전성 평가체계 및 벙커링 기술 개발			혼합연료 품질 및 안전성평가체계 개발								
						혼소연료 추진선박 벙커링 기술 개발							
		▶ 수소 혼소 가스터빈			수소 혼소연소 가스터빈 복합사이클 기술 개발								
									대양항해용 혼소 선박 패키지 기술 개발				
에너지 효율 기술 (공통적용 기술)	연안선박 · 국제항해선박	▶ 에너지절감			친환경선박 최적 선형 개발								
						선체 복합 부가물 개발							
		▶ 고효율 추진기			초경량 고효율 복합소재 프로펠러 개발								
							고효율 초경량 전가동타 개발						
		▶ 신소재 · 경량화			고장력강 및 내부식강 적용한 구조 경량화								
					선체 의장품의 복합재 대체 기술 개발								
					경량금속 샌드위치 판넬 기술 개발								
							신소재 선박 구조해석 및 설계 기반 구축						
		▶ 마찰저감			IoT 적용 biofouling 관리시스템 개발								
					마찰저항 저감 기술 개발								
									생태모사 마찰저항 저감 기술 개발				
		▶ 에너지 하베스팅			열전소자 선박 폐열 발전장치 개발				미활용 선박 폐열 활용 ORC 발전시스템				
									리퍼컨테이너 전력절감 기술 개발				
		▶ 운항효율 최적화					빅데이터 및 AI적용 성능해석, 항로탐색 및 감시시스템 개발						
		▶ CO_2 포집 · 저장 · 활용			LNG선박 탑재용 습식흡수법 CO_2 포집기술 개발								
									배출이산화 탄소 산업소재 전환 처리 기술 개발				
										초임계 CO_2발전시스템 개발			

구분		내용	'20	'21	'22	'23	'24	'25	'26	'27	'28	'29	'30
수소 연료 기술	연안 선박	▶ 연안용 패키지 기술개발			700 bar 고압수소 이송 시스템 개발								
					고압 기체수소-연료전지 연안선박기술								
						수소연료공급 기자재 시험평가 기술 개발							
					연료저장 및 공급시스템 안전기술 개발								
	국제 항해 선박	▶ 극저온 액화수소 연료 저장 시스템 개발 및 성능평가			초저온 액화가스 Field Test 성능검증 기술개 발								
					수소추진 선박용 독립형 액화수소 연료탱크 개발								
									수소 연료탱크 안전성 평가/유지관리 기술 개발				
		▶ 대용량 하이브리드 추진						10MW급 연료전지-ESS하이브리드 추진기술 개발					
		▶ 벙커링/기자재 시험평가 기술 개발					액화수소 벙커링 기술 개발						
								액화수소 벙커링 기자재 시험평가 기술					
암모니아 연료기술	연안 선박	▶ 암모니아 연료전지 추진시스템 개발			암모니아 연료전지 추진기술								
	국제 항해	▶ 대형 내연기관용 암모니아 연료공급 시스템 개발				암모니아 연료추진기술 내연기관							

및 법제도 개선을 주도하기는 어려운 실정이다.

2021년 들어 LNG선박 중심으로 조선산업 경기가 일부 회복세로 전환되었음에도 대형조선사는 자체 기술을 개발하여 친환경선박을 개발하기보다는 국외 기술을 도입하고 있어, 선박에서 배출되는 온실가스를 줄이기 위한 대표적인 기술을 특정하기 어렵다. 이는 자체 기술개발을 위한 인프라, 인력, 전문 기업이 부족한 상황에서 합리적인 경영전략으로 보일 수 있지만, 선체 중심의 조선산업 구조를 전문 기업과 전문 기자재 기술 중심으로 재편하고자 하는 정부의 '한국형 뉴딜' 추진과는 차이가 있다.

실제로 국내 조선산업 피보험자 수는 2016년 18만 명에서 2019년 10.8만 명 수준으로 감소하였고(출처 : 고용노동부 2020), 대형조선소를 제외하면 국내 연안선박의 내수 비중은 2017년 기준 95.9% 수준으로(출처 : 한국조선공업협동조합 2019), 온실가스 규제에 대응하기 위한 산업 자체의 잠재력이나 전문 인력 확보 수준은 열악한 상황이었다.

따라서 친환경선박 기술개발 전략은 국내 산업계의 현황 및 국가 연구개발정책과 세계적인 기술개발 추세, 국제 의제, 표준화 추세를 고려하여야 한다. 모든 기술을 국내에서 개발하겠다는 비현실적이고 소모적인 기술개발 대책보다는 유럽 등 선진 그룹과 교류하면서 우리 산업계가 강점을 지닌 선박 단위의 체계 통합 및 선주에 대한 협상력, 조선산업 외 타 산업분야에서 개발되고 검증된 기술의 스핀오프 Spin-off를 선박에 적용, 해상실증에 요구되는 비용을 절감하고 기간을 단축하는 관점에서 고려할 필요가 있다.

핵심기술 개발

친환경선박 기술개발은 우리나라가 강점을 지닌 LNG 추진 기술과 연계할 수 있는 내연기관 중심의 기술개발, 연료전지와 배터리를 활용하는 하이브리드 추진시스템, 전기추진시스템으로 구분하여 목표를 설정할 수 있다. 선박용 내연기관의 경우 MAN, Wärtsilä 등 국외 제작사 중심으로 메탄올 Methanol, 암모니아 등 무탄소연료를 활용하는 엔진을 개발 중인데, 연료탱크기술과 관련해 강재 · 단열 · 슬로싱 · 상변화(액체→기체)에 따른 열손실 제어 같은 핵심 기술개발이 필요하다. 연료공급장치 FGSS, Fuel Gas Supply System에 대해서는 취성과 부식성을 지닌 무탄소연료를 신뢰성 있고 안전하게 장기간 공급하기 위한 연료공급펌프, 필터류 및 밸브 · 배관 기술개발이 필요하며, 연소를 진행시키는 엔진과 관련해서는 연료공급인젝션 Fuel injection system의 고압펌프 · 파이프 · 인젝터 기술이 필요하다. 실린더와 관련해서는 피스톤 · 링 기술이, 연소과정 및 배기후처리 기술과 관련해서는 연소제어, 연료슬립 방지, 슬립 연료 처리 및 모니터링

선박 배출 온실가스 규제에 따른 시장 전망 및 대응 방안

환경규제 강화

- (파리협정) 지구온도 상승을 산업화 이전 대비 2℃ 상승 이하로 제한하되 1.5℃ 상승을 달성
- (IMO 감축 초기전략 채택) '50년까지 전체 선박의 연간 온실가스 배출량을 50%이상 감축
- IMO 감축 초기전략에 따라 미국, 유럽, 일본 등을 중심으로 강력한 환경규제를 시행

에너지패러다임 변화

- 환경규제 대응으로 Clarkson은 LNG 45%, 무탄소연료 40%, 화석연료 15% 비중의 연료공급 포트폴리오를 제시
- 글로벌 신조선 중 친환경 연료 비중은 '23년 45%, '30년 98%로 확대될 전망
- DNV-GL은 '50년 수소/암모니아 등 Carbon-neutral 사용하는 선박이 전체의 39%를 차지할 것으로 전망

조선시장의 경기 회복

- '17년 글로벌 조선시장은 발주량이 다소 반등하여 경기 회복의 기대감 조성
- 글로벌 경기회복에 따른 교역량 증가 및 환경규제 강화에 따른 신조선 발주 증대 예상

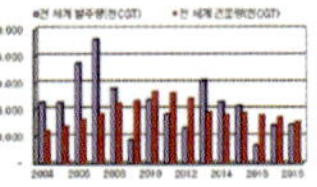

친환경선박시장 확대

- EU는 친환경 선박 시장이 '30년까지 최대 161조 원의 규모로 형성될 것으로 전망
- 국제 환경규제 강화로 가스 연료화가 진행되면서 LNG를 연료로 사용하는 선박이 증가하고 있는 추세
- '25년부터 '40년까지 소추진선박의 발주량은 약 115~230척 정도로 형성될 것으로 추정 (Lloyd's List Intelligence, '17)

소 · 부 · 장 산업 도약 필요

- 초기 개발 단계의 친환경대체연료 기술 개발 및 지재권 기반 표준 선점 시 신규 시장 우선 진입 및 고속 성장 가능
- 친환경 대체연료 기술의 선 국내 보급, 확산 후 글로벌 시장 진입으로 국외 제작사 의존도 저감 및 독자 기술에 의한 시장주도 가능
- 중소기업 중심의 지역자치단체 연구소, 대학 연계 고급 기술인력 양성 및 산업발전 전략 필요

조선시장의 경기 회복

- 각국은 친환경 선박 대체연료(바이오연료, 수소연료, 배터리 등) 및 에너지효율 향상을 위한 다양한 프로젝트를 수행
  - (미국) 국가연구기관 Sandia Lab. 지원 통해 수소연료전지추진 선박 관련 연구 수행
  - (EU) HORIZON 2020의 해양분야 연구 프로젝트 중 친환경 선박 관련 연구를 진행
  - (덴마크) Scandlines는 소형 선박을 중심의수소연료전지, 신재생에너지 선박 추진 기술 시범사업 추진

기술 개발 등이 필요하다.

한국조선해양, STX엔진, 두산 등 국내 엔진제작사가 MAN, Wärtsilä 등 국외 제작사의 라이선스 생산형태로 운영되는 등 주요 기술에 대한 국외 의존도가 큰 상황이다. 당장은 완전한 국산화가 어렵더라도 주요 구성 기술의 독자 개발은 라이선스 협상에서 이점이 될 수 있다. 또한 중장기적인 관점에서 핵심 기술의 국산화로 연결되어 한국형 뉴딜의 실현과 대형 조선소, 선체 중심의 조선산업 구조를 중소 · 중견 기업과 핵심 소재, 부품, 장비 기술 중심으로 개선하는 데 역할을 할 수 있다.

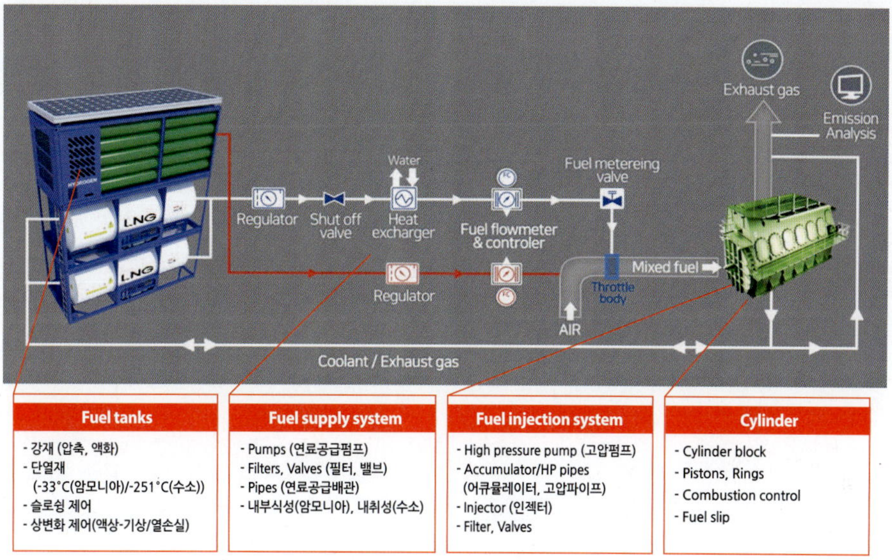

무탄소연료 혼소 내연기관 구성 시 주요 고려 기술 예시

선박용 배터리, 연료전지를 내연기관과 함께 활용하거나 단독으로 전기추진시스템을 구성하는 경우 선박의 흔들림, 가속도나 바닷물의 염분에 노출되는 데 따른 신뢰성과 안전성 확보를 위한 기술개발이 중요해진다.

배터리의 경우 국내 개발 각형, 파우치형, 원통형 셀 등을 활용하는 모듈을 개발해야 한다. 개발된 배터리 시스템이 선박에 적용되기 위해서는 우수한 충 · 방전 성능이 있고 중력이 두 배에 달하는 선박의 흔들림과 가속도, 바닷물의 염분에 노출되더라도 성능과 안전성이 확보되어야 한다. 최악의 경우 화재가 발생하더라도 열폭주로 이어지지 않도록 안전기술을 개발하는 것이 중요하다.

한편, 연료전지의 경우에는 육상에서 사용되는 차량용으로 개발된 수소 기반의 고분자 연료전지 PEMFC나 발전용으로 개발된 고체산화물연료전지 SOFC를 선박에 적용하려면 바다에서 운항할 때의 특성을 고려한 성능, 신뢰성, 안전성에 대한 기술개발이 필요하다. 일례로 고체산화물연료전지는 적정 출력이 나올 때까지 수 시간~수십 시간

이상이 필요하고, MW당 단가가 수십억 수준이어서 기술적 · 경제적 난관이 있다는 점을 고려해야 한다.

자본비용 측면에서 이점이 있는 하이브리드 추진시스템을 구성할 때는 다양한 추진동력원을 수용할 수 있도록 직류 기반의 배전계통을 구성해야 하고, 추진기 회전 속도에 맞출 수 있는 저속 고토크 전동기와 이를 제어하기 위한 인버터, 컨버터, 추진 제어 시스템 등의 개발을 함께 고려해야 한다. 그렇게 해야만 국내의 조선산업이 친환경선박에 대한 시장의 요구에 대응하면서도 기술적 · 경제적인 이점을 확보할 수 있다. 이 외에 -162°C로 저장되는 액화천연가스나 -253°C로 저장되는 수소 저장탱크의 냉열을 활용하는 폐열 활용 기술, 연돌 Funnel이나 축계 구성이 기존 기계식 추진시스템과 다른 하이브리드 기술, 전기 추진시스템에 특화된 선형 기술을 개발하고, 운항효율 측면에서 수조 Model basin에서 실시되는 모형시험 단계뿐 아니라 실제 선박 운용에서 얻은 운항데이터를 수집, 분석하는 기술 또한 함께 개발할 필요가 있다.

선박을 복합시스템 A system of systems이라 하는 표현은 한 척의 선박에 다양한 기술이 집합된 특성에 따른 것으로, 온실가스 배출을 70% 이상 줄이기 위해서는 기존에 연구개발 되어오던 선체 중심의 운항효율 향상 기술과 새로운 무탄소연료 기반 추진시스템 기술을 함께 고려해야 한다. 이는 단일 기술의 개발만으로 온실가스 배출 감축 요구를 충족할 수 없다는 시사점을 준다.

해상실증 및 Track Record 확보

국제해사기구의 의뢰를 받아 친환경선박 개발에 필요한 비용을 분석한 Ricardo社는 보고서에서 총 비용이 12조 원(10 billion USD) 이상 소요될 것으로 예상하면서,

전기추진시스템 구성 시 주요 고려 기술 예시

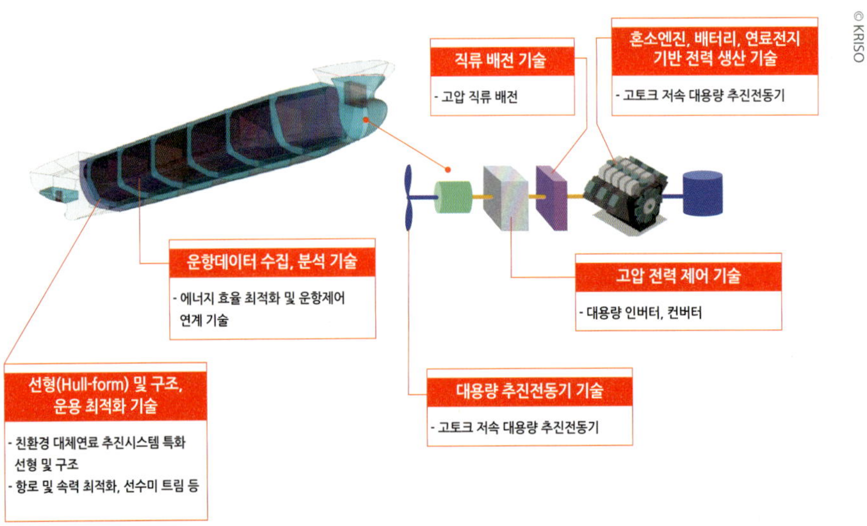

이 중 60~70% 이상은 개발된 기술을 선박에 적용할 수 있는지 실증하는 과정에 소요될 것으로 분석한 바 있다. 이 분석은 친환경선박의 핵심기술을 개발하더라도, 개발된 기술을 선박에 적용했을 때의 신뢰성 · 안전성에 대한 Track Record 없이는 수주 과정에서 선주의 선택을 받기 어려운 조선산업의 특성을 고려한 내용이다. 국내에서 유럽처럼 개별 기술을 실증하기 위하여 기술을 개발할 때마다 실증선박을 건조할 경우 수십~수백억 원 이상의 비용과 수년의 기간이 필요하기 때문에, 사실상 중소 · 중견기업이 감당할 수 있는 범위를 넘어선다.

다양한 친환경선박 기술을 국내에서 개발하고 실용화하기 위해서는 유관 기관과 기업이 공동으로 활용 가능하며 개발된 기술을 해상에서 실증하여 Track Record를 확보할 수 있도록 실증선박을 제공할 필요가 있다. 이에 따라 친환경선박법 및 동법 기본계획에 기초한 '친환경선박 전주기 혁신기술 개발' 사업 추진을 바탕으로 해양수산부가 '친환경 관공선 전환계획'과 연계하여 개발기술을 친환경관공선 개발에 우선 적용할 예정이다. 선박해양플랜트연구소와 같은 정부출연 연구소에서 1MW급 친환경 대체연료의 해상실증을 위한 전용 선박을 개발하여 민간기업이 개발한 친환경 대체연료를 경제적으로 실증하려는 노력을 기울이는 것도 같은 맥락이다.

선박 적용을 통해 성능과 신뢰성, 안전성이 검증된 기술은 우리 산업계의 입장을 반영한 인증기준을 마련하고 데이터에 근거하여 법제도를 개선한다. 또한 새롭게 구성되고 있는 친환경선박 글로벌 시장 진출과 국제표준화, 의제화 과정에서 우리가

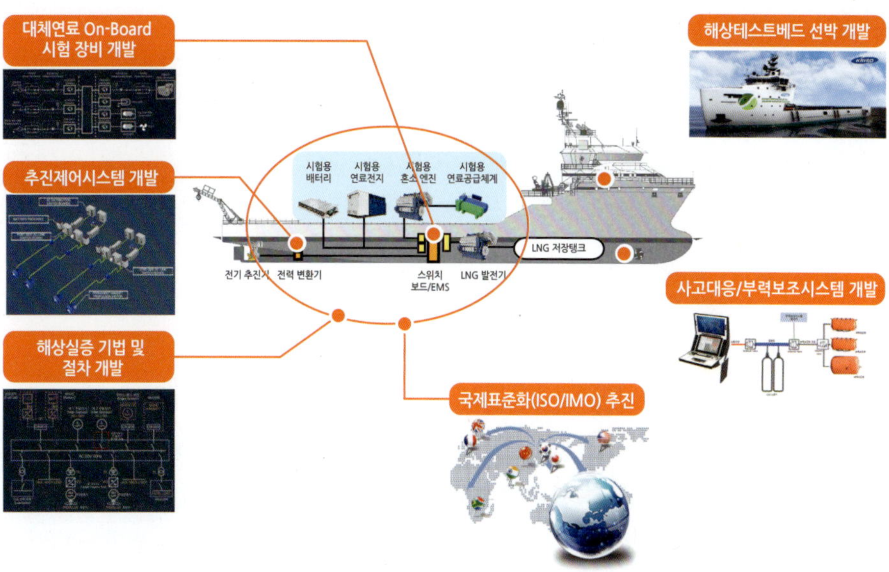

© KRISO

해상 테스트베드 구축 개념도

가장 중요한 기술적 근거를 제시할 수 있다.

국제사회와의 공조

국내에서 개발된 기술을 우리나라만 독점적으로 사용하려 할 경우, 국제적으로 표준화하거나 국제해사기구에서 의제화하는 것은 현실적으로 불가능하다. 내연기관을 비롯한 친환경선박 개발과 관련된 많은 소재, 부품, 장비 산업이 외국 기업과의 파트너십, 라이선스 계약을 통해 진행되고 있다는 점도 고려해야 한다.

이러한 관점에서 볼 때 국제해사기구 차원에서 논의되고 있는 국제해사연구개발위원회 IMRB, International Maritime Research and Development Board는 시사하는 바가 크다. 국제해사기구 MEPC 75차 회의에서 BIMCO Baltic and International Maritime Council, ICS International Chamber of Shipping, WSC World Shipping Council 등은 MEPC 75/7/4 의제문서 제출을 통해 해운회사가 선박용 연료유 사용 시 기부액을 부담하여 친환경선박 연구개발을 위한 국제해사연구개발위원회 IMRB를 구성하자고 제안하였다. 선박용 연료유에서 톤당 미화 2달러를 걷어 친환경선박 개발에 필요한 기금을 6조 원가량 조성하여 활용하는 것이 주요 골자인데, 국내 해운업계의 반대가 있었음에도 WSC를 중심으로 BIMCO, ICS, INTERCARGO, INTERTANCO 등 국제적인 해운조직들이 발의와 논의를 주도하고 있는 만큼 관련 논의의 구체화 및 시행이 예상된다. 따라서 기금 부담에 따른 거부보다는 정부 차원의 선제적인 대응과 참여를 통해 우리 조선 · 해운 산업이 얻을 수 있는 이득에 집중할 필요가 있다.

국내에서 개발되고 있는 친환경선박 관련 기술을 정보문서 제출 등의 형태로 국제해사기구 등 국제사회에 적극 홍보하고, 해상 테스트베드 선박의 공동활용을 국제사회에 제안하고 관련 기술을 공개함으로써 우리가 개발한 친환경 기술을 적극적으로 지지하게 하여, 표준화 · 의제화 과정에서 국제 협력을 이끌어낼 수 있다.

● 기술발전 방향 및 전망

국제해사기구의 선박 배출 온실가스 규제에 대응하는 친환경선박 기술개발은 세계적인 환경 개선에 기여하는 일이다. 동시에 새로운 연료와 추진시스템을 활용하는 선박이라는 조선산업의 패러다임이 변화되는 시점에서 국가 기간산업이기도 한 조선산업의 미래 경쟁력을 결정하는 일이다. 기술적으로는 기존 화석연료를 사용하는 내연기관에 무탄소연료인 LNG, 바이오연료 Bio-gas, Bio-diesel, 메탄올, 암모니아, 수소 등을 활용하기 위한 혼소 기술개발과 취성(수소), 부식성(암모니아)에 대응할 수 있는 저장 기술, 연료 공급 기술이 개발되어야 한다. 또한 선박용 배터리 · 연료전지를 내연기관과 함께 활용하는 하이브리드 추진시스템이나 배터리 · 연료전지만으로 추진되는 전기 추진시스템을 구성하기 위하여 배전시스템, 저속 고토크 전동기, 인버터 및 컨버터, 추진제어시스템의 기술개발 등도 함께 필요하다. 개발된 각각의 기술은 1MW급 내외의 연안 선박에 적용하여 신뢰성과 안전성을 검증하고, 관련 인증 기준과 법제도 개선을 통해 실증 데이터에 기반한 국제 표준화 및 의제화가 진행되어야 한다. 국제 표준화와 의제화 과정에서는 투표권이 있는 주요 국가와의 협력과 공조가 필수적이다. 그러므로 연구개발 단계에서 각국과의 협력이 요구되며, 국제해사기구의 IMRB 참여를 통한 유럽 주요 국가 · 기관 · 기업과의 협력체계 구축이 필요하다.

우리나라는 각 산업분야에서 탄소중립 목표를 달성하기 위하여 구체적인 계획을 수립, 추진하고자 노력하고 있다. 조선 · 해운 분야는 국제해사기구의 선박 배출 온실가스 규제에 대응하는 기술을 중심으로 탄소중립을 실현할 전망이다. 친환경선박법 및 같은 법의 기본계획을 따르는 연구개발 계획은 다시 정부의 친환경 관공선 전환 계획 등 유관 정책과 유기적으로 연결되어 개발기술이 실용화하고, 다시 법제도 개선과 표준화 과정을 거쳐 글로벌 시장 진출과 성장으로 이어지는 기술 선순환주기 구축에 기여할 전망이다.

찾아보기(가~다)

가

가로파 147, 148
가변피치 165
가속운동 34
가스운반선 86, 88
갈릴레오 29, 30, 34, 35, 36, 37, 40, 41, 42, 43, 45, 46, 64
감개틀 80, 81
감압수조 173
갑골문 15
갑판구조 207, 224
강선 46, 48, 60, 69, 212
갤리 18, 19, 20, 21, 24, 26, 27
갤리언 28, 29, 30
거룻배 106
거품박리 142
건현 24, 25, 107, 114, 116, 177, 184
건화물선 86, 90
검역선 106
겸용선 86, 91
경계면 36, 151
경비선 106
경비함 95
경항공모함 95, 96
계류삭 200
계선 79, 80, 81
고무보트 23
고속정 95, 100, 198
고정피치 162, 164, 165
고체산화물연료전지 251
곡면전개기법 122
공기부양선 93, 94, 185
공모선 105
공진 61, 208, 209, 222, 223
과도진동 209
관광선 92
관성력 163, 208, 212, 213
구상선수 152, 153
구속모형시험 193, 194, 195
구조강도 77, 78, 116, 120, 206, 210, 219, 222
구조부재 53, 124, 207, 208, 213, 214, 218, 219
구축함 27, 95, 97, 98, 198
국부강도 211, 213
국부 유동 140, 142, 144, 160, 161
국제수조협회 146
국제해사기구 46, 73, 87, 153, 188, 191, 201, 203, 204, 216, 224, 229, 230, 238, 245, 246, 252, 254, 255

군선 18, 19, 25, 26, 28, 29, 31
군수지원함 102
군함 48, 64, 83, 86, 95, 96, 97, 99, 101
굽힘 43, 44, 45, 46, 124, 126, 206, 209, 210, 211, 212, 213, 214, 223
규칙파 181, 182, 184
그래브 준설선 108
금문 15
급수선 106
급유선 106
기뢰부설함 101
기뢰함 101, 102
기본설계 99, 114, 115, 116, 117, 118, 120, 121
기상학 37
기중기선 106
기진력 167, 222, 223, 224

나

나룻배 15
나비에-스토크스 방정식 194
나사 펌프 49
나사 프로펠러 49, 52
날개단면 55, 133, 162, 167
날개응력 167
내력 36, 37, 43
내륙 수로 16, 22, 24, 45, 52, 57, 244
내연기관 239, 240, 242, 243, 249, 250, 251, 254
내저판 78, 207
내접 44
내판 47
내항성능 114, 174, 180, 181, 183, 184
냉간가공 125, 126
네모돛 23, 28, 48
네스팅 122, 123, 125
노받이 22, 23
뉴턴 5, 29, 30, 31, 32, 33, 34, 36, 37, 54, 136, 192
늑골 24, 25, 107, 127, 211, 213, 214, 215

다

다방향파 183
다층갑판 92
단면계수 45, 46
단속선 106
단위파주기 181
단일선체 46, 47
대기압 36, 88

찾아보기(다~바)

대체연료 243, 244, 250, 252, 253
더티탱커 88
도료 129
도크 101, 123, 124, 126, 127, 128, 129
독항선 105
동괴 15, 17
동력선 110, 173
동력장치 162, 239
동역학 39, 218
동요 39, 59, 60, 61, 79, 90, 174, 180, 185, 186, 187, 196, 197, 198, 208, 209
동적 거동 208, 212
동적하중 209
뒷돛대 28
등가속도 34
등대순시선 106
디지털 트윈 119
디퍼 준설선 108
딩기 요트 110

라

라이드 제어시스템 185
라이프니츠 30, 31, 34, 37, 43, 44
래킹 213
램프 92, 94
랭킨 51, 66, 67
러더 157
레이놀즈수 145, 146
레이놀즈의 법칙 145
레이라이 분포 181
레이서 요트 110
리벳 67, 69

마

마그누스 효과 205
마찰저항 51, 52, 72, 134, 135, 136, 137, 138, 145, 146, 149, 150, 151, 152, 239, 248
마킹 124
만재흘수선 154
망선 105
메타센터 31, 36, 38, 39, 78, 176, 180
멤브레인 89, 209
모멘트 37, 38, 41, 42, 43, 44, 45, 46, 54, 55, 57, 60, 61, 87, 88, 176, ,177, 178, 179, 180, 185, 186, 190, 192, 211, 212, 213
모멘트팔 176, 178, 179
모스 89
모터 요트 110
모형선-실선 상관곡선 146

무게중심 30, 31, 38, 176, 177, 178, 196, 197, 198, 200
무탄소 204, 240, 241, 244, 247, 248, 250, 251, 252, 254
물동량 72, 73, 74, 90, 238
물리량 34, 35, 37, 62, 170
물탱크 51, 107, 186

바

바이오연료 239, 240, 250, 254
바지선 77, 107
반력 45, 179
반류 134, 135, 140, 141, 142, 144, 156, 161, 167
방향타 79, 157, 170
방형비척계수 195, 196
배관공사 129
배수량 38, 50, 52, 65, 67, 96, 97, 99, 100, 102, 116, 176, 177, 206
밸러스트 87, 153, 207
버킷 준설선 109
벌크 90, 152, 154, 157, 196, 232
베르누이-오일러 공식 45
변동수압 208
변침성능 190, 191, 192, 194, 195, 196, 197, 198, 200, 202
병기창 25
병진운동 54, 183
보강재 122, 126, 127, 206, 209, 211, 213, 214, 215, 216
보강판 207, 211, 212, 214
보-이론 45
보이스-슈나이더 추진기 198, 199
보조기관 83, 84, 110, 224
보조 추진장치 79, 198, 204, 205
보텍스 142
복원 기능 78, 79
복원력 175, 176, 177, 178, 179, 180, 185, 186
복합전 95
부가물저항 135
부가장치 156, 157, 203
부가저항 136, 153, 154, 155, 184
부력 30, 34, 35, 37, 38, 39, 58, 65, 72, 78, 151, 175, 176, 185, 208, 210, 211, 253
부력 탱크 185
부산신항 76
부양 기능 76, 78
부정정 구조물 212
브래킷 78, 211, 214, 215, 221

찾아보기(바~사)

브루넬 50, 52, 53, 66
블라스팅 124, 129
블록건조 방식 67, 68
비교강도 217
비대선 154
비례상수 43, 44, 45, 59
비틀림 강도 211, 213
비틀림모멘트 213
빅데이터 119, 228, 230, 232, 248
빌지 126, 156, 185
빌지 킬 185

사

사항상태 141, 142
삭구 23
산적화물선 76, 86, 90, 153, 213, 215, 217
삿대 13, 22
상륙함 101
상반회전 추진기 165
상사 42, 137
상세설계 114, 115, 117, 118, 120, 121
상하동요 60
새깅 211
생산설계 114, 115, 117, 118, 119, 120, 121, 122
석재 15
선각 23, 24, 27
선교 202
선급 46, 114, 116, 117, 121, 129, 212, 213, 216, 217, 218, 219, 220, 221, 222, 223, 225, 232, 233, 245, 246
선로 128
선미관 50
선미루 28
선미주 23
선미 주부착타 23
선박계산법 39
선박해양플랜트연구소 132, 139, 154, 157, 160, 162, 169, 170, 188, 228, 238, 253
선수동요 60
선수돛대 28
선수루 28
선수부 28, 87, 136, 142, 143, 186, 207, 224
선원 거주구 84
선저구조 207
선체응답 210, 212, 218
선측구조 207

선표 123, 124
선형중첩 이론 181
선회성능 56, 190, 191, 192, 194, 195, 196, 197, 198, 202
설표선 106
세관감시선 106
세모돛 23, 27, 28, 48
세일 요트 110
세종대왕함 97, 98
셔틀탱커 112
소방선 106
소성변형 125, 221
소음원 224, 225
소해함 101, 102
소형함 95
쇄빙선 106, 107, 109, 209
쇄암선 106
수면파 58, 59, 60, 61, 62, 63, 152
수밀 92, 124, 128, 206, 215
수밀격벽 92
수상선 12
수상함 95, 103, 198
수석조선장 30, 65, 66
수선면 38, 44, 154, 176
수정압 37, 43, 208
수중고고학 14
수중 구조물 108
수중방사소음 171, 172, 173, 222
수중 폭발 하중 208
수평굽힘 211
수평면 37, 55
수표면 38, 51, 58, 135, 136
순시선 106
순양함 95, 96, 97, 198
스노클 103, 198
스미스 49, 173, 213
스커트 94
스크류 163, 173
스펙트럼 62, 63, 182, 183, 184, 217, 218
스프링잉 209, 223
슬래밍 60, 184, 209, 220, 224
슬로싱 197, 209, 220, 250
슬롯홀 211, 215
시운전 14, 119, 120, 124, 129, 138, 152, 153, 188, 189, 191, 192, 235
신뢰성해석법 218
실린더 126, 159, 250
실선시험 50, 51, 52, 138, 145

찾아보기(아~자)

아

아르세날레 25, 26, 29, 40, 65
아르키메데스 23, 30, 34, 35, 36, 37, 48, 49,
안정성능 174, 175, 176, 178, 180
안창호함 104
알고리즘 220, 235
암모니아 86, 88, 239, 240, 241, 242, 243, 244, 249, 250, 254
앞돛대 28
액적 159
액화가스 80, 88, 89, 208, 246, 249
액화천연가스 239, 240, 252
양력선이론 167
에너지효율설계지수 153, 238
에너지효율지수 240
여객선 48, 57, 76, 86, 92, 93, 94, 165, 172, 196, 197, 245, 246
여유강도 212
역수 44
연료전지 104, 239, 240, 241,242, 243, 244, 245, 246, 249, 250, 251, 252, 254, 255
연직축 프로펠러 80
열응력 208, 220
열 하중 208
영각 55
예인선 106, 107, 165, 198, 233
예인수조 51, 53, 137, 138, 139, 140, 141, 142, 144, 154, 155, 157, 193
오물선 106
오일러 31, 35, 36, 37, 39, 43, 44, 54, 58, 60, 136
오픈사이드탱크 186
온실가스 73, 74, 151, 153, 173, 238, 240, 241, 242, 244, 246, 247, 249, 250, 252, 254, 255
와트 48, 66
외력 37, 107, 175, 176, 177, 178
외륜 48, 49, 50, 173
외판 24, 25, 26, 27, 40, 47, 78, 87, 107, 126, 127, 156, 157, 197, 206, 207, 208, 209, 213, 215
외팔보 40, 41, 43, 45
외항 88
요트 110, 111
용골 23, 25, 40, 107, 145
우현 18, 185, 186
운동제어장치 184, 185
운항 장비 79
워터제트 추진기 159, 198, 199
원격제어 229, 231
원격 조정 57

원소 35, 36
원유운반선 76, 86, 87, 88
위핑 209, 224
유동가시화 기법 140
유동장 135, 140, 141, 142, 144, 160, 161, 170
유연 추진기 166
유의파고 181, 183
유조선 47, 86, 87, 88, 90, 106, 112, 153, 156, 165, 177, 196, 209, 213, 215, 217
유체동역학 132
유체충격력 208
유탄성 220
유한요소법 219, 220
응답특성 208
응력 37, 40, 43, 45, 46, 135, 167, 208, 209, 211, 213, 214, 218, 219, 220, 221, 224
응력분포 45, 219
응력집중 209, 211, 214, 221
의장공사 124, 128, 129
이순신함 98
이중선체 46, 47, 87, 207, 217
이중저 207, 211, 215
이지스함 97, 98
인공위성 57, 82, 105
인공지능 119, 204, 228, 229, 232, 234
입사파 154, 184
잉곳 15
잉여저항 53, 134, 135, 136, 137, 145, 146, 147

자

자유표면파 포텐셜이론 183
자유항주 193, 194, 195, 198
자율운항 57, 63, 203, 204, 226, 227, 228, 229, 230, 231, 232, 233, 234, 235, 236, 237
자율운항선박 5, 7, 203, 228, 229, 230, 231, 232, 233, 234, 235, 236, 237
작렬탄 26, 46
작용점 41, 175, 176
잠수함 67, 95, 97, 99, 103, 104, 159, 167, 189, 198
장보고함 103, 104
장부촉이음 23, 24
저탄소 240
전단력 45, 212
전동기 57, 166, 239, 252, 255
전류고정날개 156, 164, 166

찾아보기(자~타)

전산유체역학(CFD) 158, 159, 160, 194
전선창 92
전용선 74, 75, 86, 90
전저항 136, 146, 149, 152
전후동요 60
점성저항 135, 146, 153
정기선 92, 94
정적하중 208
정지성능 190, 191, 192, 194, 196, 198
제어판 33, 54
제한수로 200, 202
조립라인공정 26
조선장 29, 30, 39, 40, 65, 66
조종 성능 79, 114, 116, 129, 165, 166, 188, 189, 190, 191, 192, 193, 194, 195, 196, 198, 199, 200, 201, 202, 203, 205
조종유체력 계수 192, 193, 195
조타판 18, 23
조파저항 51, 53, 72, 134, 135, 136, 142, 146, 147, 149, 152, 153
조함관 39, 65, 66
종강도 211, 214, 215
종격벽 88, 207
종경사 175, 176, 180
종늑골 214, 215
종동요 60, 61, 208, 209
좌굴 212, 214, 221
좌우동요 60
주기관 83, 84, 114, 116, 121, 128, 129, 166, 208, 209, 222, 223, 224
주석괴 17
준설선 106, 108, 109
준정적 거동 208
중력가속도 36, 137, 182
증기선 48, 66, 173
직접해석법 210, 218
직진성능 188, 190, 191, 192, 194, 195, 196, 197, 198, 200, 202
진동 49, 57, 58, 60, 78, 116, 156, 157, 164, 169, 182, 183, 208, 209, 220, 222, 223, 224, 225, 252
진동해석 116, 220, 222
진수 68, 98, 122, 123, 124, 127, 128, 129, 231, 232
진폭 59, 60, 62, 63, 181, 182, 183
질점 54

차

차량운반선 86, 106
천수 200, 202
철선 46

초계함 95, 99, 100, 198
초기설계 114, 115, 116, 117, 118, 119, 120, 168
최대 응력 33, 40, 46
최종강도 212, 213, 219, 220
추력날개 157, 166
추력베어링 50
추진 기능 77, 78
축계 165, 166, 199, 222, 223, 252
축응력 213, 221
충격량역적 209
충격해석 220
취성 221, 222, 241, 244, 250, 254
친환경선박 203, 204, 238, 239, 240, 241, 243, 244,245, 246, 247, 248, 249, 250, 252, 253, 254, 255

카

카벨이음 27, 28
카약 23
카페리선 94
캐러벨 27
캐럭 28
캐비테이션 164, 165, 166, 167, 168, 169, 170, 171, 172, 173, 184
케이블선 106
켈빈 파형 148
코그 26
코퍼댐 87
쿠푸의 배 13, 14, 17
크레인 74, 75, 76, 80, 92, 103, 127, 128, 197, 209
크루저 요트 110
클린탱커 88

타

타각 55, 56, 57
타력 55, 56
탄성 43, 44, 45, 46, 149, 150, 166, 220, 221, 223
탄성계수 43, 44, 45, 221
탄성피막 149, 150
탄소성 대변형 해석 220
탄소중립 240, 241, 244, 247, 255
탄소집약도 240
탐색함 101
탐험선 106
테일러 53, 152
토크 140, 159, 164, 170, 171, 194, 252, 255
톰스효과 150

찾아보기(타~하)

통계제어기법 68
통선 106
트레일러 76, 92
특수선 80, 112, 199

파

파계 134, 142, 147, 148, 149, 152
파괴 40, 41, 42, 43, 46, 98, 101, 103, 213, 220, 221, 222, 223
파동 58, 180, 204
파일럿선 106
파장 59, 60, 62, 63, 149, 218
파저 142, 211
파정 142, 147, 149, 211
판각 206, 213, 221
판넬공정 126
패들 23
펌프 48, 49, 80, 88, 93, 107, 109, 224, 250, 251
평판 51, 52, 122, 123, 126, 135, 136, 137, 138, 145, 146, 207, 214
평판마찰곡선 146
평형 36, 37, 38, 45, 58, 78, 175, 177, 183
평형점 175, 177
포갑판 26, 30
포드 56, 57
포항함 100
표면효과선 94, 100
푸리에 급수 62
풍력 28, 163, 173, 178, 194, 203, 204, 205, 239, 245
풍력보조 추진 선박 203, 204, 205
풍력추진 194
프라이머 124, 129
프루드 50, 51, 52, 53, 60, 61, 66, 135, 137, 138, 145, 146, 147, 148, 149, 153
프루드수 137, 146, 147, 149, 153
플라즈마 125
플레어 209
피더선 76
피로강도 221
피스톤 49, 250
피어슨-모스코비츠 스펙트럼 63
피치 162, 163, 164, 165, 168, 185, 198
피칭 209
피토관 141, 142, 144

하

하이드롤릭 준설선 109, 266
한계유선 142
항공모함 95, 96, 97, 198
항력 23, 53, 132, 133, 136, 164, 185
항력계수 133, 136
항법장치 57
항복 응력 46
항해연습선 106
해난구조선 106
해난 사고 84, 232
해상실증 250, 252, 253
해양조사선 106, 109, 110
해양족 19
해양플랜트 112, 132, 139, 154, 157, 160, 162, 169, 170, 186, 188, 228, 238, 253
해운 68, 73, 74, 75, 76, 229, 230, 232, 235, 236, 254, 255
해치 207
허브항만 76
형강 124, 125, 126
형상계수 146, 147
형상저항 72, 134, 146, 152
호깅 211
호위함 95, 98, 99, 100, 198
혼소 240, 241, 242, 243, 244, 248, 251, 254
화객선 71, 86, 92, 94
회전운동 49, 54, 55, 61, 165, 183
횡강도 211, 213
횡경사 175, 176, 177, 178, 179, 180, 198, 200, 213
횡늑골 213, 214, 215
횡단면 35, 37, 38, 40, 41, 42, 43, 44, 45, 46, 55, 200, 207, 211, 213, 215, 221
횡동요 39, 60, 61, 185, 186, 187, 196, 197, 198, 208
횡축 44
휨모멘트 87, 88
흘수 24, 56, 65, 88, 92, 110, 114, 152, 154, 178, 195, 202
흙운반선 106

찾아보기(1~9, A~Z)

1~9, A~Z

3차원 해석법 146, 147
BIMCO 254
CAD 117, 118, 119
CAE 116, 117
CAM 117, 119
CIS 222
DP 시스템 186
FPSO 112, 113
GMDSS 82
GPS 57, 82, 189, 231
ICS 254
IMO 46, 74, 236
INA 51
LDV 144
LNG운반선 70, 88, 89, 152, 196, 197, 246
MEPC 254
MUNIN 230, 231
NBC 68
PBCF 158
PIV 144
PTV 144
SAVER Air 151, 152
SAVER Fin 156, 157, 166
TEU 73, 74, 75, 91, 92, 152, 154, 160
Track Record 252, 253
WSC 254